U0166251

INTERNET DATA REPORT ON CHINA'S SCIENCE POPULARIZATION

中国科普互联网数据报告 2019

钟　琦　王黎明　王艳丽　胡俊平◎著

科学出版社

北　京

图书在版编目（CIP）数据

中国科普互联网数据报告. 2019 /钟琦等著. —北京：科学出版社，2020.4

ISBN 978-7-03-064431-2

I. ①中… II. ①钟… III. ①科普工作-研究报告-中国-2019 IV. ①N4

中国版本图书馆CIP数据核字（2020）第024922号

责任编辑：张 莉 / 责任校对：郭瑞芝
责任印制：徐晓晨 / 封面设计：有道文化
编辑部电话：010-64035853
E-mail：houjunlin@mail.sciencep.com

科学出版社 出版
北京东黄城根北街16号
邮政编码：100717
http://www.sciencep.com

北京虎彩文化传播有限公司印刷
科学出版社发行 各地新华书店经销

*

2020年4月第 一 版 开本：720×1000 1/16
2021年1月第二次印刷 印张：16 3/4
字数：260 000

定价：78.00元

（如有印装质量问题，我社负责调换）

前　言

《中国科普互联网数据报告》是记述科普领域在互联网社会中的表现而作的系列丛书。为了顺应互联网的快速发展，报告从2017年开始先后纳入了移动互联网科普获取与传播行为、网络科普舆情等不同专题，在《中国科普互联网数据报告2019》中又增加了短视频科普数据研究专题。

如今，数以亿计的网民通过参与和互动开展表达和交流日益成为互联网世界的核心，世界经济合作组织将此趋势称为“参与式网络”。它代表了在智能化技术和服务支持下，网民对互联网内容及应用进行协作开发并不断构建信息和知识链接的过程，其首要特征是“用户生产内容”和“非专业生产者”的涌现。

参与式网络孕育了大规模协作下的知识生产及传播实践，这些实践由网络用户的交流和传播活力所刻画。用户生产的知识性内容以数据和元数据形态存储于博客、视频/广播媒体、社交网络与内容聚合平台，在溯源、过滤、索引、标签和入口等网络机制作用下，通过用户的编辑、再创、评论、分享不断流动和反复建构。而如何更好地参与和评估科学普及在此大规模知识传播网络中的作用，需要科普研究者和实践者不断研究和探索。

本书选取了网民搜索与需求、媒体资讯与舆情、短视频内容创作与传播，以及“科普中国”社区发展等不同侧面，分析和解读了2018年度互联网平台上的科普数据的主要特征，对这些数据背后的知识生产及传播实践进行了归纳和阐释。

本书的第一章着眼于互联网科普信息搜索行为。作为网民关注和获取信息的行为起点，搜索引擎的“搜索框”可谓“互联网之眼”，海纳百川地承载进而形塑了信息需求的聚合与细分。本章将报告视角聚焦于小小的搜索框，通过搜索数据追踪和洞察网民对科学话题的兴趣与关切，力求翔实地反映互联网用户的群体性科普需求。开篇是研究概述，简要介绍了网民科普需求研究的搜索指数方法和技术路线；接下来报告了2018年各季度及年度的科普搜索指数趋势、网民科普需求热点及群体结构特点，并结合数据对“科普中国”的品牌发展进行了跟踪评估；最后综合2014～2018年的科普搜索数据，分析和阐述了不同科普主题和典型科普热点的发展趋势，及其在不同网民群体间的结构性差异。

第二章将视角转向互联网科普内容的生产、发布和传播。在参与式网络中，各类公共媒体、数量众多的自媒体，以及广大的社交媒体用户均是潜在的内容生产和发布主体，与门户网站、微信、微博、论坛等媒介共同组成了迅捷繁密的传播网络。本章的报告内容包含两个层面：首先是这些主体生产和发布的科普内容及其语境，其次是这些内容在特定语境下的传播与网民对传播的回应。在本章中，这些内容、语境和传播被统称为“科普舆情”，研究重点是通过对2018年度全网科普数据的抓取与分析，识别网民关注的科普领域热点，对重点、热点科普事件发生时的科普舆情开展多维度分析，选取重点案例呈现和解读事件发酵时的传播路径与公众态度，从而为相关部门决策提供实证依据和支持。

第三章是对短视频平台上科普内容生产与传播状况的一份数据总结。短视频作为参与式网络的新兴媒介形式之一，以便捷、生动、有趣的形式受到各个网民群体的极大欢迎，短视频平台已成为当下最具活力的用户内容生产源泉。科普内容通过短视频传播，可以充分地发挥短视频的传播潜力，达成良好的传播效果。通过与“快手”短视频合作，我们采集了2018年度平台产出的相关科普数据，总结了科普短视频的内容特征，以及创作者的身份与行为特点，并详细报告了各类科普内容在短视频平台上的生产和传播情况。

第四章主要针对“科普中国”的品牌、内容和社区生态。以“科普中国”2018年度运营数据为基础，本章致力于细致梳理和总结“科普中国”的内容资源构成和容量、用户阅览和传播状况与满意度状况，以及呈现包括各类科学主题资源总量、阅览总量、阅览主题热度、科普信息员数量及分享数量、传播途径、公众满意度调查等各类数据。该章立足于科普供给侧和科普需求侧的数据分析，描绘“科普中国”的品牌生态，奠定其可持续发展策略的数据参考依据。

课题组向百度指数、北京清博大数据科技有限公司、“快手”短视频、中国科学技术出版社等数据合作方表示衷心的感谢！如前述，本书意在展现在参与式网络中开展科学传播的现况和远景，以勉力为科普领域的研究者和实践者提供一份可资参考的互联网科普数据图谱。然而限于数据采集的困难和技术路线的复杂性，本书中仅选择呈现了其中的若干重要侧面，相关的数据研究方法也亟待深入和系统化。本书中的观点或结论如有不当之处，恳请各位专家、读者予以批评指正。

全体作者

2019年12月

目　录

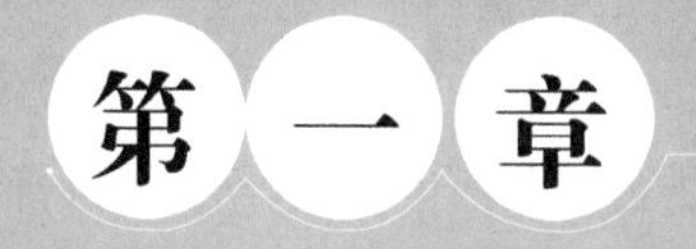

中国网民科普需求搜索行为报告

截至 2018 年 12 月底，中国的互联网人口达到 8.29 亿，全国互联网普及率达到 59.6%。搜索引擎已成为互联网信息的重要入口，信息搜索已成为网民关注和获取科普信息的行为起点。本报告通过对网民的海量搜索数据来分析和洞察网民对科学话题的兴趣和关切，以更好地反映和理解中国互联网受众的科普需求。

第一节 中国网民科普需求搜索行为研究概述

一、主要内容

本报告主要通过网民科普搜索行为数据，反映各科普主题的需求发展趋势和大量科普热点的需求发展动态，分析网民对于不同科普主题和热点的细分需求，揭示各个网民细分群体的科普需求特点和结构特征。自2018年起，本报告增加了对全国性科普品牌“科普中国”的专题分析，以反映“科普中国”在互联网和网民群体中的关注和传播情况。

二、方法与路线

本报告研究的核心问题是基于海量搜索数据完成对搜索关键词和具体搜索项的判定。报告基于对历年来科普活动资料和媒体科技报道的内容分析和资料研究，建立并不断完善科普内容域模型；基于科普内容域，对大量的关键词和搜索项进行判定，并对其进行科普分类以及后续的数据统计。

（一）科普内容域的层级结构

本报告采用自上而下的模型完成科普内容域的结构化，将其细分为三个层级：①主题，包含8个选定的热门科普主题，即健康与医疗、信息科技、应急避险、航空航天、气候与环境、前沿技术、能源利用、食品安全；②话题或热点，分属于不同主题的长期活跃或短期爆发的科普热点；③搜索条目，网民直接输入的具体搜索条目，属于特定的科普热点或话题（表1-1）。

表 1-1　科普内容域的三层描述框架①

T. 主题	F. 话题或热点	S. 搜索条目
1. 健康与医疗	维生素	b 族维生素的副作用 /……
	疫苗	SARS 疫苗 /……
	……	……
2. 信息科技	传感器	传感器原理及应用 /……
	物联网	物联网是什么 /……
	……	……
3. 应急避险	地震	汶川地震 /……
	火灾	发生火灾时的正确做法是什么 /……
	……	……
4. 航空航天	宇宙	第三宇宙速度 /……
	黑洞	黑洞里面是什么 /……
	……	……
5. 气候与环境	$PM_{2.5}$	$PM_{2.5}$ 标准值是多少 /……
	甲醛	甲醛中毒症状 /……
	……	……
6. 前沿技术	量子	量子通信 /……
	纳米	纳米复合材料 /……
	……	……
7. 能源利用	新能源汽车	混合动力汽车的优缺点 /……
	太阳能	农村太阳能发电 /……
	……	……
8. 食品安全	转基因	车厘子是转基因水果吗 /……
	食品添加剂	关于食品添加剂的 11 个真相 /……
	……	……

本报告采用自下而上的归纳过程完成科普内容域模型迭代，主要通过三个步骤：①词匹配，网民新输入的搜索条目不断被添加到科普内容域，与已有的关键词进行匹配，归类至特定话题或热点；②话题或热点归并，大量搜索项包含的共同部分（词根）被归并为新的关键词，形成新的候选话题或热点；③内容域更新，新入关键词和候选话题经专门审议后被补充进入科普内容域。

（二）2018 年科普内容域的构成情况

表 1-2 给出了 2018 年中国网民科普搜索内容域的整体情况。2018 年的科普内

① 钟琦，王黎明，武丹，等. 中国科普互联网科普数据报告 2017 [M]，北京：科学出版社，2018: 13.

容域划分为 8 个科普主题，纳入科普搜索热点 1616 个，共包含搜索条目 50 378 个。

表 1-2 2018 年中国网民科普需求点统计

主题	热点数 / 个	搜索条目数 / 个
健康与医疗	512	30 520
航空航天	233	3 213
前沿技术	189	1 841
信息科技	162	4 864
应急避险	141	4 740
气候与环境	151	2 954
食品安全	123	635
能源利用	105	1 611
总计	1 616	50 378

（三）关于科普搜索指数

本报告使用百度指数作为网民科普需求的量度。百度指数是以网民搜索数据为基础的测量指标，可以定量地反映某个关键词的搜索趋势。为了系统地表征科普需求的层次结构，本报告使用专业版百度指数（科普搜索指数）来表征科普内容域中的条目 / 问题、话题 / 热点和科普主题的网民需求强度。

本报告使用目标群体指数（target group index，TGI）来表征不同网民群体相对于网民总体的科普需求。TGI=100，表示总体的需求水平；某个群体的 TGI ＞ 100，表示该群体的需求高于总体水平。TGI 意为排除了群体规模效应的相对值，某个群体的需求相对值用 TGI 表示为：

TGI = 100 ×（群体在总体中的需求占比 / 群体在总体中的人数占比）

三、搜索数据的采集

本报告所用原始搜索数据来自中国科协科普部、中国科普研究所、百度数据研究中心合作搭建的科普专业版百度指数平台。网民搜索数据被持续上传到该专业指数平台上，持续跟踪和记录与科普相关的搜索信息。搜索数据中包含多维度的网民搜索行为相关信息，如特定关键词的搜索趋势，以及相应搜索条目（问题）的搜索人次，搜索引擎用户的人群特征、搜索时间、所处地域和所用终端类型等。

本章第二节和第三节主要使用了2018年全年的科普搜索数据，第四节主要使用了2014～2018年的历史回溯数据。

第二节　中国网民科普需求搜索行为季度报告

一、2018年第一季度中国网民科普需求搜索行为报告

（一）2018年第一季度中国网民科普搜索指数同比增长20.18%

2018年第一季度中国网民科普搜索指数为20.96亿，同比增长20.18%，环比增长11.25%。其中，移动端的科普搜索指数为16.17亿，环比增长13.55%；PC端的科普搜索指数为4.79亿，环比增长4.13%。移动端科普搜索指数是PC端科普搜索指数的3.38倍（图1-1）。

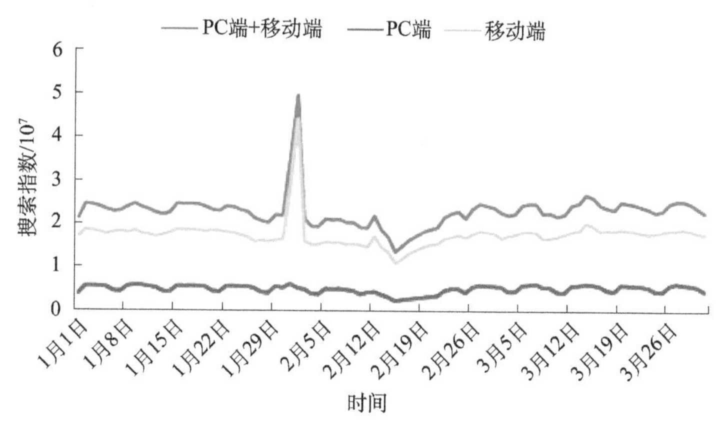

图1-1　2018年第一季度中国网民科普搜索指数季度走势

（二）2018年第一季度前沿技术主题科普搜索指数环比增长最快

2018年第一季度8个科普主题的环比增长排名依次是前沿技术、健康与医疗、航空航天、信息科技、气候与环境、食品安全、能源利用和应急避险（图1-2）。

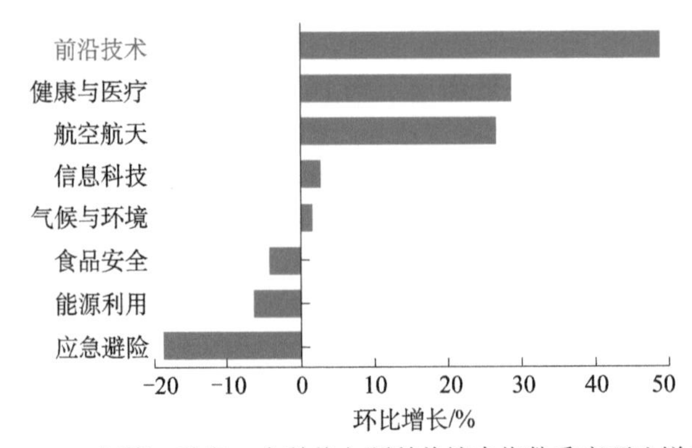

图 1-2　2018 年第一季度 8 个科普主题科普搜索指数季度环比增长情况

（三）2018 年第一季度科普搜索指数同比增长最快的科普热点 TOP3

2018 年第一季度科普搜索指数同比增长最快的科普热点 TOP3 如图 1-3 所示。

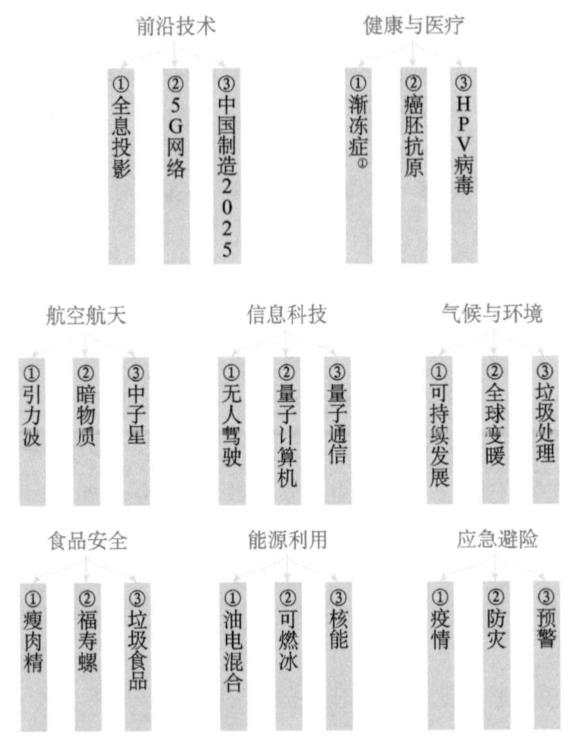

图 1-3　2018 年第一季度科普搜索指数同比增长最快的科普热点 TOP3

① 渐冻症是肌萎缩侧索硬化的俗称。

（四）2018年第一季度各省（自治区、直辖市）网民科普搜索关注点TOP5

2018年第一季度各省（自治区、直辖市）网民科普搜索关注点TOP5如表1-3所示。

表1-3　2018年第一季度各省（自治区、直辖市）网民科普搜索关注点TOP5

省（自治区、直辖市）	关注点1	关注点2	关注点3	关注点4	关注点5
安徽	人工受孕	奶粉事件	日全食	磁共振	食道癌
北京	$PM_{2.5}$	雾霾	大气污染	数据库	大数据
重庆	食品安全	败血症	造影	病毒	人工智能
福建	台风	垃圾处理	地震消息	安全知识	喉咙发炎
甘肃	安乃近	药物流产	丙肝	地震消息	食品安全
广东	喉咙发炎	基因检测	台风	鼻咽癌	芯片
广西	网络安全	喉咙发炎	基因检测	鼻咽癌	卫星
贵州	人工受孕	大数据	3D	卫星	肺结核
海南	台风	紫外线	海啸	健康体检	空难
河北	酵素	腰间盘突出*	股骨头坏死	尿路感染	月全食
河南	人工受孕	安乃近	光伏发电	胃肠炎	灰指甲
黑龙江	胃肠感冒	造影	酵素	更年期	甲状腺癌
湖北	根管治疗	天然气	日全食	智能	软件开发
湖南	软件开发	杂交水稻	磁悬浮	败血症	黄疸
吉林	地震消息	心肌缺血	胃肠感冒	血栓	甲醛
江苏	神舟飞船	肺纹理	食道癌	单核细胞	传感器
江西	人工受孕	预防针	血浆	安全知识	奶粉事件
辽宁	胃肠感冒	血栓	心肌缺血	碳纤维	免疫力低下
内蒙古	胃肠感冒	心肌缺血	云计算	更年期	酵素
宁夏	防火	安全知识	网络安全	3D	环保
青海	3D	安乃近	积液	消糜栓	健康体检
山东	云服务	血糖高	股骨头坏死	磁共振	光伏发电
山西	煤	光伏发电	太阳能发电	安全知识	利巴韦林
陕西	雾霾	天然气	空气质量	利巴韦林	甲醇
上海	磁悬浮	空气质量	$PM_{2.5}$	肺纹理	数据库
四川	忧郁症	地震消息	血浆	银屑病	空气质量
天津	地震消息	气温	混合动力	雾霾	大气污染

续表

省（自治区、直辖市）	关注点 1	关注点 2	关注点 3	关注点 4	关注点 5
西藏	3D	食物中毒	紫外线	卫星	霍金预言
新疆	地震消息	人工受孕	灰指甲	网络安全	前列腺增生
云南	3D	紫外线	人工受孕	丙肝	卫星
浙江	垃圾处理	流感	台风	磁共振	癌症抗原

注：因数据原因，报告内容未包含港澳台地区排名，下同。

* 即腰椎间盘突出，下同。

（五）“超级蓝色血月”受到全国网民围观

2018 年 1 月 31 日，迎来一次千载难逢的天文奇观“超级蓝色血月”，这是过去 152 年来超级月亮、蓝月亮和月全食首次同时出现。中国网民对这一事件的搜索内容主要集中在“蓝月亮月全食”“超级蓝月亮月全食”“月全食 2018 蓝月亮”，相关搜索指数在 1 月 31 日当天达到峰值，即 1345.31 万（图 1-4）。

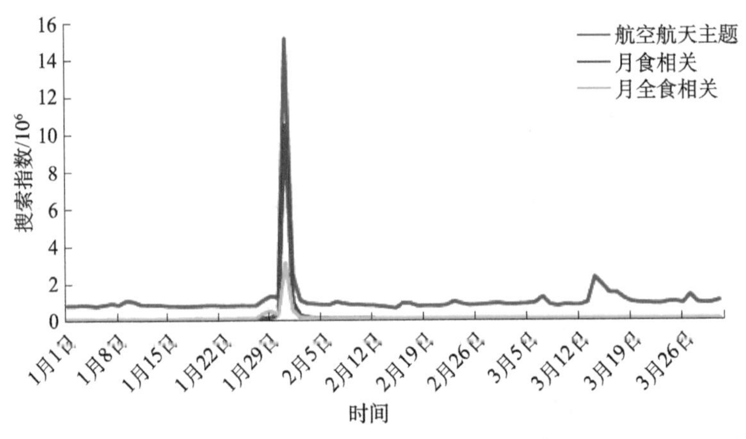

图 1-4　2018 年第一季度航空航天主题、月食和月全食相关搜索指数走势

（六）我国诞生世界首个体细胞克隆猴引发网民关注

2018 年 1 月 25 日，全球顶尖学术期刊《细胞》（*Cell*）在线发表了中国科学家的一项成果：成功培育出全球首个体细胞克隆猴，分别叫“中中”和“华华”。中国网民对“克隆猴”相关搜索指数在当天达到高峰，搜索指数为 31.51 万（图 1-5）。

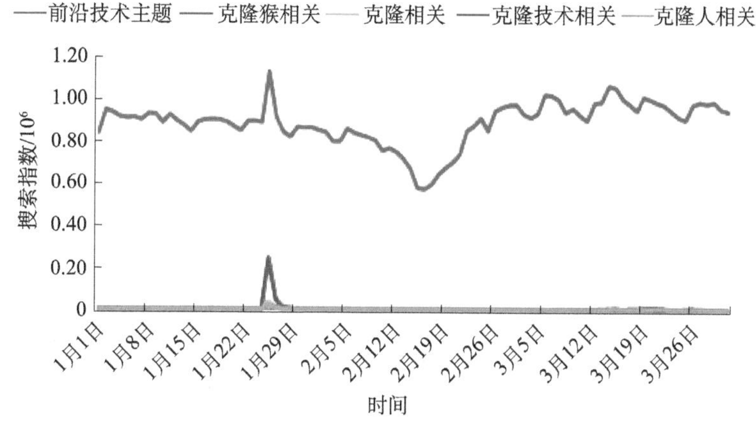

图 1-5　2018 年第一季度前沿技术主题和克隆猴等相关搜索指数走势

（七）河北地震事件引发热搜

2018 年 2 月 12 日 18 时 31 分，河北省廊坊市永清县发生 4.3 级地震，当天中国网民对地震相关的搜索指数为 200.88 万（图 1-6）。地震相关搜索的地域数据显示，北京市、河北省和广东省位居前三。

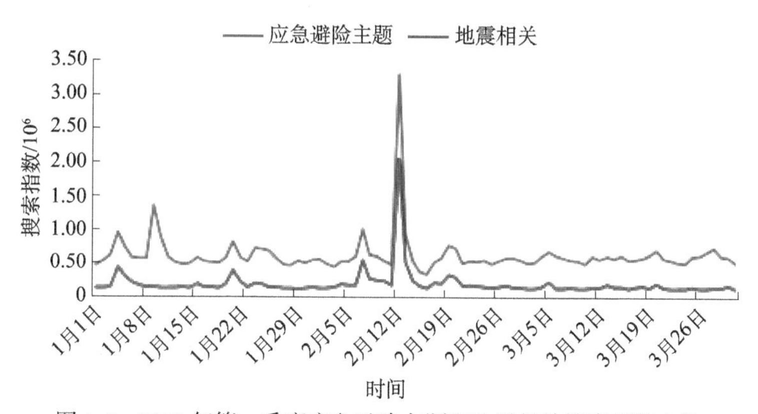

图 1-6　2018 年第一季度应急避险主题和地震相关搜索指数走势

（八）"科普中国"携手中央电视台（CCTV）共议两会，带动相关资讯指数飙升

2018 年 3 月 15～19 日，"科普中国"新媒体与中央电视台中文国际频道（CCTV4）《中国新闻》特别节目《中国新时代》携手共议两会，带动相关资讯指数飙升，其中，3 月 18 日（周六）和 19 日（周日）两天的资讯指数分别达

到 3.89 万和 5.49 万。从科普搜索情况来看，进入 3 月下旬，"科普中国"相关搜索指数持续上扬（图 1-7），表明媒体对"科普中国"的大量报道成功吸引了网民对"科普中国"的关注。

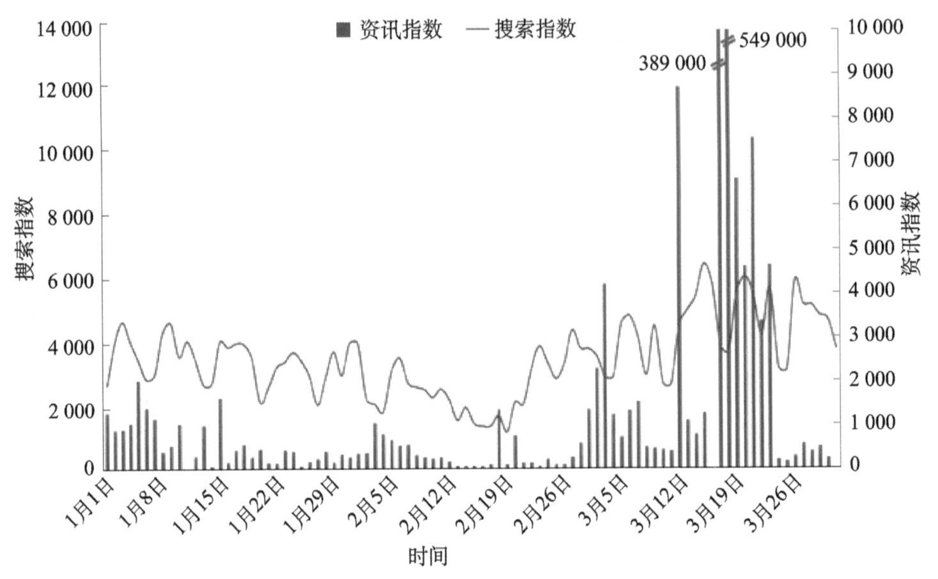

图 1-7　2018 年第一季度"科普中国"搜索指数和资讯指数走势

（九）北京、广东、山东、浙江、江苏对"科普中国"的关注度位居前五

2018 年第一季度各省（自治区、直辖市）网民对"科普中国"的关注情况各异。按科普搜索指数排名，关注度前五的省（自治区、直辖市）是北京（13.05%）、广东（11.04%）、山东（7.09%）、浙江（6.52%）和江苏（5.45%）。相较于对科普总体的关注份额，北京、云南、吉林、宁夏等地网民对"科普中国"的关注份额明显更高（图 1-8）。

（十）品牌、APP、内容、e 站是网民对"科普中国"的主要关注点

从网民的关注结构来看，2018 年第一季度，"科普中国"的整体品牌（含义 / 标识 / 二维码）和"科普中国"APP 获得了大部分关注份额（71.09%）。其次是"科普中国"的优质内容（视频 / 动画 / 知名栏目）和"科普中国"e 站

（乡村 / 社区 / 校园），分别占 9.60% 和 9.34%。此外，微平台（新媒体）、大型活动（典赞 / 科普中国行 / 百城千校万村行动）、"V 视快递" 和 "科普中国云" 也进入了网民对 "科普中国" 的关注视野（图 1-9）。

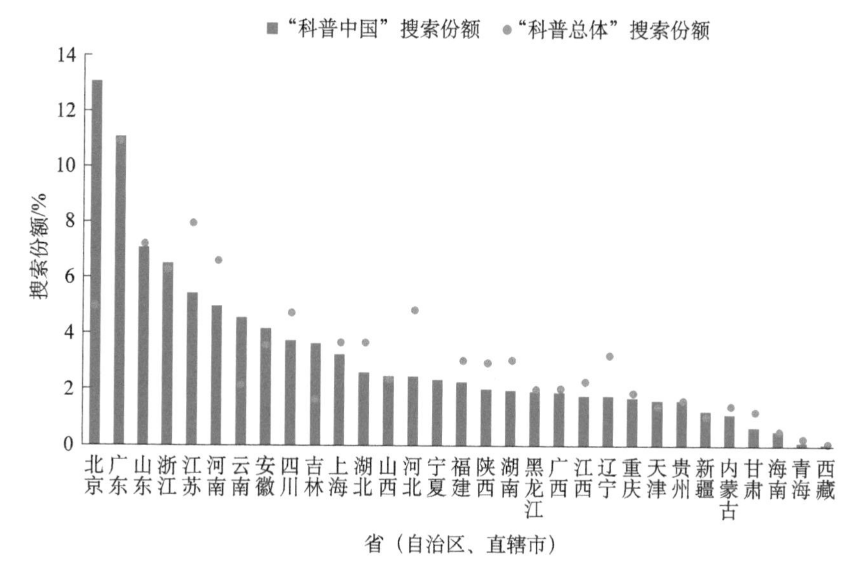

图 1-8 2018 年第一季度各省（自治区、直辖市）网民对 "科普中国" 的搜索份额

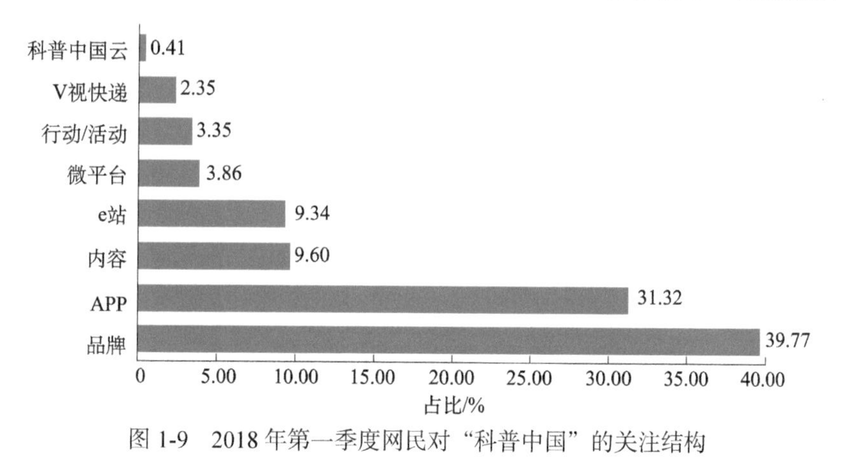

图 1-9 2018 年第一季度网民对 "科普中国" 的关注结构

二、2018 年第二季度中国网民科普需求搜索行为报告

（一）2018 年第二季度中国网民科普搜索指数同比增长 22.25%

2018 年第二季度，中国网民科普搜索指数为 23.25 亿，同比增长 22.25%，

环比增长10.93%。其中，移动端的科普搜索指数为17.65亿，环比增长9.15%；PC端的科普搜索指数为5.60亿，环比增长16.91%。移动端科普搜索指数是PC端科普搜索指数的3.15倍（图1-10）。

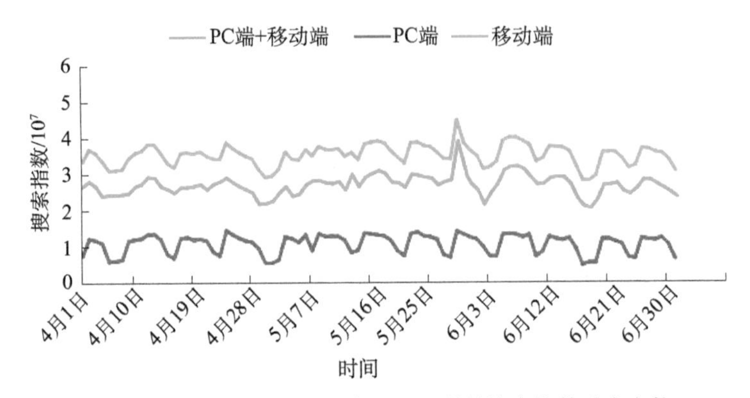

图1-10　2018年第二季度中国网民科普搜索指数季度走势

2018年第二季度科普搜索指数峰值出现在5月28日，由吉林省松原市发生的5.7级地震事件标定，网民对应急避险主题下的地震相关信息的单日移动端搜索峰值高达394.55万（图1-11）。

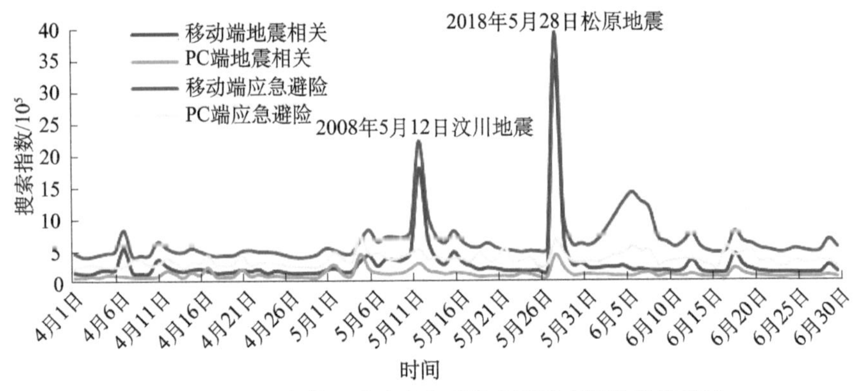

图1-11　2018年第二季度应急避险主题搜索指数季度峰值

（二）2018年第二季度食品安全主题环比增长明显

2018年第二季度，8个科普主题环比增长排名依次是应急避险（56.70%）、食品安全（27.15%）、能源利用（21.01%）、信息科技（15.59%）、前沿技术（15.29%）、气候与环境（9.02%）、健康与医疗（8.01%）和航空航天（−7.08%）（图1-12）。2015～2018年，食品安全主题的第二季度环比增长均为同年最高。

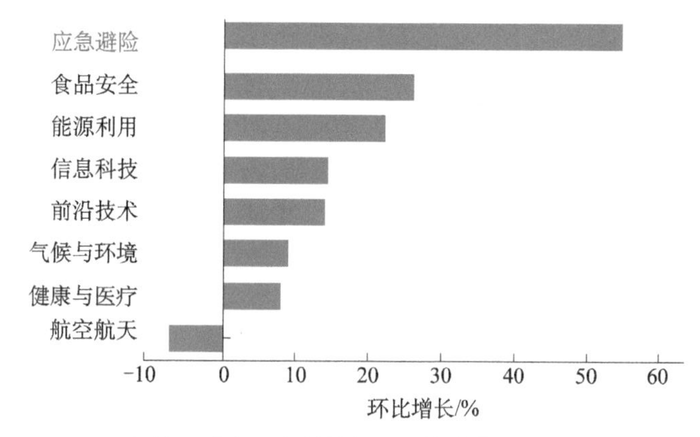

图 1-12　2018 年第二季度 8 个科普主题科普搜索指数季度环比增长情况

（三）2018 年第二季度搜索指数同比增长最快的科普热点 TOP3

2018 年第二季度，8 个科普主题搜索指数同比增长最快的科普热点 TOP3 如图 1-13 所示。

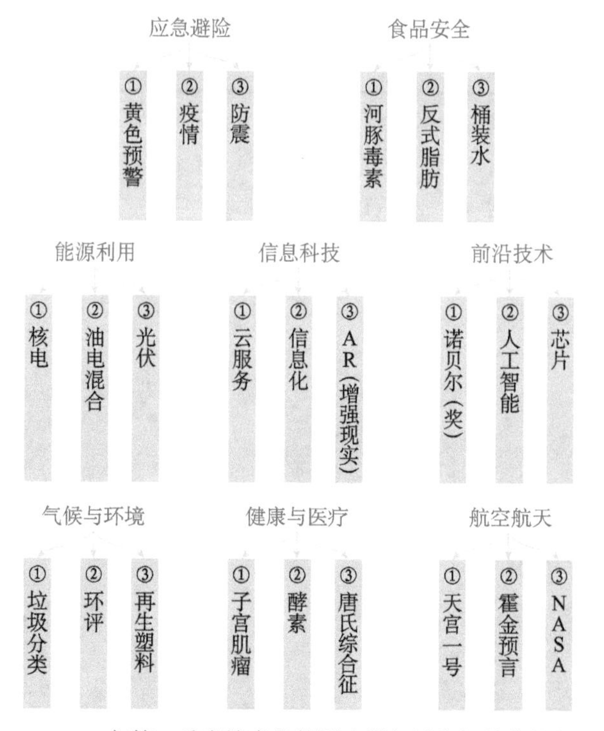

图 1-13　2018 年第二季度搜索指数同比增长最快的科普热点 TOP3

（四）2018年第二季度各省（自治区、直辖市）网民科普搜索关注点TOP5

2018年第二季度各省（自治区、直辖市）网民科普搜索关注点TOP5如表1-4所示。

表1-4　2018年第二季度各省（自治区、直辖市）网民科普搜索关注点TOP5

省（自治区、直辖市）	关注点1	关注点2	关注点3	关注点4	关注点5
安徽	白癜风	血糖高	微量元素	奶粉事件	激光手术
北京	大气污染	无人驾驶	数据库	云计算	中国制造2025
重庆	物流管理	软件开发	直肠癌	软件工程	食品安全
福建	台风	中暑	软件开发	垃圾处理	预防针
甘肃	食品安全	垃圾分类	药物流产	月球	高原反应
广东	台风	基因检测	GPS	电商	芯片
广西	安全知识	基因检测	物流管理	鼻咽癌	卫星
贵州	大数据	人工受孕	静电	心肺复苏	造影
海南	海啸	新能源汽车	混合动力	巨细胞病毒	杂交水稻
河北	股骨头坏死	尿路感染	酵素	血浆	血栓
河南	发电机	光伏发电	灰指甲	白癜风	太阳能发电
黑龙江	紫外线	免疫力低下	酵素	健康体检	地震级别
湖北	根管治疗	预防针	败血症	丙肝	人工智能
湖南	杂交水稻	磁悬浮	巨细胞病毒	黄疸	肺结核
吉林	心肌缺血	紫外线	地震级别	水处理	新能源
江苏	肺纹理	人工智能	癌胚抗原	TCT检查	粒细胞
江西	垃圾分类	垃圾处理	人工智能	软件工程	杂交水稻
辽宁	紫外线	碳纤维	白癜风	更年期	人工智能
内蒙古	紫外线	云计算	月球	生态	TCT检查
宁夏	预防	食品安全	防震	垃圾分类	节能
青海	高原反应	3D	心肺复苏	等离子	月球
山东	云服务	地震级别	食物中毒	白癜风	光伏发电
山西	垃圾分类	光伏发电	垃圾处理	水处理	神舟飞船
陕西	天然气	无人机	垃圾分类	飞行器	银屑病
上海	磁悬浮	空气质量	肺纹理	无人驾驶	癌症检查
四川	高原反应	白癜风	水处理	银屑病	忧郁症
天津	气温	雾霾	混合动力	肺纹理	食品安全
西藏	高原反应	霍金预言	APP	信息化	卫星
新疆	灰指甲	酵素	心肌缺血	4G	心肺复苏
云南	3D	高原反应	丙肝	艾滋病	卫星
浙江	垃圾处理	垃圾分类	神舟飞船	磁共振	巨细胞病毒

（五）中兴通讯被制裁，“中国芯”之痛引热议

2018 年 4 月 16 日晚，美国商务部工业与安全局针对中国中兴通讯发布制裁公告，未来 7 年内禁止美国企业向中兴通讯出售电讯零部件、商品、软件和技术。禁售背后牵连的中国芯片产业现状和问题迅速成为焦点话题，网民热议话题主要包括“芯片是什么”“中国芯”“芯片设计”“芯片制造”“中国为什么造不出芯片”“中国芯片制造水平”“中国芯片技术现状”等。科普搜索指数显示，2018 年第二季度芯片相关的搜索指数显著上升，在 4 月 20 日前后达到顶峰，至 5 月初开始回落，搜索指数总计 329.06 万，同比增长 120%，环比增长 74%（图 1-14）。

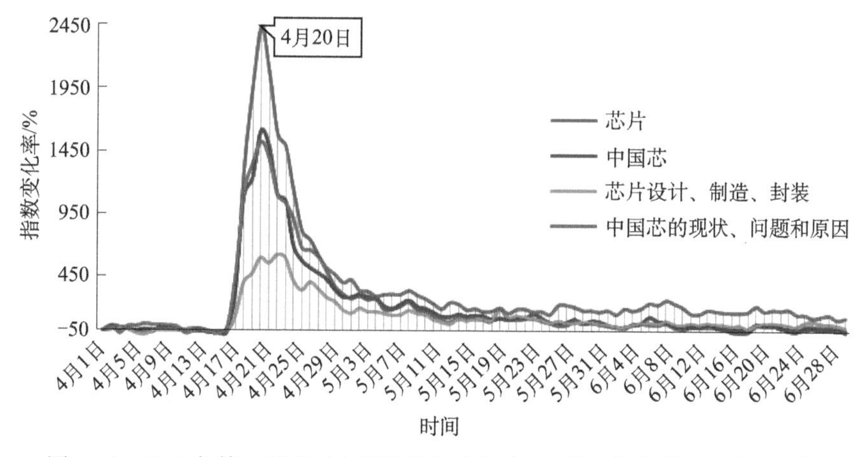

图 1-14　2018 年第二季度“中兴事件”引发的“中国芯”相关搜索指数走势

（六）001A 型中国首艘国产航母下水海试“吸睛”

2018 年 4 月 23 日，001A 型中国首艘自主建造的国产航母下水现场图曝光，在网上引起广大“军事迷”大量转发。5 月 13 日，001A 型航母正式下水海试，吸引了众多媒体和网民关注。科普搜索指数显示，2018 年第二季度航母相关热点的搜索指数总计 514.17 万，同比增长 11.08%，环比增长 77.07%（图 1-15）。网民关注的焦点包括“电磁弹射与蒸汽弹射的优劣”“001A 型航母是否算自主建造”等。网民使用的搜索词包括“001A 型航母”“中国第二艘航母”“第二艘国产航母”等。

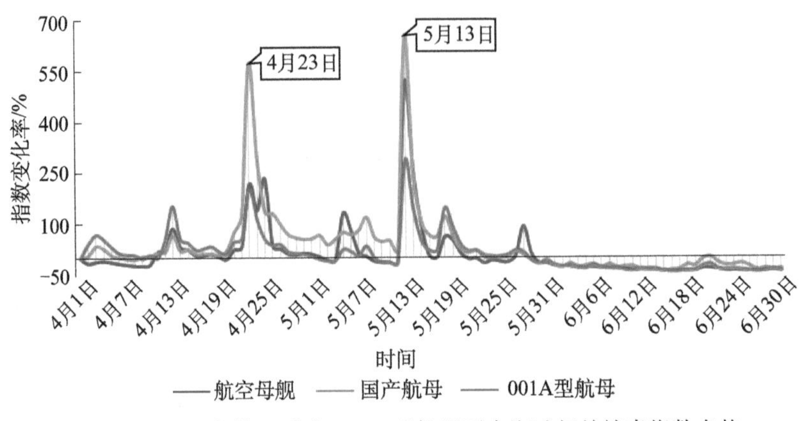

图 1-15　2018 年第二季度 001A 型航母下水海试相关搜索指数走势

（七）拜耳公司与孟山都公司完成并购，重燃转基因食品安全争论

2018 年 6 月 5 日，中国食品工程博士崔凯在《自然》（*Nature*）子刊上发表《转基因食品公众认知：中国消费者调查》，并制作视频就转基因焦点问题展开讨论。6 月 7 日，德国药品及农化品制造商拜耳公司完成对美国生物技术企业孟山都公司的收购，成为全球最大的种子及农用化学品制造商。6 月 23 日，题为“崔永元赢了：美国正式宣布转基因有毒！仔细看看你吃过”的谣言在网上重新流传。6 月 25 日，《科技日报》等媒体报道了欧洲针对转基因作物是否会诱发肿瘤开展的三项研究的排除性结果。这些事件重燃了自 2 月以来趋于平静的转基因食品安全争论。

科普搜索指数显示，2018 年第二季度转基因相关热点的科普搜索指数总计 574.85 万，同比增长 52.06%，环比增长 42.46%，推动食品安全主题环比增长 27.15%（图 1-16），这是过去 10 个季度以来食品安全主题最明显的上涨。

网民对转基因相关问题的搜索集中在“转基因”“转基因食品”“转基因食品的危害”“转基因食品有哪些”“什么是转基因食品”等（图 1-17）。数据显示了网民当前对转基因议题的注意力特点：担心转基因食品对身体的危害，迫切希望知晓转基因食品的上市清单，对转基因的科学概念和转基因食品的标准规制则不够关注。

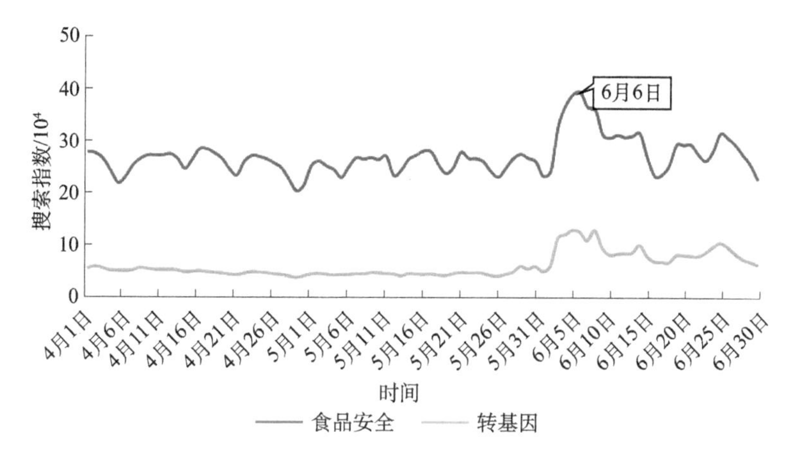

图 1-16　2018 年第二季度食品安全与转基因相关搜索指数走势

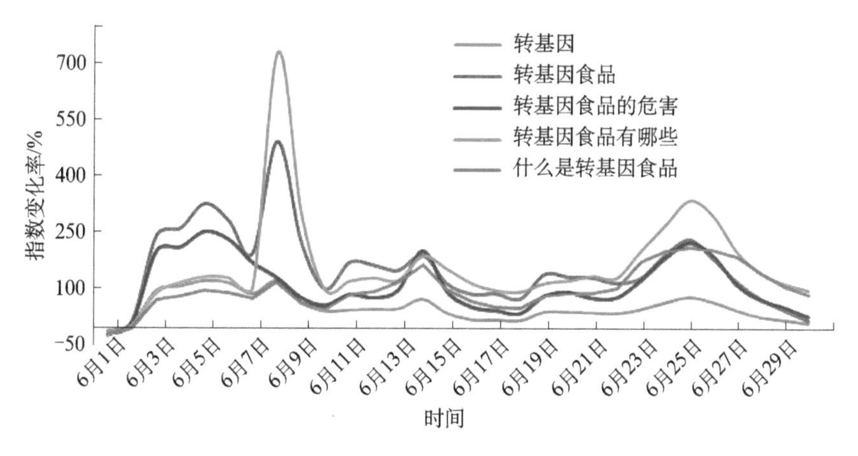

图 1-17　2018 年第二季度转基因食品安全相关搜索指数走势

（八）“科普中国”搜索指数明显上涨，资讯指数飙升

进入 2018 年第二季度，“科普中国”搜索指数累计达 28.27 万，明显高于第一季度的 22.65 万，涨幅约 27.06%。“科普中国”资讯指数飙升，累计达 602.55 万，日均资讯指数达 6.58 万，远高于第一季度的 0.24 万（图 1-18）。单日资讯指数在 5 月和 6 月多次到达高值，最高值出现在 5 月 6 日，达 84.58 万（图 1-19）。

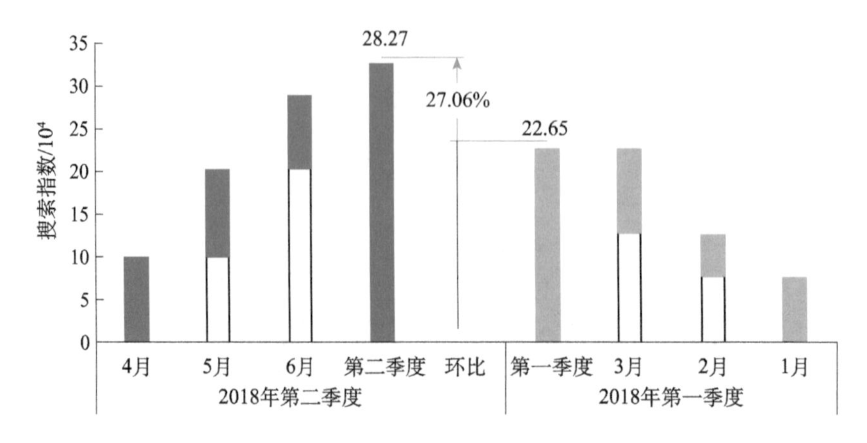

图 1-18　2018 年第一季度和第二季度“科普中国”季度搜索指数走势

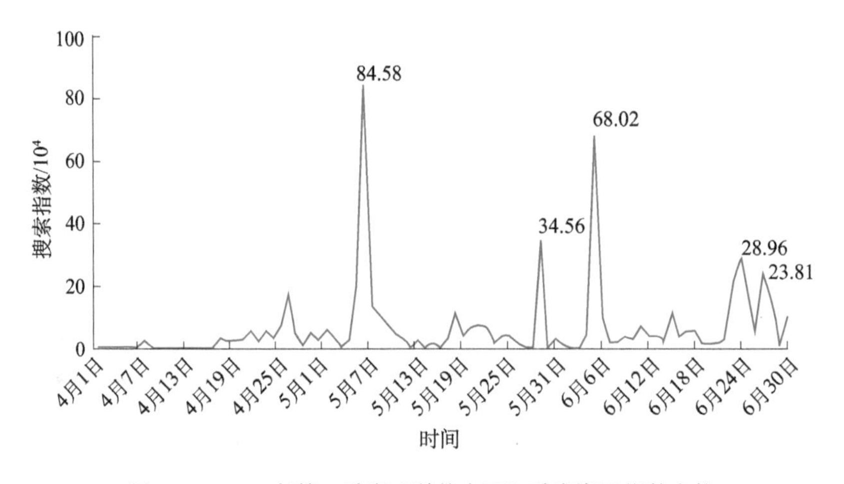

图 1-19　2018 年第二季度“科普中国”季度资讯指数走势

（九）30～39 岁的网民对“科普中国”最为关注

2018 年第二季度科普搜索指数显示，20 岁以下青少年对“科普中国”的关注份额仅为8.75%，低于对科普总体的关注份额（13.29%），远低于对全网内容的关注份额（27.53%）；40 岁以上网民对“科普中国”的关注份额（2.01%）明显低于对科普总体的关注份额（8.22%）和全网内容的关注份额（6.13%）。“科普中国”的潜在用户集中于 20～39 岁人群，特别是 30～39 岁网民的关注份额高达 45.85%，远超其全网关注份额的 15.43%（图 1-20）。

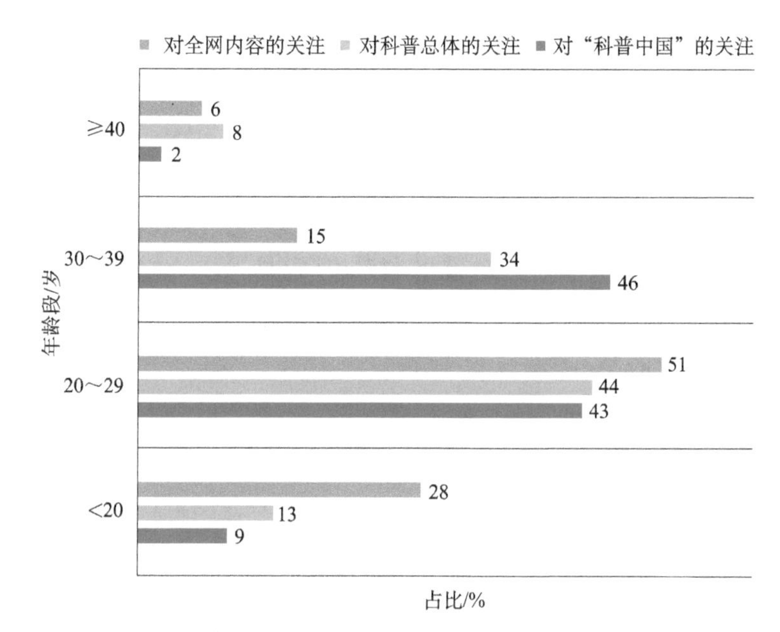

图 1-20　2018 年第二季度各年龄段的网民对“科普中国”的关注比例

（十）移动端网民对“科普中国”的关注比例相对偏低

2018 年第二季度科普搜索指数显示，移动端网民对“科普中国”的关注占比达到 50.46%，略高于 PC 端网民对“科普中国”的关注占比。相较于关注科普总体的移动端占比（75.93%），关注“科普中国”的移动端占比偏低。具体到 8 个科普主题，“科普中国”的移动端占比仅与信息科技主题较为接近，明显低于前沿技术、能源利用、航空航天等其他主题（图 1-21）。

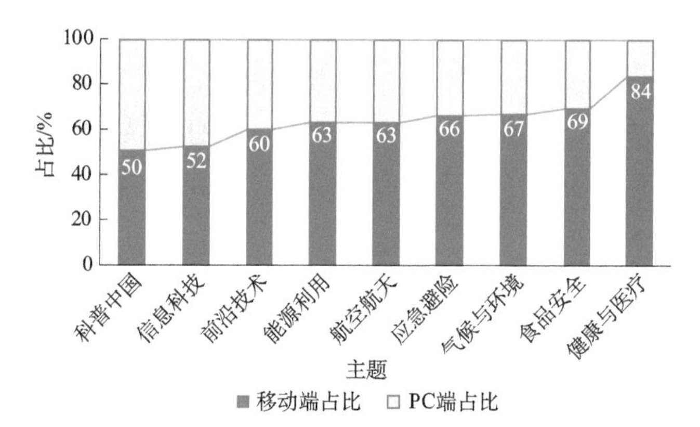

图 1-21　2018 年第二季度移动端和 PC 端对“科普中国”的关注比例

三、2018 年第三季度中国网民科普需求搜索行为报告

（一）2018 年第三季度中国网民科普搜索指数同比增长 21.59%

2018 年第三季度，中国网民科普搜索指数为 23.23 亿，同比增长 21.59%，环比增长 -2.47%。其中，移动端的科普搜索指数为 17.76 亿，同比增长 22.91%；PC 端的科普搜索指数为 5.47 亿，环比增长 17.48%。移动端科普搜索指数是 PC 端科普搜索指数的 3.25 倍（图 1-22）。

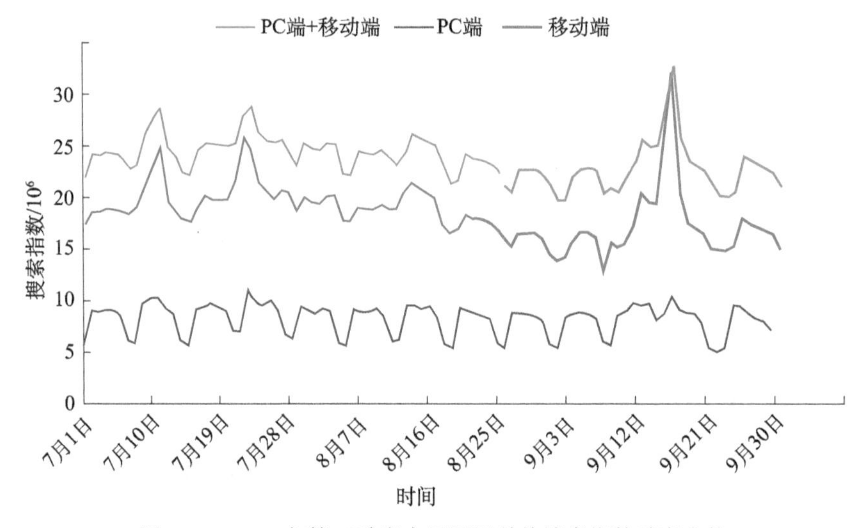

图 1-22　2018 年第三季度中国网民科普搜索指数季度走势

（二）2018 年第三季度应急避险主题环比增长高达 96.35%

2018 年第三季度，8 个科普主题环比增长排名依次是应急避险（96.35%）、前沿技术（-3.23%）、健康与医疗（-5.23%）、信息科技（-5.95%）、气候与环境（-8.76%）、食品安全（-10.08%）、能源利用（-14.18%）和航空航天（-14.97%）（图 1-23）。

（三）2018 年第三季度搜索指数同比增长最快的科普热点 TOP3

2018 年第三季度，8 个科普主题搜索指数同比增长最快的科普热点 TOP3 如图 1-24 所示。

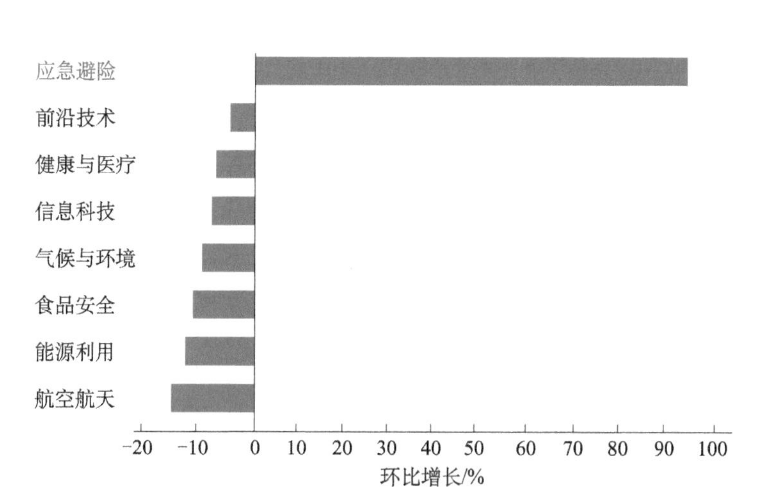

图 1-23　2018 年第三季度 8 个科普主题科普搜索指数季度环比增长情况

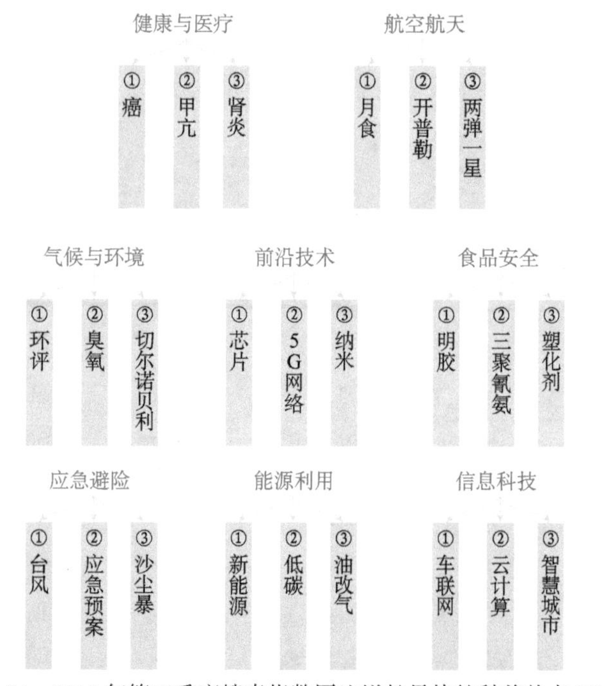

图 1-24　2018 年第三季度搜索指数同比增长最快的科普热点 TOP3

（四）2018 年第三季度各省（自治区、直辖市）网民科普搜索关注点 TOP5

2018 年第三季度各省（自治区、直辖市）网民科普搜索关注点 TOP5 如表 1-5 所示。

表 1-5 2018 年第三季度各省（自治区、直辖市）网民科普搜索关注点 TOP5

省（自治区、直辖市）	关注点 1	关注点 2	关注点 3	关注点 4	关注点 5
安徽	猪流感	地震带	人工智能	假奶粉	贲门癌
北京	机器人大会	$PM_{2.5}$	互联网大会	机器学习	数据挖掘
重庆	避暑	油改气	页岩气	烧伤疤痕	污染防治
福建	垃圾分类	台风	垃圾处理	两化融合	拉尼娜
甘肃	卫星发射中心	卫星发射	泥石流	肺心病	抗洪
广东	天文台	台风天鸽	蓝色预警	华大基因	基因检测
广西	支原体阳性	阿维菌素	水培蔬菜	太阳能电池	核电
贵州	清洁能源	地质灾害	大数据	人造卫星	生态文明
海南	双台风	卫星云图	热带风暴	蓝色预警	拉尼娜
河北	股骨头坏死	支架手术	潮汐	韩春雨	国产航母
河南	人工受孕	醇基燃料	猪流感	节电器	NT 检查
黑龙江	防洪	秸秆煤	疫情	紫外线	醇基燃料
湖北	人工降水	根管治疗	主动脉夹层	人工智能	5G 网络
湖南	污染防治	口腔癌	人工降水	杂交水稻	磁悬浮
吉林	地质灾害	心肌缺血	血栓	油改气	禽流感
江苏	贲门癌	肺纹理	人工智能	超纯水	人工智能
江西	颗粒燃料	生物质	人工降水	人工智能	超纯水
辽宁	热射病	胃肠感冒	潮汐	副热带高压	碳纤维
内蒙古	生物科学	毒蘑菇	紫外线	生物工程	秸秆煤
宁夏	油改气	网络安全	绿色食品	节水	可燃冰
青海	高原反应	空间站	肺心病	人造卫星	天宫一号
山东	云服务	潮汐	核电	百日咳	音爆
山西	醇基燃料	贲门癌	生物科学	卫星发射中心	互联网大会
陕西	油改气	热岛效应	网络安全	微电子	航空发动机
上海	热带风暴	人工智能大会	工业 4.0	机器学习	黎曼猜想
四川	卫星发射	地震纪念	烧伤疤痕	高原反应	页岩气
天津	潮汐	油电混合	雾霾	海水淡化	基因工程
西藏	高原反应	防汛	生态文明	3D	APP
新疆	白癜风	网络安全	应急预案	勘探	颗粒燃料
云南	地震级别	高原反应	地震带	肺心病	人工受孕
浙江	垃圾分类	垃圾处理	台风	互联网大会	核电

（五）疫苗事件突发引争议，效价指标成关注焦点

2018 年 7 月 22 日，国家药品监督管理局通报长春长生生物科技有限公司违法违规生产冻干人用狂犬病疫苗案件有关情况。澎湃新闻等媒体随后披露了长春长生生物科技有限公司及武汉生物制品研究所有限责任公司两家公司生产的百白破疫苗均存在效价不合格问题。“疫苗事件”成为全民焦点，并引爆社交网络。

在疫苗事件暴发期间，网民最关注的焦点话题是“疫苗”“效价”“狂犬病疫苗”“百日咳疫苗”“灭活疫苗”，“灭活疫苗”与“减毒疫苗”的区别也成为关键话题。2018 年第三季度，“疫苗”的科普搜索指数总计 268.09 万，同比增长 121.70%，环比增长 36.34%。“效价”“狂犬病疫苗”“百日咳疫苗”的科普搜索指数环比增长分别达到 88.52%、59.82% 和 39.54%（图 1-25）。

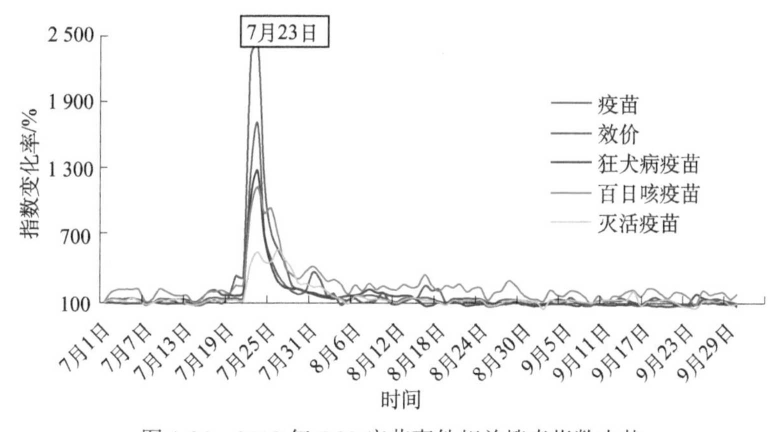

图 1-25　2018 年 7.23 疫苗事件相关搜索指数走势

从全国范围来看，各地网民对此次疫苗事件的关注视角存在差异。重庆、山东、湖北等地网民更着眼于“问题疫苗”；安徽、湖南、河南等地网民更着眼于“假疫苗”；西藏、贵州、山西等地网民则着眼于“疫苗事件”；相对于其他地区，北京、上海、浙江等地网民则未对疫苗事件表现出强烈反应（图 1-26）。

（六）“山竹”过境，台风预警等级和路径成科普要点

2018 年第三季度，科普搜索指数峰值出现在 9 月 16 日，由第 22 号超强台风“山竹”及“双台风”事件标定，网民对应急避险主题下的台风“山

竹”相关信息的单日移动端搜索峰值高达1212.16万。第三季度与台风相关的科普搜索指数总计为1.08亿，同比涨幅达54.79%，环比涨幅接近1000%（图1-27）。

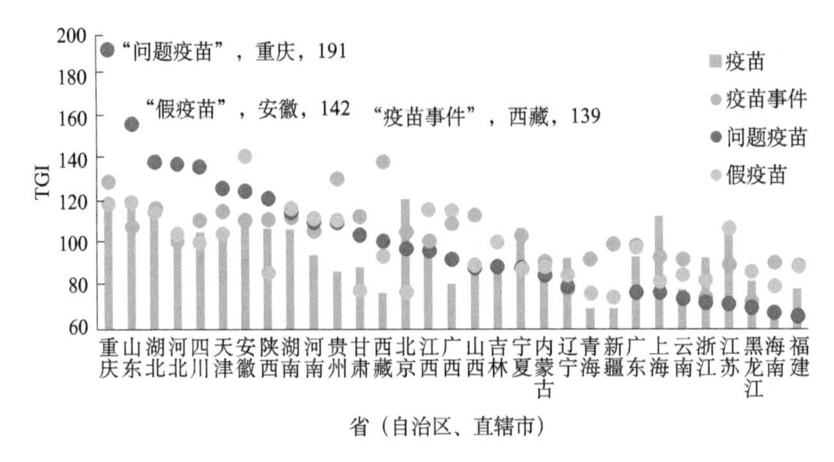

图1-26　2018年第三季度各地网民对7.23疫苗事件的不同关注视角

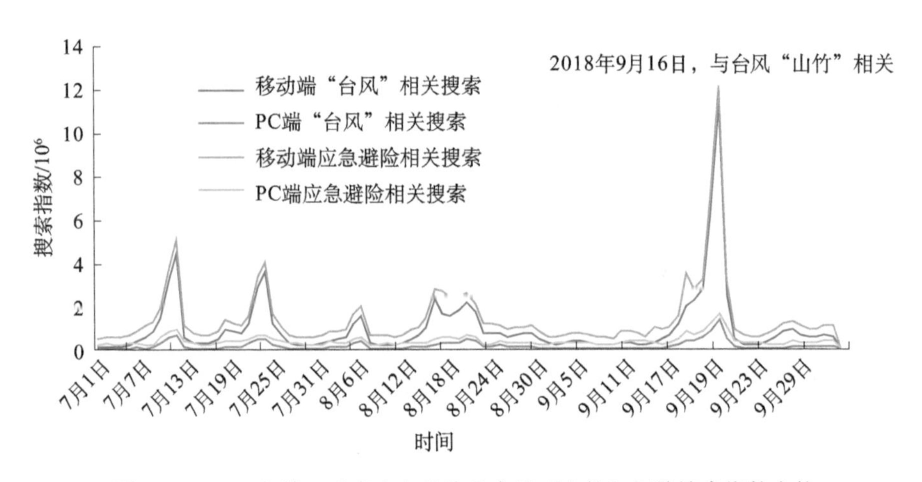

图1-27　2018年第三季度应急避险及台风“山竹”相关搜索指数走势

9月15日晚间，气象部门发布台风红色预警，“台风预警”“台风预警等级”的科普搜索指数达到峰值；9月16日，升级为超强台风的“山竹”中心登陆广东，与数日前上岸的23号台风“百里嘉”合称为“双台风”，网民还关注“台风路径”，两者的相关搜索指数均于16日当天达到峰值（图1-28）。

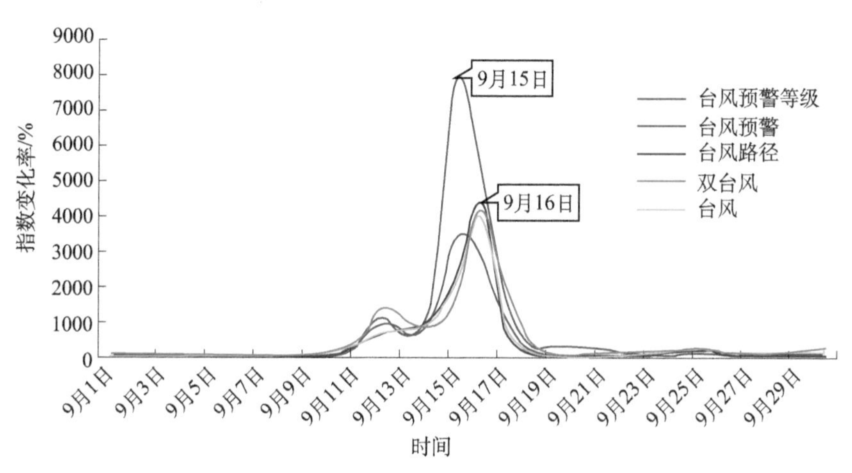

图 1-28　9.16 台风相关搜索指数走势

（七）世纪持续时间最长月全食上演，全民围观“火星冲日”

北京时间 2018 年 7 月 28 日凌晨，21 世纪以来持续时间最长的月全食上演，整个过程长达 100 分钟。此前火星刚好行进至近 15 年来距离地球最近的位置，处于太阳到地球的延长线上，天空中同时出现“红血月”“火星冲日”两种天文奇景。

“月全食”“火星冲日”的科普搜索指数均于 7 月 28 日当天达到峰值，网民最为关注的问题是“2018 月全食时间”“月全食多少年出现一次”（图 1-29）。我国西部地区对此次月全食的观测条件更好，西藏自治区、贵州省、新疆维吾尔自治区的“月全食”搜索指数同比涨幅位列全国前三，分别达到 2150%、2040% 和 1840%。

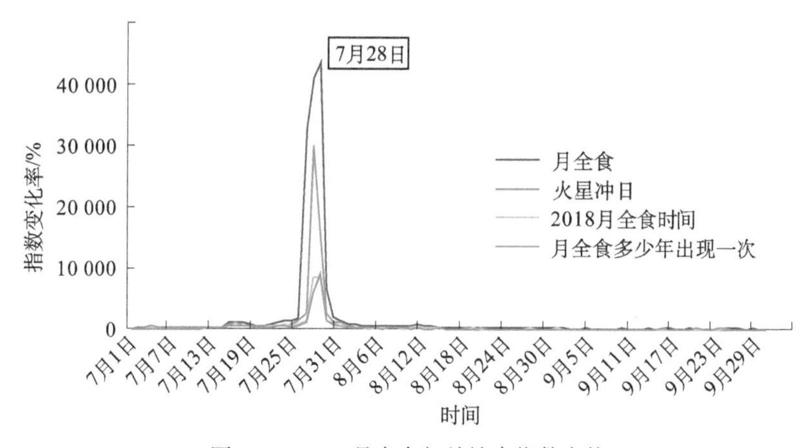

图 1-29　7.28 月全食相关搜索指数走势

（八）“科普中国”搜索指数与第二季度持平，季度内逐月上升

2018 年第三季度，“科普中国”的搜索指数总计为 28.03 万，与第二季度基本持平。7 月搜索指数为 8.96 万，8 月搜索指数为 9.25 万，9 月搜索指数为 9.82 万，呈逐月上涨趋势（图 1-30）。

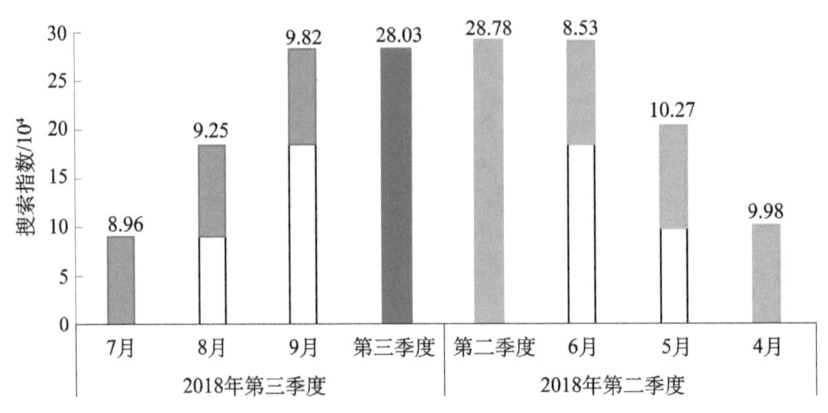

图 1-30　2018 年第二季度与第三季度“科普中国”季度搜索指数

（九）“科普中国”APP 搜索指数环比增长 25.96%

第三季度“科普中国”APP 搜索指数从第二季度的 4.60 万增长为 5.79 万，季度环比增长 25.96%（图 1-31）。

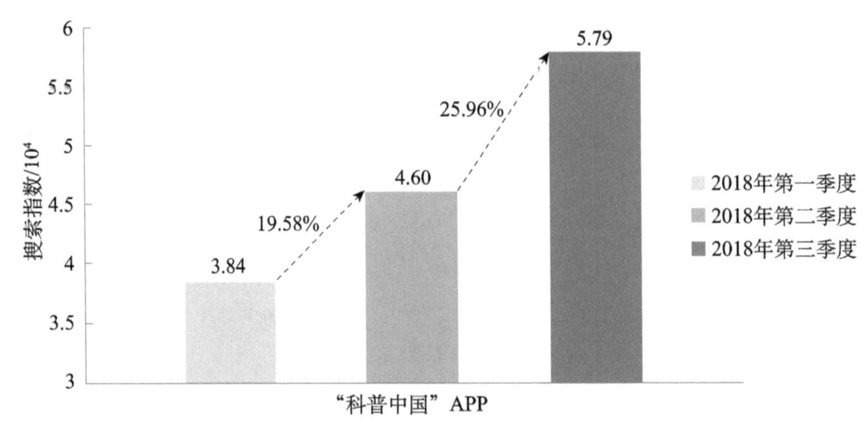

图 1-31　2018 年第一季度、第二季度与第三季度“科普中国”APP 的网民搜索指数

四、2018 年第四季度中国网民科普需求搜索行为报告

（一）2018 年第四季度中国网民科普搜索指数同比增长 21.59%

2018 年第四季度，中国网民科普搜索指数为 22.64 亿，同比增长 12.43%，环比增长 -4.12%。其中移动端的科普搜索指数为 17.85 亿，同比增长 16.66%，环比增长 -1.01%；PC 端的科普搜索指数为 4.79 亿，同比增长 -0.98%，环比增长 -14.19%。移动端科普搜索指数是 PC 端科普搜索指数的 3.73 倍（图 1-32）。

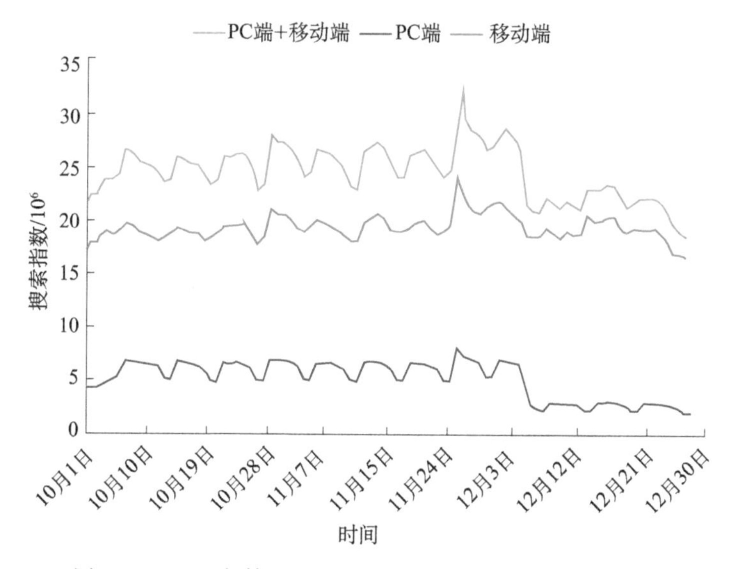

图 1-32　2018 年第四季度中国网民科普搜索指数季度走势

（二）2018 年第四季度气候与环境主题环比增幅最高

2018 年第四季度，8 个科普主题环比增长排名依次是气候与环境（10.86%）、信息科技（6.54%）、能源利用（1.19%）、健康与医疗（0.48%）、食品安全（-1.10%）、前沿技术（-8.63%）、航空航天（-11.96%）和应急避险（-55.36%）（图 1-33）。

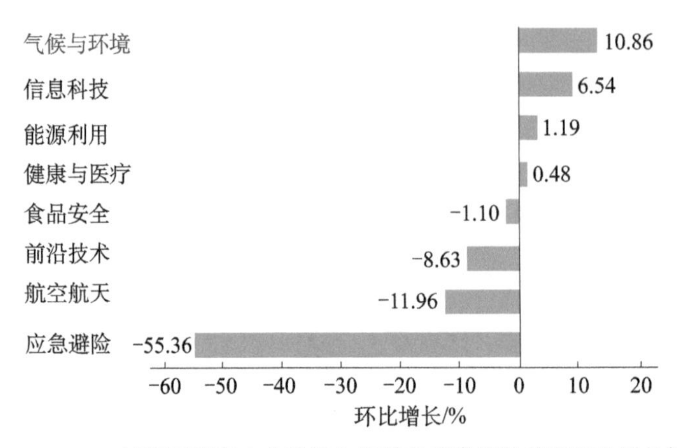

图 1-33　2018 年第四季度 8 个科普主题科普搜索指数季度环比增长情况

（三）2018 年第四季度搜索指数同比增长最快的科普热点 TOP3

2018 年第四季度，8 个科普主题的搜索指数同比增长最快的科普热点 TOP3 如图 1-34 所示。

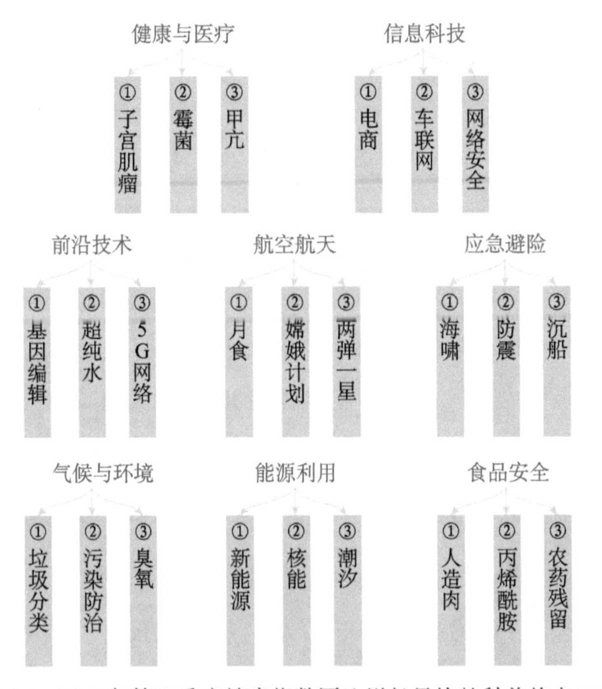

图 1-34　2018 年第四季度搜索指数同比增长最快的科普热点 TOP3

（四）2018年第四季度各省（自治区、直辖市）网民科普搜索关注点TOP5

2018年第四季度，各省（自治区、直辖市）网民科普搜索关注点TOP5如表1-6所示。

表1-6　2018年第四季度各省（自治区、直辖市）网民科普搜索关注点TOP5

省（自治区、直辖市）	关注点1	关注点2	关注点3	关注点4	关注点5
安徽	醇基燃料	贲门癌	新能源	猪流感	卫星发射中心
北京	空气指数	甲流病毒	$PM_{2.5}$	机器学习	深度学习算法
重庆	污染防治	烧伤疤痕	生态文明	土壤污染	酸雨
福建	地震带	台风	防震	安全知识	避雷
甘肃	卫星发射中心	煤气中毒	沙尘暴	卫星发射	太阳能发电
广东	登革热	天文台	基因检测	穿戴设备	超级电池
广西	水污染	太阳能电池板	潮汐	水培蔬菜	支原体
贵州	清洁能源	冻雨	烧伤疤痕	生态文明	大数据
海南	潮汐	台风	防雷装置	热岛效应	癌症村
河北	甲流	支架手术	供血不足的症状	贲门癌	空气污染
河南	人工受孕	丙烯酰胺	墨子号	新能源汽车	人工智能
黑龙江	秸秆煤	生物质	醇基燃料	免疫力低下	宝宝发育指标
湖北	胃肠感冒	碳纤维	宝宝发育指标	支架手术	油改气
湖南	烧伤疤痕	口腔癌	甜蜜素	污染防治	杂交水稻
吉林	秸秆煤	生物质	甲流	油改气	宝宝发育指标
江苏	天宫二号	贲门癌	诺贝尔奖	超纯水	CA125
江西	颗粒燃料	VR	生物质	人工受孕	超纯水
辽宁	心肌缺血	血栓	紫外线	股骨头坏死	更年期
内蒙古	天宫一号	秸秆煤	油改气	肺心病	凌汛
宁夏	节水	油改气	网络安全	未来汽车	垃圾分类
青海	高原反应	空间站	失眠	天宫一号	油改气
山东	中东呼吸综合征	云服务	潮汐	颗粒燃料	百日咳
山西	醇基燃料	贲门癌	新能源	猪流感	卫星发射中心
陕西	油改气	雾霾	全球变暖	甲醇	两弹一星
上海	人工智能大会	磁悬浮	空气指数	机器学习	温室效应
四川	卫星发射	地震纪念	蛟龙号	页岩气	卫星发射中心

续表

省（自治区、直辖市）	关注点 1	关注点 2	关注点 3	关注点 4	关注点 5
天津	天津爆炸	潮汐	空气污染	人工智能大会	油电混合
西藏	高原反应	山体滑坡	生态文明	泥石流	霍金预言
新疆	白癜风	甲流	防震	应急预案	生物燃料
云南	高原反应	天宫二号	农药中毒	手足口病	丙烯酰胺
浙江	互联网大会	垃圾分类	台风	CA125	超纯水

（五）美国食品药品监督管理局批准新型“癌症疫苗”上市引关注

2019 年 10 月 29 日，中央电视台导演哈文发布微博，称其丈夫、央视主持人李咏在美国经过 17 个月的抗癌治疗于 2018 年 10 月 25 日凌晨 5 点 20 分去世。

11 月 26 日，美国食品药品监督管理局（FDA）加速批准拜耳公司的泛肿瘤组织靶向抗癌药拉罗替尼上市，用于治疗携带 NTRK 基因融合的局部晚期或转移性实体瘤的成人和儿童患者，网上一时将该药称为广谱抗癌神药。

这前后两次热点事件引发了网民对“癌症疫苗”的关注，相关热搜词包括“癌症疫苗大突破”“癌症疫苗有几种”“抗癌神药”等。相关搜索指数在 10 月 29 日和 11 月 26 日达到峰值，搜索指数变化率分别达到 1321% 和 538%（图 1-35）。

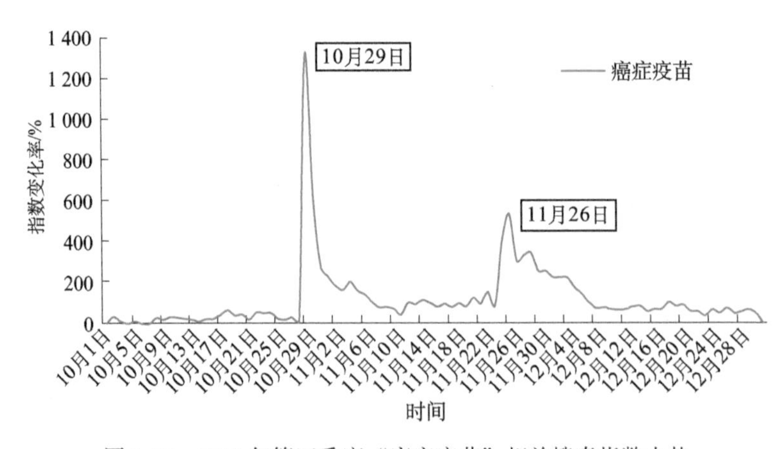

图 1-35 2018 年第四季度“癌症疫苗”相关搜索指数走势

第四季度 TGI 数据显示，关注“癌症疫苗”的网民以年轻男性为主，男性 TGI 指数高达 121，20～29 岁年龄分组 TGI 高达 179（图 1-36）。

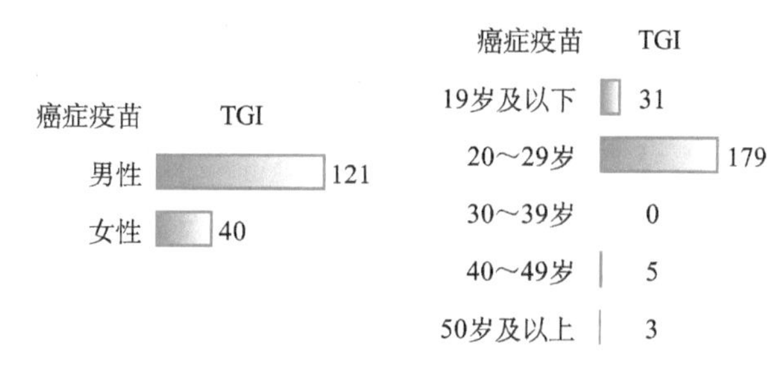

图 1-36 2018 年第四季度网民对“癌症疫苗”的关注结构

（六）官方机构背书，美国“人造肉”将上餐桌引发网民热议

美国农业部和食品药品监督管理局发布联合声明，宣布两家监管机构将分担监管“人造肉”的责任，共同努力“培育这些创新食品并保持最高标准，以维护公共健康”。根据分工，美国食品药品监督管理局将负责监管制造“人造肉”所需细胞的收集、储存和培育，而美国农业部主要负责食品的生产和贴标签工作。

“人造肉”将登上美国人餐桌的消息引发了网民的热烈讨论，搜索热词包括“人造肉上美国餐桌”“人造肉是什么做的”“人造肉与真肉的区别”等。相关搜索指数在 11 月 26 日冲上峰值，指数变化率高达 30 932%（图 1-37）。

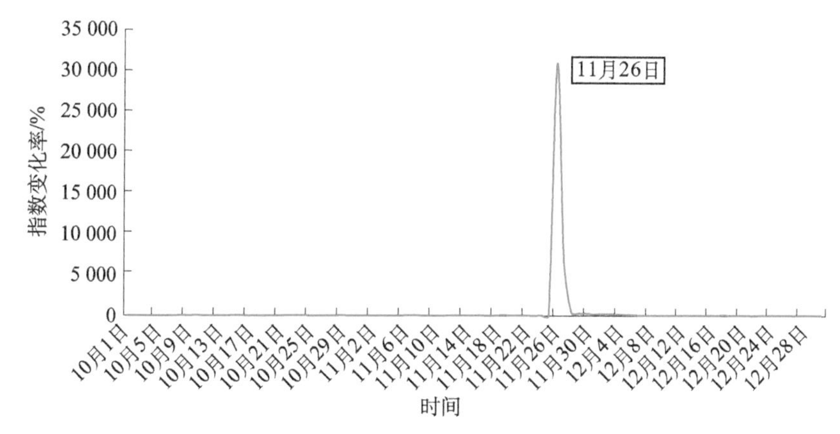

图 1-37 2018 年第四季度“人造肉”相关搜索指数走势

第四季度TGI数据显示，男性网民对“人造肉”的关注度高于女性网民，男性TGI指数高达108；在各个年龄段中，20～29岁和30～39岁网民对“人造肉”的关注度明显高于其他年龄段，年龄分组TGI分别达到134和120（图1-38）。

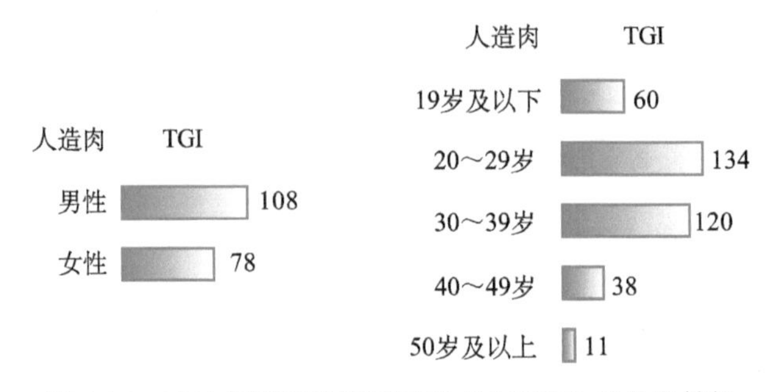

图1-38　2018年第四季度网民对“人造肉”的关注结构

（七）世界首例艾滋病免疫基因编辑婴儿实验惹争议

2018年11月26日，贺建奎在社交网站宣布世界首例免疫艾滋病的基因编辑婴儿在中国诞生。11月28日，贺建奎在第二届人类基因组编辑国际峰会发言中报告了他的研究工作，该实验在技术安全和伦理道德等方面的问题使其充满争议。122位科学家，以及南方科技大学、深圳市医学伦理专家委员会、中国科学院学部科学道德建设委员会等多家伦理审查机构随即发表声明，明确谴责贺建奎公然违反基本医学伦理的冒险行为。

2018年第四季度，网民对“基因编辑”相关话题的搜索指数在11月27日达到峰值，当天指数变化率高达9325%（图1-39），相关搜索热词包括“基因编辑婴儿”“基因编辑技术”“基因编辑疗法”等。

2018年第四季度TGI数据显示，网民对“基因编辑”的关注度没有性别上的差异，男性和女性TGI指数均接近100；在各个年龄段中，30～39岁网民对“基因编辑”的关注度显著高于其他年龄段，年龄分组TGI高达326（图1-40）。

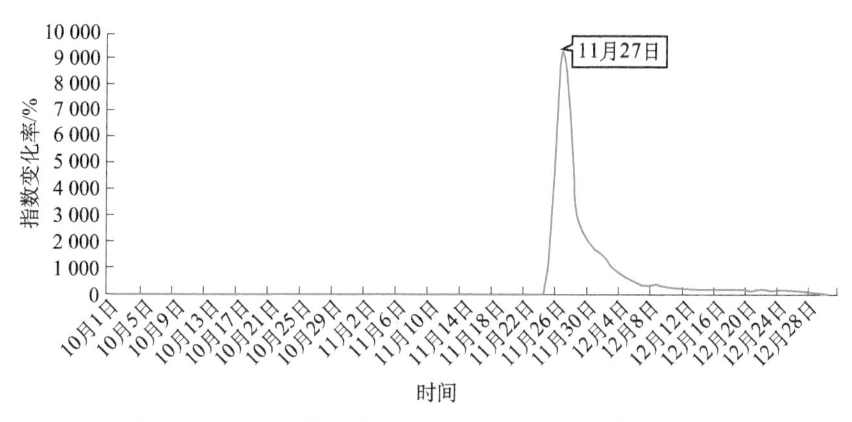

图 1-39　2018 年第四季度“基因编辑”相关搜索指数走势

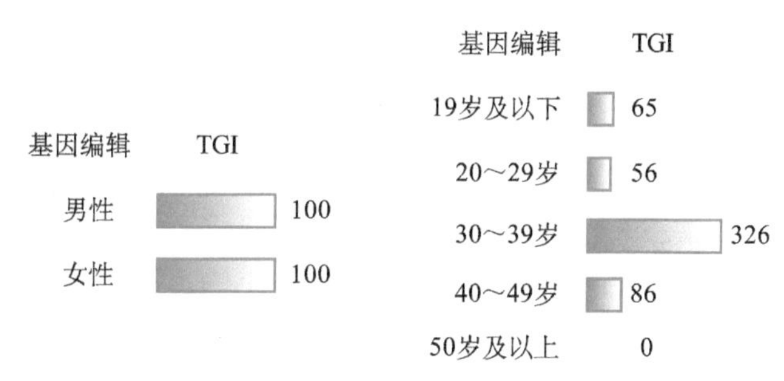

图 1-40　2018 年第四季度网民对“基因编辑”的关注结构

（八）2018 年第四季度“科普中国”搜索指数明显走高

2018 年第四季度，网民对“科普中国”的搜索指数为 40.01 万，较第三季度明显增长，季度环比增幅高达 42.74%（图 1-41）。

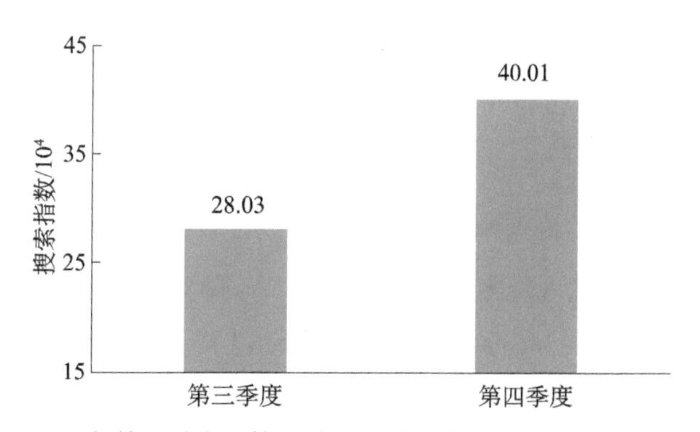

图 1-41　2018 年第三季度和第四季度“科普中国”搜索指数环比增长情况

（九）2018 年第四季度“科普中国”搜索指数比上年同期增长明显，三线、四线、五线城市增长最快

2018 年第四季度，“科普中国”搜索指数比上年同期增长明显，增幅高达 52.82%。按照全国城市分级[①]来看，增长主要集中于三线、四线、五线城市。其中，五线城市增幅高达 238.32%，四线城市增幅高达 163.50%，三线城市增幅高达 86.17%（图 1-42）。

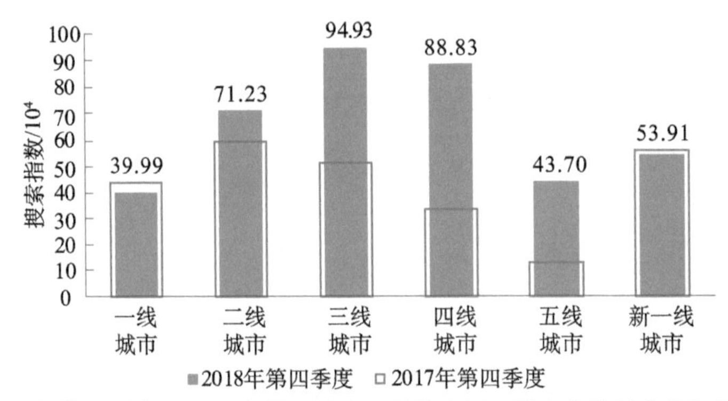

图 1-42　2017 年第四季度、2018 年第四季度“科普中国”搜索指数城市分级同比增长情况

第三节　2018 年中国网民科普需求搜索行为年度报告

一、中国网民科普需求搜索行为特征

（一）2018 年科普搜索指数年度同比增长近 20%

2018 年中国网民科普搜索指数为 91.64 亿，较 2017 年增长 19.17%。从搜索终端来看，移动端科普搜索指数同比增长 22.15%，达 70.61 亿；PC 端科普搜索指数同比增长 10.14%，达 21.03 亿。移动端科普搜索指数是 PC 端科普搜索指数的 3.36 倍（图 1-43）。

① 全国城市分级依据《第一财经周刊》2018 年 1 月发布的城市分级名单。

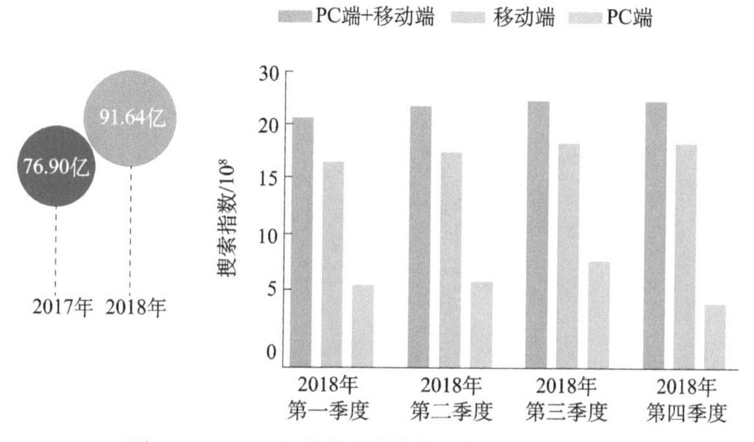

图 1-43 2018 年科普总体搜索指数年度变化趋势

(二)2018 年前沿技术、健康与医疗和应急避险主题的科普搜索指数同比增幅位居前三

2018 年,人工智能、量子通信、北斗卫星等系列热点频发,使前沿技术主题科普搜索指数年度同比跃居第一。8 个科普主题按搜索指数年度同比排名为:前沿技术、健康与医疗、应急避险、信息科技、能源利用、气候与环境、食品安全、航空航天(图 1-44)。

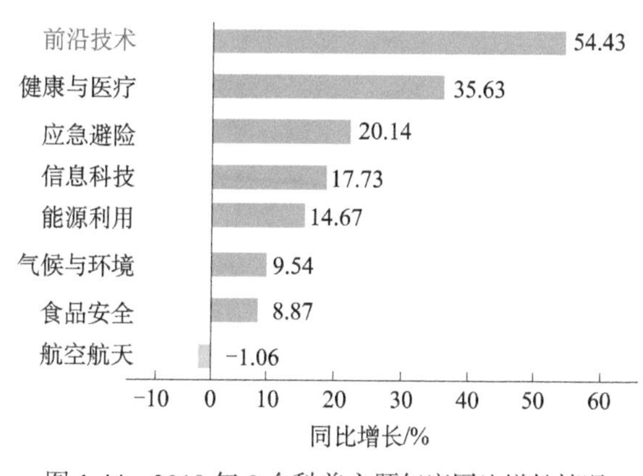

图 1-44 2018 年 8 个科普主题年度同比增长情况

(三)2018 年前沿技术主题搜索指数首次跃居前四

2018 年,前沿技术主题搜索指数快速增长,搜索份额超过航空航天和气候与环境,自 2015 年以来首次在 8 个科普主题中位列前四位。按总搜索份额,排名前四的主题为健康与医疗、信息科技、应急避险、前沿技术;按 PC 端搜索份额,排名前四的主题为健康与医疗、信息科技、前沿技术、航空航天;按移动端搜索份额,排名前四的主题为健康与医疗、信息科技、应急避险、气候

与环境（图 1-45）。

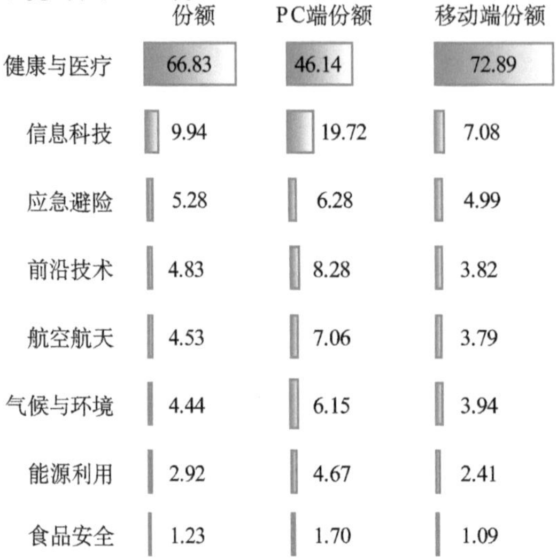

份额
PC端份额
移动端份额
健康与医疗 66.83 46.14 72.89
信息科技 9.94 19.72 7.08
应急避险 5.28 6.28 4.99
前沿技术 4.83 8.28 3.82
航空航天 4.53 7.06 3.79
气候与环境 4.44 6.15 3.94
能源利用 2.92 4.67 2.41
食品安全 1.23 1.70 1.09

图 1-45　2018 年 8 个科普主题的搜索份额（%）

（四）2018 年科普搜索指数同比增长最快的地区 TOP3

2018 年，总体科普搜索指数同比增长最快的地区是新疆（30.31%）、上海（27.36%）和浙江（26.28%）。2018 年科普搜索指数同比增长最快的省（自治区、直辖市）TOP3 如图 1-46 所示。

前沿技术：江西 82.59 广西 81.39 安徽 76.52
应急避险：上海 105.79 浙江 68.67 黑龙江 61.20
健康与医疗：新疆 48.55 西藏 46.57 上海 41.68
气候与环境：新疆 53.47 广西 39.66 江西 35.56
食品安全：宁夏 51.67 新疆 24.12 北京 23.10
信息科技：上海 35.59 江苏 26.24 浙江 24.89
能源利用：新疆 34.08 江西 29.63 重庆 27.82
航空航天：北京 8.29 新疆 5.05 西藏 3.76
科普总体：新疆 30.31 上海 27.36 浙江 26.28

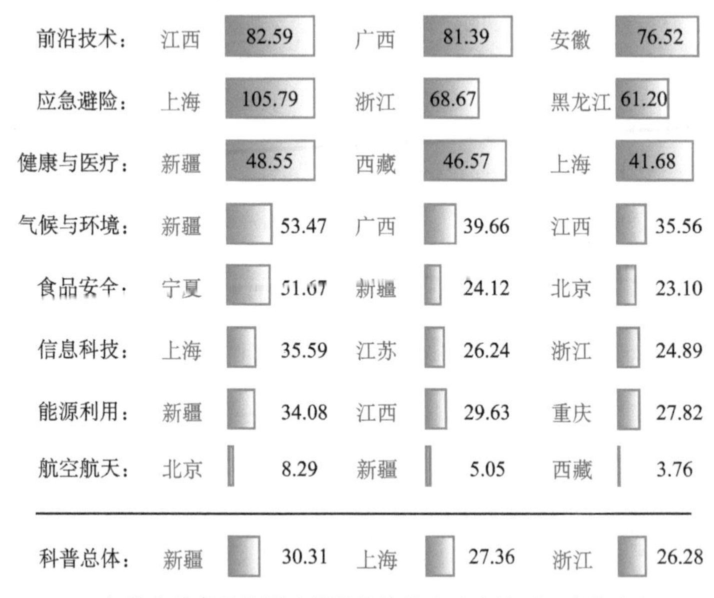

图 1-46　2018 年科普搜索指数同比增长最快的省（自治区、直辖市）TOP3（%）

二、中国网民科普需求搜索热点特征

（一）2018 年科普搜索指数同比增长最快的热点 TOP3

2018 年，8 个科普主题中科普搜索指数同比增长最快的热点 TOP3 如图 1-47 所示。

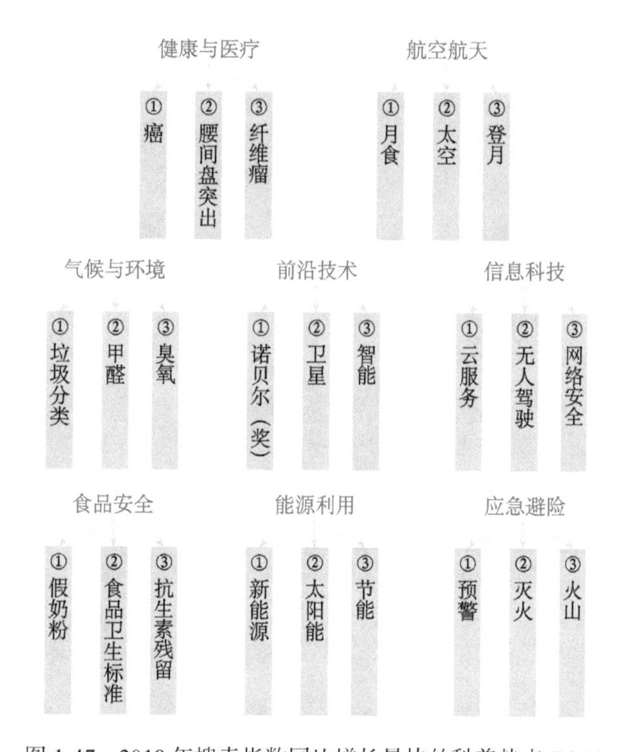

图 1-47　2018 年搜索指数同比增长最快的科普热点 TOP3

（二）2018 年各省（自治区、直辖市）网民科普搜索关注点 TOP5

2018 年，各省（自治区、直辖市）网民科普搜索关注点 TOP5 如表 1-7 所示。

表 1-7　2018 年各省（自治区、直辖市）网民科普搜索关注点 TOP5

省（自治区、直辖市）	关注点 1	关注点 2	关注点 3	关注点 4	关注点 5
安徽	奶粉事件	食道癌	激光手术	人工智能	磁共振
北京	空气质量	无人驾驶	大数据	云计算	全息投影
重庆	直肠癌	人工受孕	核爆	食品安全	软件开发
福建	台风	垃圾分类	安全知识	垃圾处理	脂蛋白
甘肃	食品安全	药物流产	高原反应	太阳能发电	丙肝
广东	台风	基因检测	人工受孕	芯片	智能家居
广西	支原体	基因检测	网络安全	卫星	太阳能发电
贵州	大数据	人工受孕	肺结核	卫星	唐氏筛查
海南	台风	支原体	海啸	贫血	杂交水稻
河北	股骨头坏死	尿路感染	酵素	腰间盘突出	月全食
河南	人工受孕	安全知识	光伏发电	电动车	太阳能发电
黑龙江	心肌缺血	股骨头坏死	腰间盘突出	酵素	更年期
湖北	根管治疗	核爆	败血症	人工智能	预防针
湖南	杂交水稻	磁悬浮	软件开发	喉咙痛	支原体
吉林	心肌缺血	紫外线	尖锐湿疣	甲醛	更年期
江苏	肺纹理	神舟飞船	人工智能	癌症检查	诺贝尔奖
江西	安全知识	垃圾分类	人工受孕	人工智能	杂交水稻
辽宁	心肌缺血	血栓	紫外线	股骨头坏死	更年期
内蒙古	胃肠感冒	紫外线	心肌缺血	股骨头坏死	云计算
宁夏	网络安全	食品安全	安全知识	3D	月食
青海	高原反应	3D	防火	模拟	月球
山东	云服务	血栓	太阳能	磁共振	光伏发电
山西	光伏发电	新能源	太阳能发电	失眠	神舟飞船
陕西	雾霾	甲醇	空气质量	丙肝	无人机
上海	磁悬浮	空气质量	癌症检查	无人驾驶	O2O
四川	地震消息	高原反应	失眠	忧郁症	水处理
天津	心肌缺血	混合动力	$PM_{2.5}$	大气污染	新能源汽车
西藏	高原反应	模拟	网络安全	APP	卫星
新疆	网络安全	人工受孕	酵素	GPS	4G
云南	高原反应	人工受孕	地震	紫外线	卫星
浙江	垃圾处理	台风	核爆	磁共振	癌胚抗原

三、中国网民科普需求搜索热点解读

（一）2018 年北斗卫星导航系统工程推进

2018 年 5 月 1 日，中国北斗导航 APP 正式上线，引发北斗卫星相关搜索指数飙升，当日搜索指数高达 4.03 万。10 月 15 日，“北斗三号”系统成功发射 15 号和 16 号卫星，带动 16 日搜索指数达到峰值 4.68 万。12 月 27 日，“北斗三号”基本系统开始提供全球服务，相关搜索指数再次冲高至 2.29 万。

2018 年是我国北斗系统的建设元年，全年北斗卫星相关搜索指数总计为 186.23 万。网民的相关搜索词主要包括“北斗卫星发射”“北斗卫星导航系统”“北斗导航 APP”“北斗导航怎么用”等（图 1-48）。

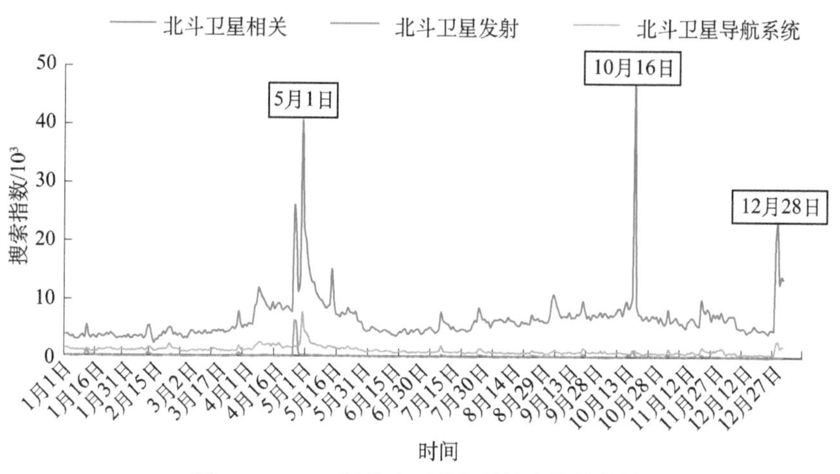

图 1-48　2018 年北斗卫星相关搜索指数走势

（二）2018 年全国科普日活动开展

2018 年全国科普日主场活动于 9 月 15 日正式开启，受媒体工作日和周末报道频次差异影响，网民对全国科普日的关注度呈现明显的“M”双峰结构。全国科普日的搜索指数从 9 月 6 日起明显上升，9 月 14 日到达第一个高点（搜索指数为 2075），在随后的 9 月 15～16 日略有下降，并在 9 月 17 日再次到达峰值（搜索指数为 2259）（图 1-49）。

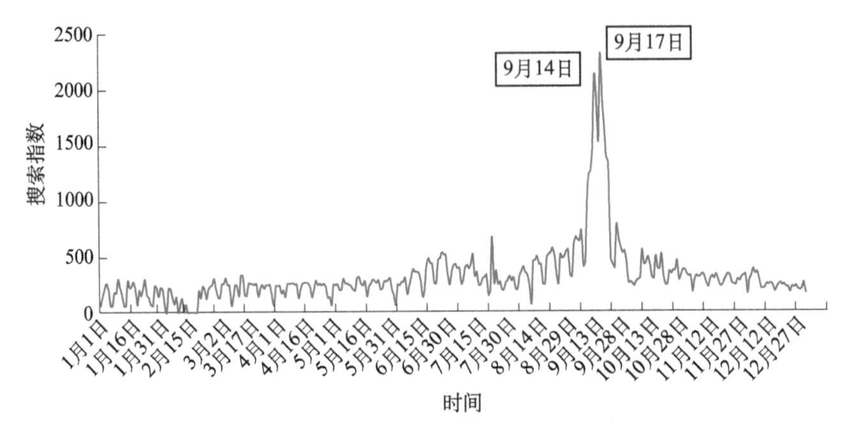

图 1-49　2018 年全国科普日相关搜索指数走势

9 月 6～26 日，全国科普日搜索指数总计为 23 665，日均值为 1127，较 2017 年同期增长 8.21%。网民的相关搜索词包括“2018 年全国科普日主题”“全国科普日的主题是什么”等。

（三）2018 年诺贝尔奖颁发

2018 年诺贝尔奖从 10 月 1 日起开始揭晓，诺贝尔奖相关的搜索指数峰值出现于 10 月 2 日，单日搜索指数达 5.77 万。网民的相关搜索词包括“今年诺贝尔奖获得者”“诺贝尔奖的有关知识”“诺贝尔奖几年评选一次”等。

数据显示，网民对诺贝尔奖的关注集中于诺贝尔物理学奖、化学奖、生理学或医学奖三个科学奖项，对文学奖、和平奖、经济学奖的直接关注较少。其中，网民对诺贝尔物理学奖的关注度最高，单日搜索指数达 5.01 万，远高于对诺贝尔化学奖和生理学或医学奖的关注（图 1-50）。

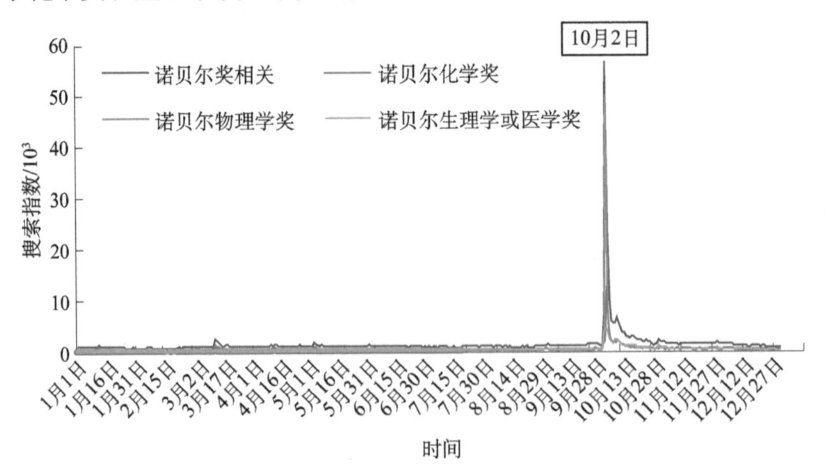

图 1-50　2018 年诺贝尔奖相关搜索指数走势

四、国家科普品牌——“科普中国”传播分析

（一）2018 年“科普中国”总搜索指数达 119.48 万

2018 年，“科普中国”总搜索指数达 119.48 万，其中第一季度搜索指数为 22.65 万，第二季度搜索指数为 28.78 万，第三季度搜索指数为 28.03 万，第四季度搜索指数为 40.01 万。“科普中国”全年搜索指数呈逐季度走高趋势（图 1-51）。

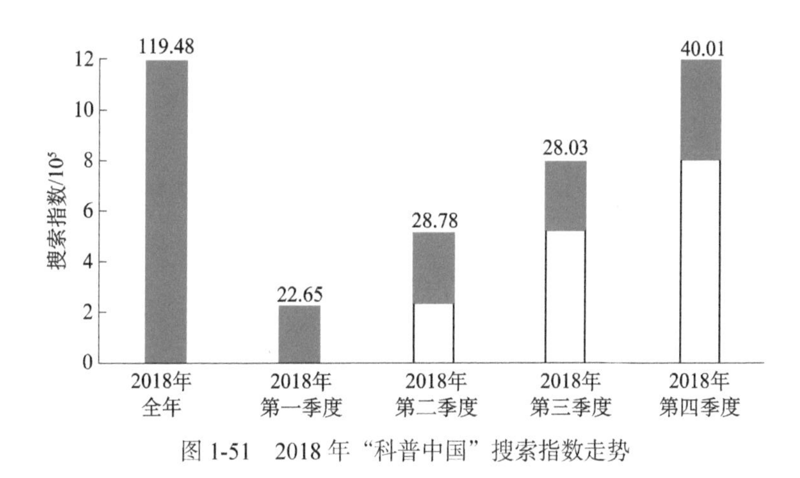

图 1-51　2018 年“科普中国”搜索指数走势

（二）“科普中国”更受女性网民和青年网民青睐

2018 年，从性别上来说，女性网民对“科普中国”的关注份额为 38.24%，明显高于该群体对科普总体的关注份额 30.86%；从不同年龄段来说，30～39 岁网民对“科普中国”的关注份额为 38.79%，明显高于该群体对科普总体的关注份额 33.89%，这表明在整个科普工作域，“科普中国”更受女性网民及青年网民群体青睐（图 1-52）。

（三）吉林省网民对“科普中国”格外关注

2018 年，全国各省（自治区、直辖市）中，吉林省网民对“科普中国”的关注份额最高，占比达 15.84%，广东、北京、浙江分列第二至第四位。相较于其对科普总体的关注份额，吉林、宁夏、内蒙古、云南、贵州、北京等地网民对“科普中国”的关注份额更高（图 1-53）。

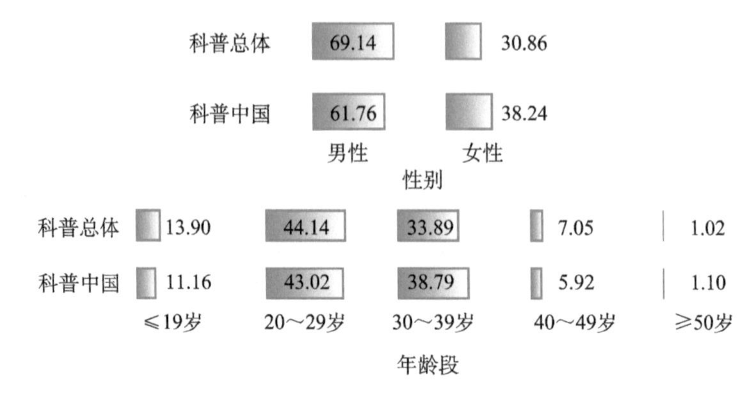

图 1-52　2018 年不同性别和年龄段网民对“科普中国”的搜索份额（%）

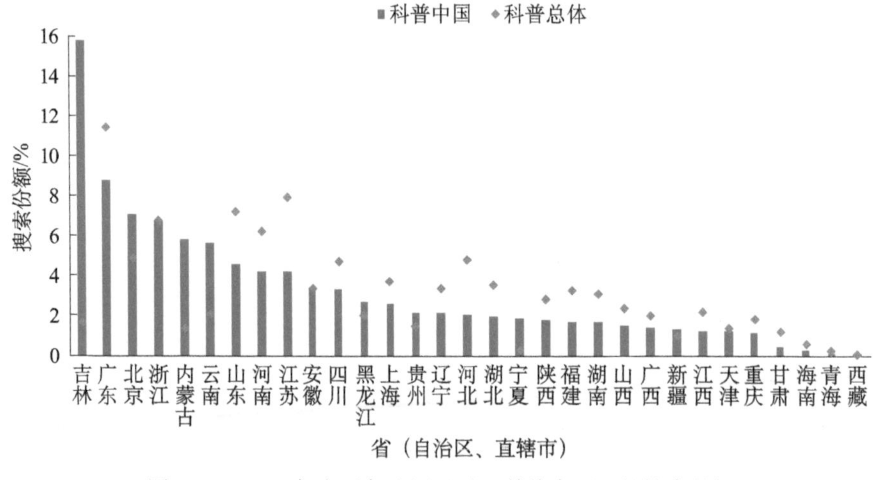

图 1-53　2018 年全国各地网民对“科普中国”的搜索份额

（四）网民对“科普中国”的关注点集中于品牌、APP、e 站和内容

从网民的关注结构来看，2018 年“科普中国”的整体品牌（含义 / 标识 / 项目）和“科普中国”APP（下载、安装、注册）获得了大部分关注份额，分别占 57.78% 和 31.84%。其次是“科普中国”e 站（乡村 / 社区 / 校园）和“科普中国”优质内容（视频 / 动画 /V 视快递 / 科学百科），分别占 3.65% 和 2.75%。此外，微平台（微信号 / 熊掌号等）、大型活动（典赞 / 科普中国行 / 百城千校万村行动等）和“科普中国云”也进入了网民的关注视野（图 1-54）。

科普中国
品牌 57.78
APP 31.84
e站 3.65
内容 2.75
微平台 1.77
典赞 0.64
V视快递 0.50
科学百科 0.50
云平台 0.37
行动 0.21

图 1-54 2018 年网民对“科普中国”的关注结构（%）

五、中国网民科普搜索热点事件年度盘点[1]

（一）量子科学实验卫星实现洲际量子密钥分发

中国科学技术大学潘建伟团队联合中国科学院多家研究所与奥地利科学院研究小组，利用“墨子号”量子科学实验卫星在中国和奥地利之间首次实现洲际量子密钥分发，并实现加密数据传输和视频通信。该成果于 1 月 19 日发表于《物理评论快报》（*Physics Review Letter*），标志着“墨子号”已具备实现洲际量子保密通信的能力。

（二）首次基于体细胞核移植技术成功克隆出猕猴

2017 年年底，世界首对体细胞克隆猴“中中”和“华华”分别在上海和苏州的非人灵长类平台诞生。2018 年 1 月 25 日，生物学顶尖学术期刊《细胞》以封面文章在线发表此项成果。该成果标志着中国将率先开启以猕猴为实验动物模型的时代，巩固了我国在灵长类全脑介观神经联接图谱国际大科学计划中的主导地位。

① 依据主要事件发生日期排序。

（三）中兴通讯被制裁引发国产芯片反思潮

4月16日，美国商务部工业与安全局针对中国中兴通讯发布制裁公告，禁售背后牵连的中国芯片产业现状和问题迅速成为焦点话题。4月20日，《科技日报》专栏“亟待攻克的核心技术”刊发“是什么卡了我们的脖子——中兴的‘芯’病，中国的心病”，话题激起大量媒体和网民响应，促使全民反思国产芯片等一系列关键技术瓶颈。

（四）500米口径球面射电望远镜首次发现毫秒脉冲星

2018年4月28日，中国科学院国家天文台宣布500米口径球面射电望远镜（FAST，被誉为“中国天眼”）首次发现毫秒脉冲星并得到国际认证。新发现的脉冲星J0318+0253自转周期为5.19毫秒，根据色散估算距离地球约4000光年，由FAST使用超宽带接收机进行一小时跟踪观测发现，是迄今发现的射电流量最弱的高能毫秒脉冲星之一。

（五）第二届世界人工智能大会在沪召开

2018年5月15～17日，由国家发展和改革委员会、科技部、工业和信息化部、中国科协等部门联合主办的第二届世界人工智能大会在上海市召开。大会以“智能时代：新进展、新趋势、新举措”为主题，3场主论坛分别围绕“远见：智能经济与可持续发展”“前沿：智能科技与科技创新”“方略：智能社会与美好生活”等主题，同时举办世界智能科技展、智能技术创新应用赛事等丰富的科技参与活动。

（六）问题疫苗事件突发引全民热议

2018年7月22日，国家药品监督管理局通报长春长生生物科技有限公司违法违规生产冻干人用狂犬病疫苗案件有关情况。澎湃新闻等媒体随后披露了长春长生生物科技有限公司及武汉生物制品研究所有限责任公司两家公司生产的百白破疫苗均存在效价不合格问题。“疫苗事件”成为全民焦点，并引爆社交网络，多种疫苗的效价指标成关注焦点。

（七）首届世界公众科学素质促进大会在京举办

2018 年 9 月 17～19 日，首届世界公众科学素质促进大会在京举办，大会由中国科协主办，旨在推动建立全球公众科学素质促进合作机制。首届世界公众科学素质促进大会得到了国际社会广泛响应，吸引了全球知识专家及美国科学促进会、英国皇家学会等 37 国 57 个国别科技组织和世界工程组织联合会、国际科学院组织等 22 个国际组织的代表参会。

（八）世界首例基因编辑婴儿诞生惹争议

2018 年 11 月 26 日，贺建奎在社交网站宣布世界首例免疫艾滋病的基因编辑婴儿在中国诞生。11 月 28 日，贺建奎在第二届人类基因组编辑国际峰会发言中报告了他的研究工作，该实验在技术安全和伦理道德等方面的问题使其充满争议。122 位科学家，以及南方科技大学、深圳市医学伦理专家委员会、中国科学院学部科学道德建设委员会等多家伦理审查机构随即发表声明，明确谴责贺建奎公然违反基本医学伦理的冒险行为。

（九）“洞察号”火星探测器登陆火星

2018 年 11 月 27 日 3 时 54 分许，美国国家航空航天局的“洞察号”无人探测器在火星成功着陆，开始执行人类首次探究火星“内心深处”奥秘的任务，随后传回第一张火星照片，展示了远方的火星地平线。“洞察号”是人类历史上首个专门开展火星内部结构研究的探测器，着陆时由两颗立方体小卫星“瓦力”“伊娃”提供实时信号中继服务。

（十）“嫦娥四号”探测器首次成功登陆月背

2018 年 12 月 8 日 2 时 23 分，中国成功发射“嫦娥四号”探测器。该探测器于 12 日成功进入 100 千米环月椭圆轨道，于 30 日进入月球背面着陆准备轨道。1 月 3 日 10 时 26 分，“嫦娥四号”探测器成功着陆于月球背面南极-艾特肯盆地冯・卡门撞击坑，通过“鹊桥”中继星完成太阳翼和定向天线展开，随后传回世界首张近距离月背影像图，并于 22 时 22 分释放“玉兔二号”月球车，成功实现人类首次登陆月球背面的壮举。

第四节 2014～2018 年中国网民科普需求搜索行为相关分析

基于 2014 年以来的中国网民科普需求搜索行为数据，本节对 2014～2018 年各个科普搜索主题的发展趋势进行了总结，并对一部分典型科普搜索头部热点的发展趋势，以及这些热点在不同网民群体间的结构性差异进行了阐述和分析。

一、科普搜索主题的发展趋势

（一）2014～2018 年网民科普搜索总体增长趋势

搜索数据显示，8 个科普主题的年度总搜索指数由 2014 年的 27.93 亿增长至 2018 年的 72.78 亿，5 年间整体增长 160.61%。其中，移动端搜索指数由 15.98 亿增至 56.29 亿，增幅达 252.31%；PC 端搜索指数由 11.95 亿增至 16.48 亿，增幅达 37.95%；移动端增速远高于 PC 端增速。网民科普搜索指数增长最快的时期是 2014～2015 年；移动端搜索指数 5 年间持续高速增长；PC 端搜索指数增速在 2015 年后放缓，于 2016～2017 年出现负增长，2018 年又小幅上升（图 1-55）。

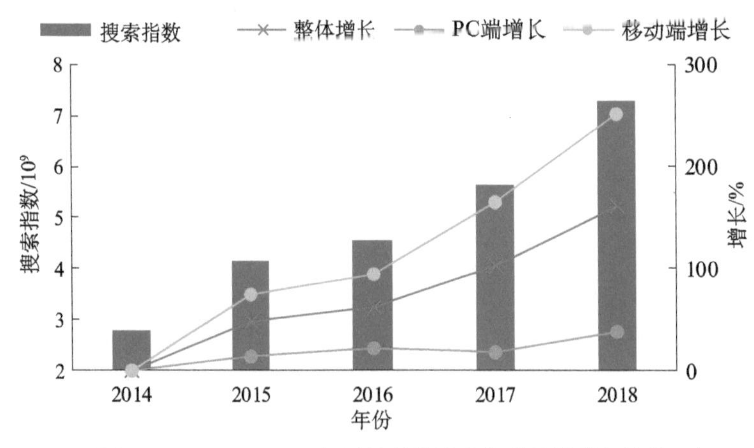

图 1-55 2014～2018 年网民科普搜索指数总体增长趋势

（二）2014～2018 年网民科普搜索主题增长趋势

按照各科普主题在 2014～2018 年的年度搜索指数增长情况排序，健康与医疗主题的增幅最高，达 203.75%；其次是前沿技术，增幅达 152.59%；气候与环境排位第三，增幅达 147.07%；后面依次是能源利用（109.27%）、信息科技（109.22%）、应急避险（82.97%）、航空航天（73.72%）、食品安全（20.38%）（图 1-56）。

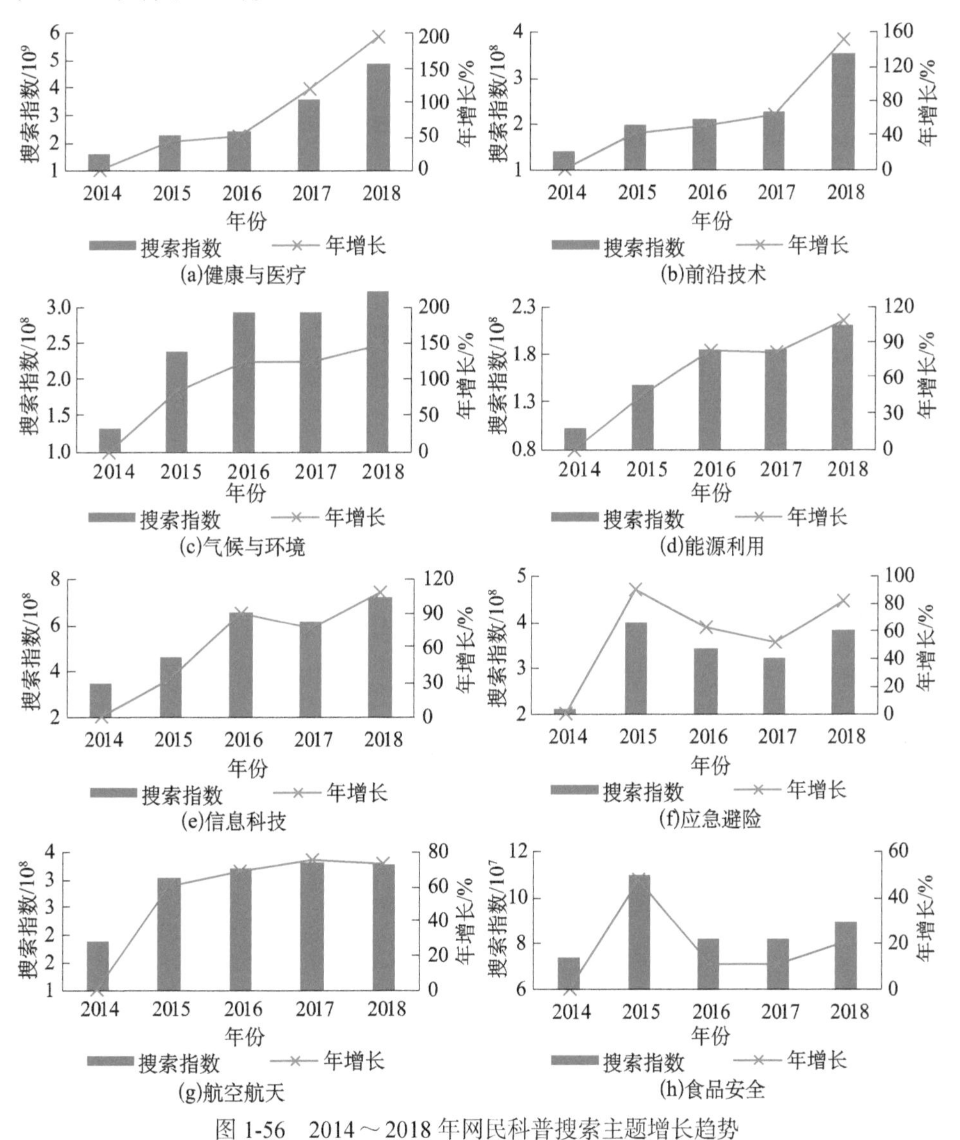

图 1-56　2014～2018 年网民科普搜索主题增长趋势

从不同科普主题的发展趋势看，健康与医疗和前沿技术主题处于快速上升期；气候与环境和能源利用主题处于持续上升期；信息科技、航空航天主题的增长放缓；应急避险主题出现波动；食品安全主题趋于下降。

（三）2014～2018 年科普内容域的格局变化

2014～2018 年，健康与医疗主题在全科普内容域中的占比明显上升，从 57.34% 增加到 66.83%，5 年间平均占比高达 60.57%。8 个科普主题占比的历年变化情况见图 1-57。

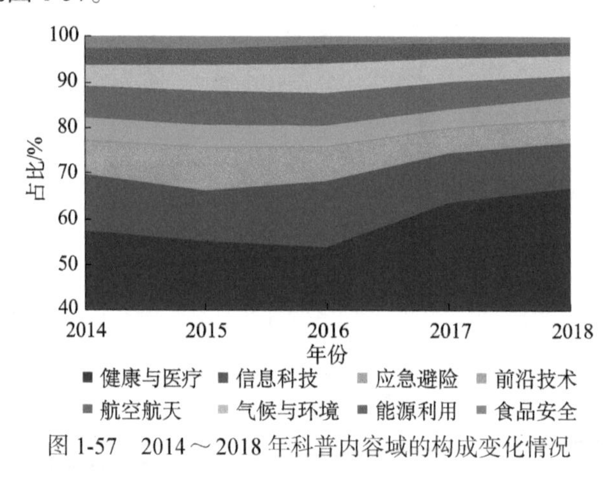

图 1-57　2014～2018 年科普内容域的构成变化情况

在扣除健康与医疗主题的科普内容域中，2014～2018 年，前沿技术、气候与环境主题的比重明显上升，能源利用主题的比重有所上升，信息科技主题的比重基本持平，航空航天、应急避险主题的比重有所下降，食品安全主题的比重明显下降（图 1-58）。

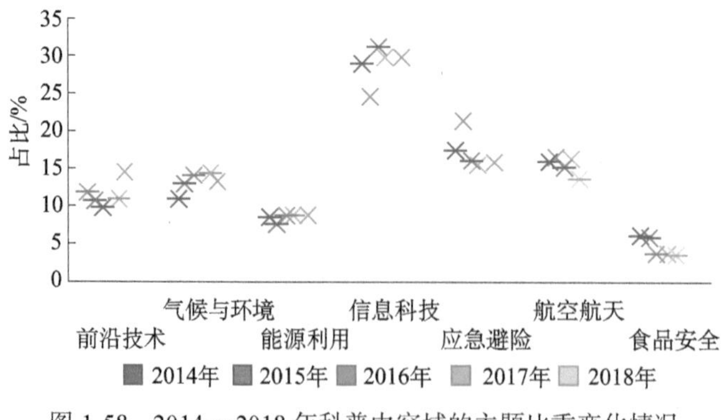

图 1-58　2014～2018 年科普内容域的主题比重变化情况

二、典型科普头部热点的发展趋势

基于 2014～2018 年科普搜索指数累计，本报告界定了分属各个科普主题的 309 个科普头部热点[①]（表 1-8）。

表 1-8　2014～2018 年各个科普主题下的头部热点

主题	头部热点					
健康与医疗（100个）	癌症	维生素	糖尿病	艾滋病	传染	感染
	健康	乙肝	疫苗	抑郁症	养生	睡眠
	咽炎	肺炎	白血病	肠炎	肺癌	乳腺病
	预防疾病	细胞	尿酸	骨折	肿瘤	乳腺癌
	抗体	伤口	中医	药物	免疫	食物
	宫颈癌	唐氏筛查	白细胞	胃癌	尿毒症	转基因
	试管婴儿	疾病	流产	肝癌	狂犬病	遗传
	胆固醇	哮喘	胃炎	狐臭	黄疸	癌变
	肠癌	肝炎	肺结核	破伤风	红细胞	DNA
	直肠癌	药物流产	焦虑症	人工受孕	积液	霉菌
	酵素	血红蛋白	抗生素	谷维素	HPV	食道癌
	CT	流感	甲状腺癌	安眠药	艾灸	心肌缺血
	淋巴癌	造影	白蛋白	帕金森	玻尿酸	乳腺
	乳腺炎	股骨头坏死	胚胎	致癌食物	强迫症	禽流感
	脚气	更年期	血清	预防针	中东呼吸综合征	失眠
	染色体	淋巴细胞	宫颈糜烂	病毒	激光手术	
	鼻咽癌	子宫肌瘤	子宫癌	中性粒细胞		
信息科技（30个）	互联网	虚拟现实	传感器	电子商务	GPS	大数据
	云服务	智能家居	信息安全	云计算	全息投影	互联网大会
	无人驾驶	信息化	RFID	车联网	信息安全	智慧城市
	数据挖掘	密钥	穿戴设备	量子通信	龙芯	机器学习
	量子计算机	网络存储	超级计算机	5G 网络	AR	全息眼镜
航空航天（45个）	黑洞	宇宙	战斗机	航空母舰	火箭	神舟飞船
	月球	行星	轰炸机	无人机	神舟飞船	月食
	太空	雷达	太阳系	NASA	极光	运载火箭
	飞行器	霍金预言	登月	幽灵粒子	冥王星	宇航员
	嫦娥计划	银河系	粒子	星系	白洞	虫洞
	天体	哈勃望远镜	暗物质	天文台	空间站	恒星
	超新星	航天飞机	天宫一号	两弹一星	阿姆斯特朗	歼-20
	阿波罗号	时间简史	天宫二号			

① 界定标准：按搜索指数高低排序，不超过前 20% 的科普热点的搜索指数累计占到全部热点的 80% 以上。据：钟琦，王黎明，王艳丽，等. 中国科普互联网数据报告 2018 [M]. 北京：科学出版社，2018: 44-49。

续表

主题	头部热点					
前沿技术（32个）	机器人	人工智能	量子	诺贝尔奖	3D 打印	物联网
	纳米	卫星	芯片	石墨烯	磁悬浮	碳纤维
	蛟龙号	液态硬盘	中国制造 2025	裸眼 3D	海水淡化	烯碳
	智能制造	克隆	机器人大会	超级电池	空气动力汽车	液态金属
	仿生学	等位基因	换头手术	隐身衣	超纯水	人机大战
	人体冷冻	基因编辑				
气候与环境（32个）	甲醛	空气质量	$PM_{2.5}$	雾霾	水处理	大气污染
	臭氧	垃圾处理	厄尔尼诺	水污染	PX	微生物
	节水	垃圾分类	环评	切尔诺贝利	酸雨	气候类型
	生态系统	可持续发展	重金属	温室效应	生态文明	全球变暖
	拉尼娜	极端天气	汞中毒	空气检测	地下水	空气指数
	减排	水十条				
能源利用（21个）	电池	电动车	新能源汽车	太阳能	光伏发电	混合动力
	风力发电	节能	新能源	潮汐	生物质	电能
	核能	可燃冰	醇基燃料	页岩气	油改气	可再生能源
	油电混合	核电	清洁能源			
应急避险（17个）	地震	台风	灭火	火山	火灾	防火
	安全知识	洪水	空难	海啸	避震	滑坡
	地震级别	预警	地震带	地震纪念		
食品安全（32个）	僵尸肉	垃圾食品	假鸡蛋	食品添加剂	苯甲酸	亚硝酸盐
	地沟油	三聚氰胺	绿色食品	福寿螺	反式脂肪	桶装水
	丙烯酰胺	大肠杆菌	人造肉	明胶	瘦肉精	有机食品
	罂粟壳	甜蜜素	毒蘑菇	黄曲霉素	塑化剂	农药残留
	苏丹红	毒奶粉	QS 认证	油炸食品	漂白剂	膨化食品
	食用香精	氢化油				

（一）科普头部热点统计

本报告共界定了 2014～2018 年 8 个科普主题下的科普头部热点 309 个，热点年平均搜索指数为 883 万。其中，健康与医疗主题下共有科普头部热点 100 个，年平均搜索指数为 1773 万；应急避险主题下共有科普头部热点 17 个，年平均搜索指数为 1512 万；气候与环境主题下共有科普头部热点 32 个，年平均搜索指数为 462 万；航空航天主题下共有科普头部热点 45 个，年平均搜索指数为 453 万；能源利用主题下共有科普头部热点 21 个，年平均搜索指数为 483 万；信息科技主题下共有科普头部热点 30 个，年平均搜索指数为 383 万；前沿技术主题下共有科普头部热点 32 个，年平均搜索指数为 321 万；食品安全主题下共有科普头部热点 32 个，年平均搜索指数为 87 万（表 1-9）。

表 1-9 2014 ～ 2018 年科普搜索头部热点统计 （单位：百万）

主题	头部热点数	指数（最高）	指数（最低）	指数（平均）	指数（中位）
健康与医疗	100	134.15	4.31	17.73	9.55
应急避险	17	96.94	1.62	15.12	5.30
气候与环境	32	36.48	0.47	4.62	0.97
航空航天	45	23.07	1.01	4.53	2.61
能源利用	21	26.55	0.35	4.83	1.29
信息科技	30	22.96	0.54	3.83	1.49
前沿技术	32	23.15	0.31	3.21	0.59
食品安全	32	2.75	0.26	0.87	0.72
总计	309	134.15	0.26	8.83	3.39

这些头部热点在相应科普主题下的搜索指数占比均超过 80%（图 1-59）。

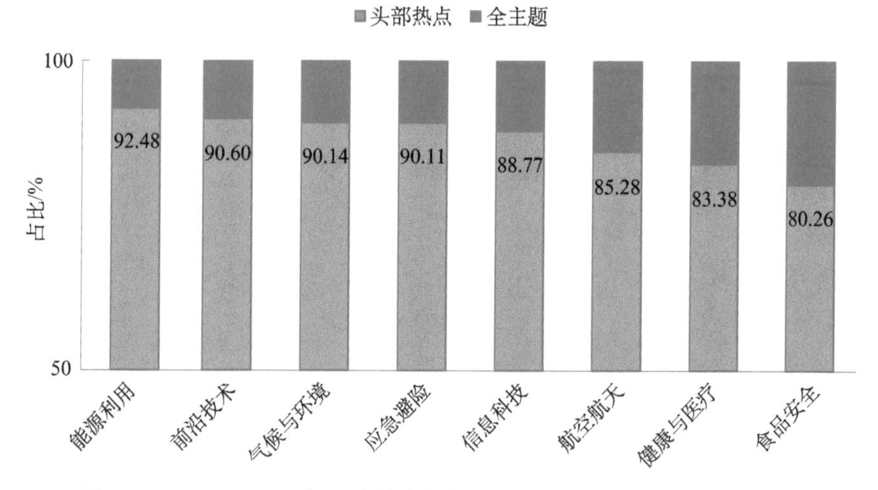

图 1-59 2014～2018 年 8 个科普主题下的头部热点搜索指数占比（%）

（二）典型科普搜索头部热点的发展趋势

本报告选取了 2014～2018 年有典型意义的 20 个科普头部热点（表 1-10），逐一分析了这些热点的搜索指数年度和月度走势。其中，年度走势反映当年的搜索指数相对于2014年搜索指数的变化，月度走势反映当月的搜索指数相对于2014年1月搜索指数的变化。

表1-10　2014～2018年典型科普头部热点统计（20个）

热点	2015年对2014年增幅/%	2016年对2014年增幅/%	2017年对2014年增幅/%	2018年对2014年增幅/%	高峰期
疫苗	18.71	206.32	31.63	655.15	2018年7月
抑郁症	6.83	82.97	68.69	84.59	2016年9月
转基因	-17.73	-22.93	-35.94	-10.48	2018年6月
试管婴儿	11.84	16.85	63.12	40.96	2017年3月
白血病	23.82	15.44	8.55	34.56	2018年7月
虚拟现实	95.68	253.33	103.98	-0.34	2016年3月
量子通信	90.55	434.33	218.02	107.76	2016年8月
无人机	123.78	207.85	207.55	201.29	2018年4月
暗物质	19.25	-21.17	-15.25	-30.97	2015年12月
人工智能	-0.30	50.97	153.30	481.71	2018年8月
芯片	45.79	32.64	33.09	174.49	2018年4月
物联网	37.38	51.84	101.76	83.52	2017年6月
雾霾	68.01	34.63	16.05	-33.16	2015年12月
垃圾分类	7.79	0.11	69.77	167.08	2018年10月
全球变暖	23.19	25.51	33.31	71.17	2018年8月
光伏发电	23.83	45.77	77.61	44.08	2018年3月
核能	16.03	2.71	-6.59	-8.65	2015年5月
地震带	32.12	54.95	-10.71	-19.04	2017年8月
地沟油	-26.91	-27.12	-35.18	-43.24	2014年8月
反式脂肪	11.12	-15.65	-0.46	17.43	2018年5月

1. 疫苗（健康与医疗主题下）

自2016年以来，网民对“疫苗”的关注开始增加，2018年急剧涨高（图1-60）。该科普热点的发展主要受社会热点事件的影响。

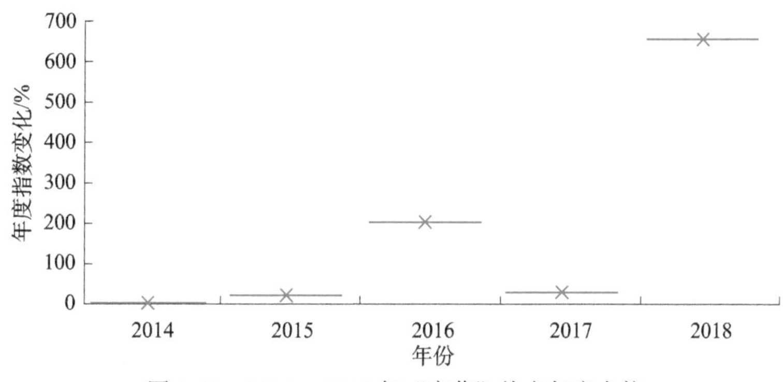

图 1-60　2014～2018 年“疫苗”热点年度走势

2014～2018 年，“疫苗”相关的科普搜索经历了两次高峰，峰值出现在 2016 年 3 月“非法疫苗事件”和 2018 年 7 月“问题疫苗事件”期间（图 1-61）。网民的关注点包括“疫苗事件”“百白破疫苗”“狂犬病疫苗”“HPV 疫苗”等。

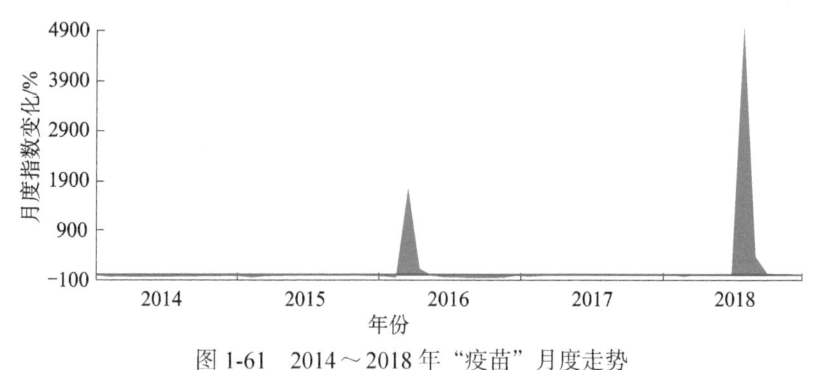

图 1-61　2014～2018 年“疫苗”月度走势

2. 抑郁症（健康与医疗主题下）

自 2016 年以来，网民对“抑郁症”的关注明显增加，增幅超过 85%，相对于 2016 年前表现出持续的高度关注（图 1-62）。

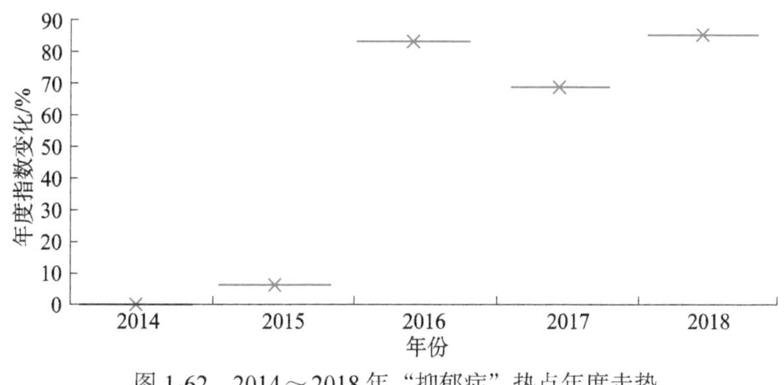

图 1-62　2014～2018 年“抑郁症”热点年度走势

2014～2018 年，“抑郁症”相关搜索指数峰值出现在 2016 年 9 月（图 1-63），该科普热点的形成关联到著名公众人物因抑郁症自杀事件。此事件后，网民对抑郁症的关注和讨论长期处在高位。网民的关注点包括“抑郁症的表现”“抑郁症测试表”“产后抑郁症”等。

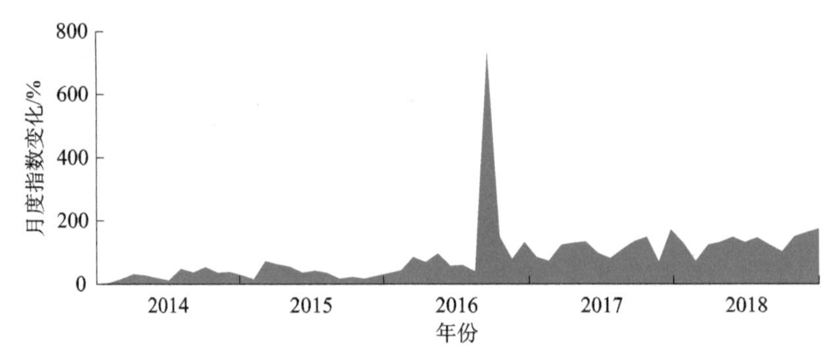

图 1-63　2014～2018 年“抑郁症”热点月度走势

3. 转基因（健康与医疗主题下）

自 2015 年以来，网民对“转基因”的关注逐渐增多，减幅超过 30%，之后在 2018 年强烈反弹。2014～2018 年，转基因话题的关注和讨论呈逐渐减少趋势，总体减幅约为 10%（图 1-64）。

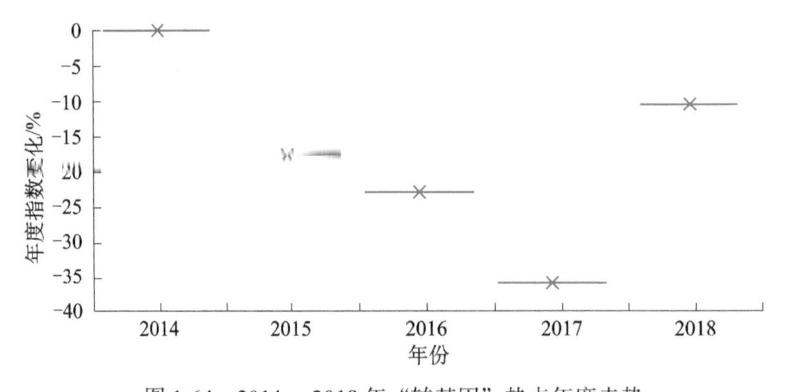

图 1-64　2014～2018 年“转基因”热点年度走势

网民对“转基因”的关注带有明显的话题波动性，2014～2018 年出现了两次搜索指数峰值，第一次出现在 2014 年 6 月崔永元发布转基因纪录片期间，第二次出现在 2018 年 6 月德国拜耳公司收购美国孟山都公司相关报道期间（图 1-65）。网民关注的核心问题是“转基因食品有哪些”“转基因食品的危害”等。

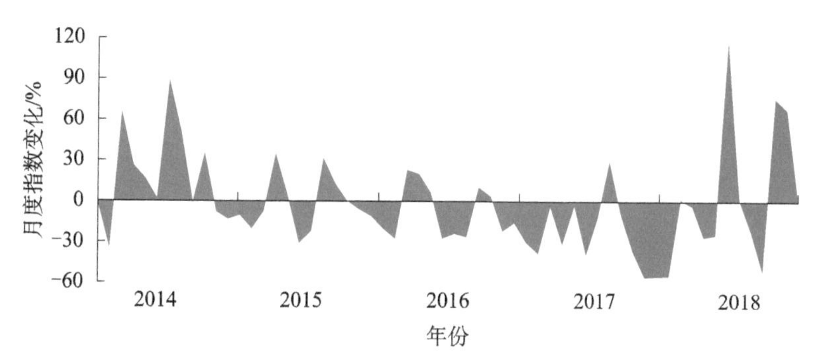

图 1-65　2014～2018 年“转基因”热点月度走势

4. 试管婴儿（健康与医疗主题下）

2014～2018 年，网民对“试管婴儿”的关注持续增加，2017 年后明显涨高，5 年间增幅超过 40%（图 1-66）。

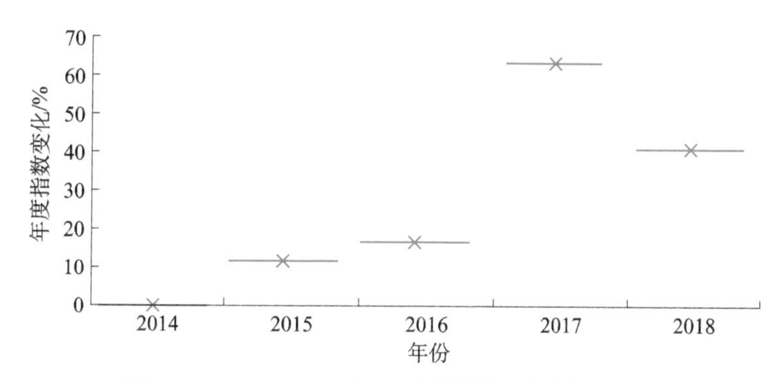

图 1-66　2014～2018 年“试管婴儿”热点年度走势

“试管婴儿”的搜索指数高峰出现在 2017 年 3 月（图 1-67）。该科普热点的发展与公众的需求有关，也与特定的公众人物和事件有关。网民的关注点包括“试管婴儿对女性的伤害”“试管婴儿的具体步骤”“第三代试管婴儿”等。

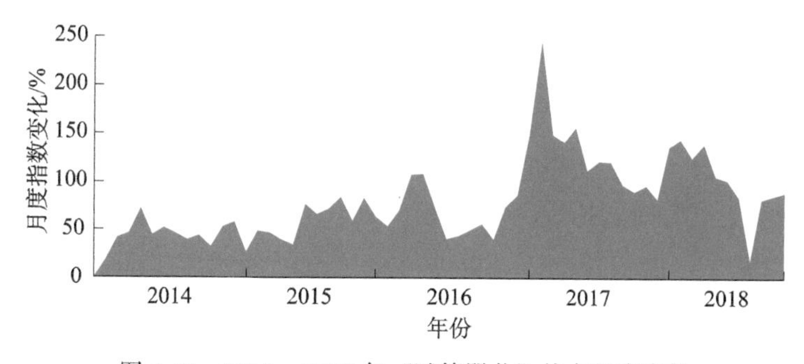

图 1-67　2014～2018 年“试管婴儿”热点月度走势

5. 白血病（健康与医疗主题下）

网民对“白血病”的关注在2015年明显增加，2016年和2017年逐渐下降，2018年明显反弹，5年间增幅超过30%（图1-68）。

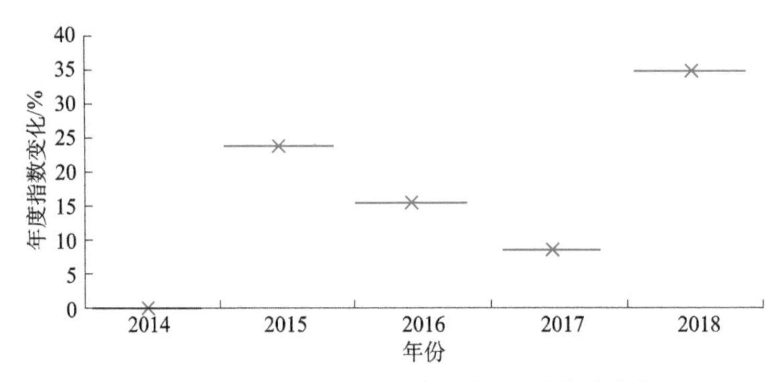

图1-68 2014～2018年“白血病”热点年度走势

“白血病”的搜索指数高峰出现在2018年7月（图1-69）。同期上映的电影《我不是药神》激起了网民对白血病药物、白血病患者及治疗的强烈关注，关注点包括“白血病的早期症状”“白血病是什么引起的”“慢粒性白血病”等。

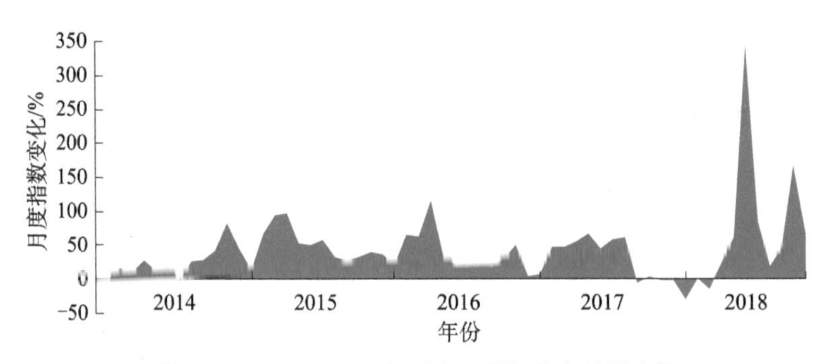

图1-69 2014～2018年“白血病”热点月度走势

6. 虚拟现实（信息科技主题下）

网民对“虚拟现实”的关注从2014年开始增加，2016年达到高峰后逐渐下降，2018年降回2014年水平（图1-70）。

“虚拟现实”的搜索指数高峰出现在2016年3月（图1-71）。2016年被称作虚拟现实元年，虚拟现实产业联合会的成立、同期发布的产业前景报告和VR设备产品激发了网民对虚拟现实技术的兴趣。网民的关注点包括“虚拟现实技术”“虚拟现实体验”“虚拟现实游戏”“虚拟现实设备”等。

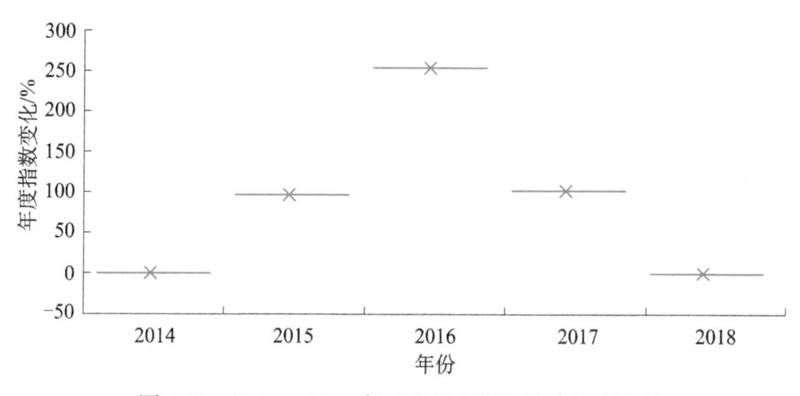

图 1-70　2014～2018 年“虚拟现实”热点年度走势

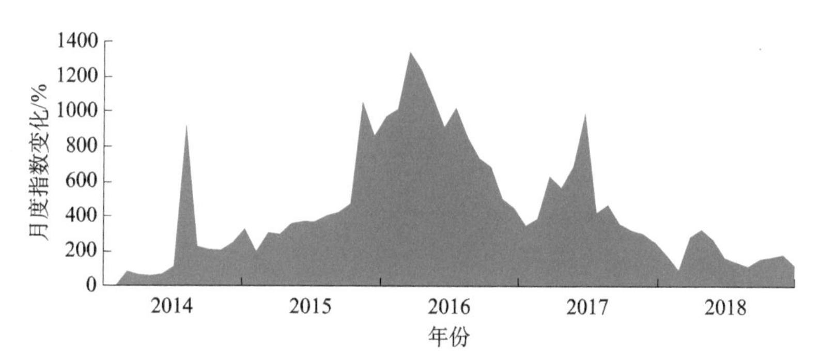

图 1-71　2014～2018 年“虚拟现实”热点月度走势

7. 量子通信（信息科技主题下）

网民对“量子通信”的关注从 2015 年开始增加，2016 年达到高峰后逐渐下降，到 2018 年降回 2015 年水平，5 年间增幅超过 100%（图 1-72）。

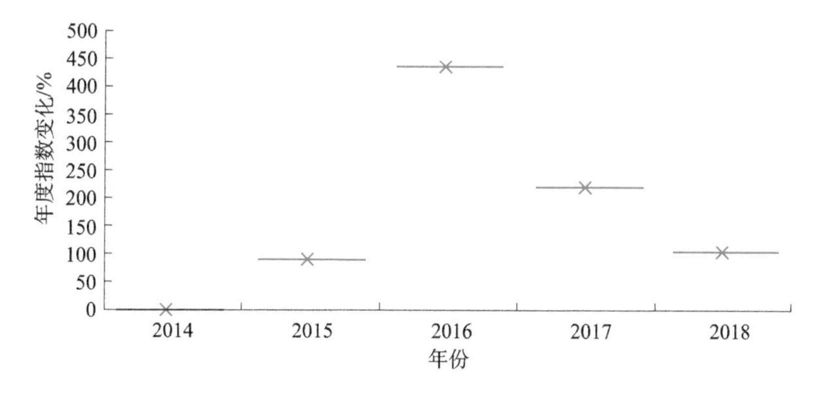

图 1-72　2014～2018 年“量子通信”热点年度走势

“量子通信”的搜索指数高峰出现在 2016 年 8 月（图 1-73），关联事件为世界首颗量子科学实验卫星“墨子号”在我国酒泉卫星发射中心发射升空。网民的关注点包括“量子通信原理”“量子通信卫星”“量子通信技术”等。

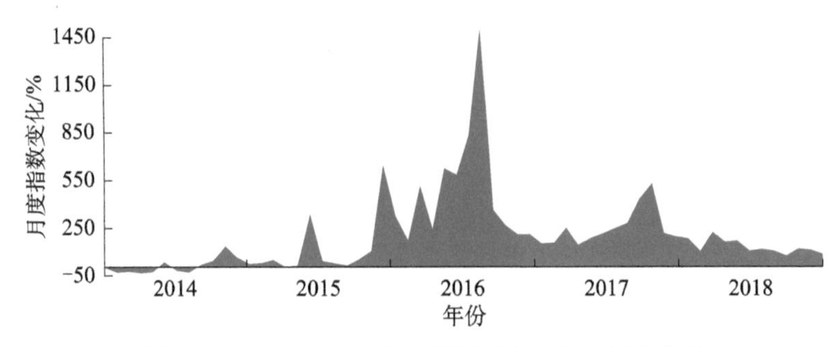

图 1-73　2014～2018 年“量子通信”热点月度走势

8. 无人机（航空航天主题下）

网民对“无人机”的关注从 2015 年起快速增加，在 2016 年后保持在高位，5 年间增幅超过 100%（图 1-74）。

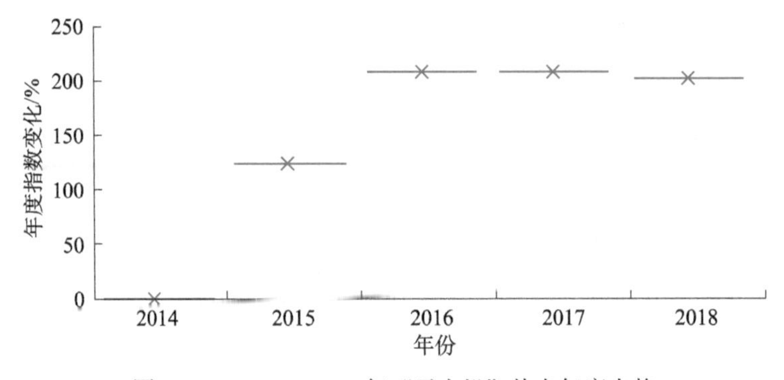

图 1-74　2014～2018 年“无人机”热点年度走势

“无人机”的搜索指数最高峰出现在 2018 年 4 月（图 1-75），美国无人机出口新政引发网民对无人机技术产业的关注和讨论。网民的关注点包括“美无人机出口新政”“大疆无人机”“黑蜂无人机”“植保无人机”“航拍无人机”等。

9. 暗物质（航空航天主题下）

网民对“暗物质”的关注在 2015 年出现高峰，2016 年后逐渐下降，5 年间减幅约为 30%（图 1-76）。

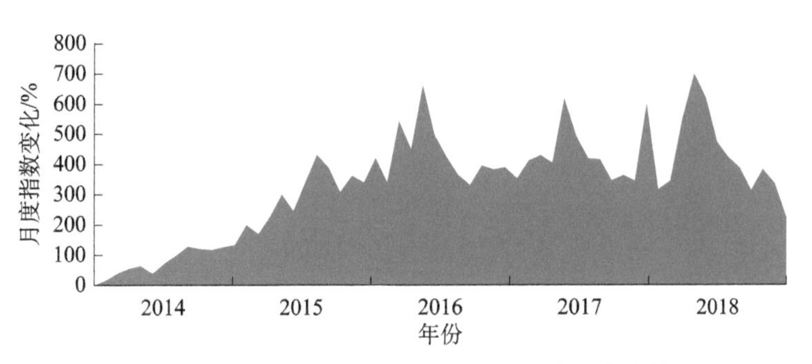

图 1-75　2014～2018 年“无人机”热点月度走势

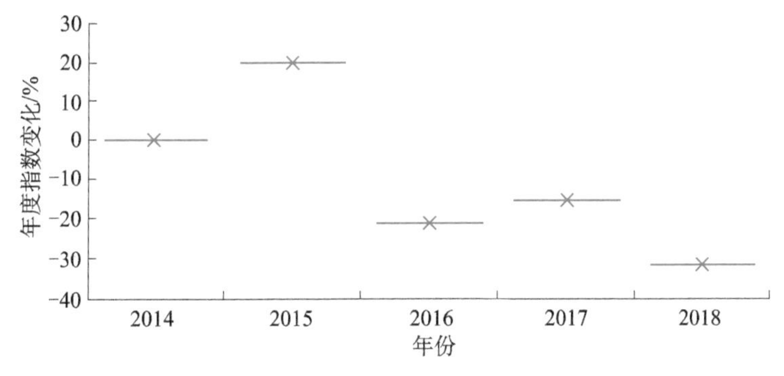

图 1-76　2014～2018 年“暗物质”热点年度走势

“暗物质”的搜索指数最高峰出现在 2015 年 12 月，关联事件为我国首颗暗物质粒子探测卫星“悟空”发射升空，2017 年 12 月的另一次高峰也与“悟空”探测卫星探测到宇宙射线中的暗物质信号有关（图 1-77）。网民的关注点包括“暗物质是什么”“暗物质粒子”“暗物质探测”“暗物质粒子探测卫星”等。

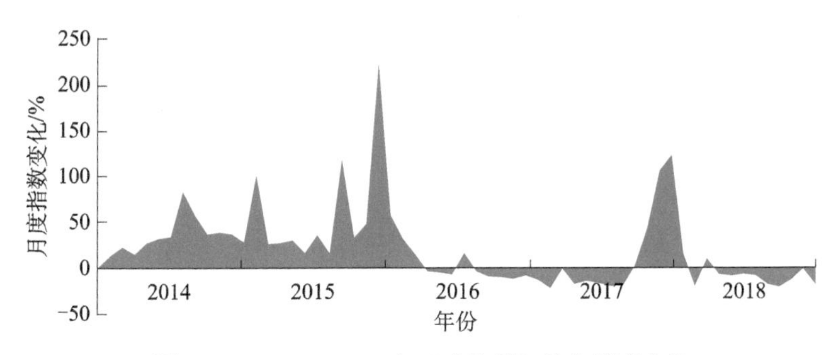

图 1-77　2014～2018 年“暗物质”热点月度走势

10. 人工智能（前沿技术主题下）

网民对“人工智能”的关注从 2016 年后逐渐增加，2018 年出现明显高涨，5 年间增幅约为 500%（图 1-78）。

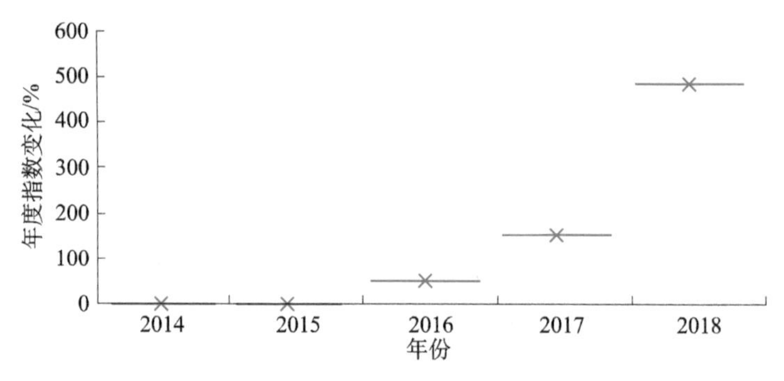

图 1-78　2014～2018 年“人工智能”热点年度走势

“人工智能”的搜索指数高峰出现在 2018 年 8 月（图 1-79），关联事件为在上海举办的 2018 年首届世界人工智能大会。网民的关注点包括“人工智能专业”“人工智能大会”“人工智能技术”“人工智能评价”等。

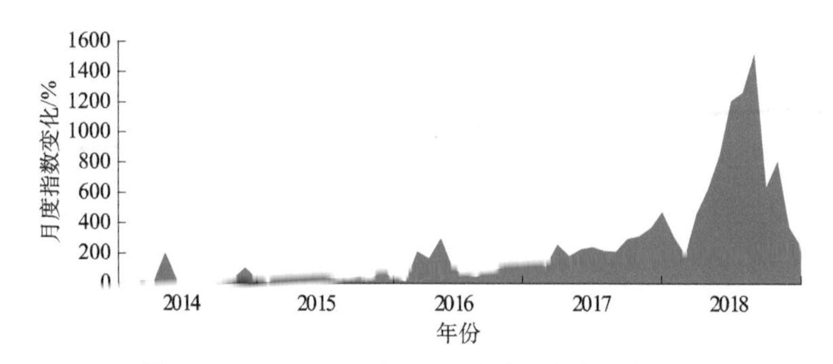

图 1-79　2014～2018 年“人工智能”热点月度走势

11. 芯片（前沿技术主题下）

网民对“芯片”的关注从 2015 年开始增加，2018 年急剧高涨，5 年间增幅约为 180%（图 1-80）。

“芯片”的搜索指数高峰出现在 2018 年 4 月（图 1-81），关联事件为美国于 2018 年 4 月 16 日对中国中兴通讯发起制裁。网民的关注点包括“芯片是什么”“中国芯”“芯片设计”“芯片制造”“中国为什么造不出芯片”等。

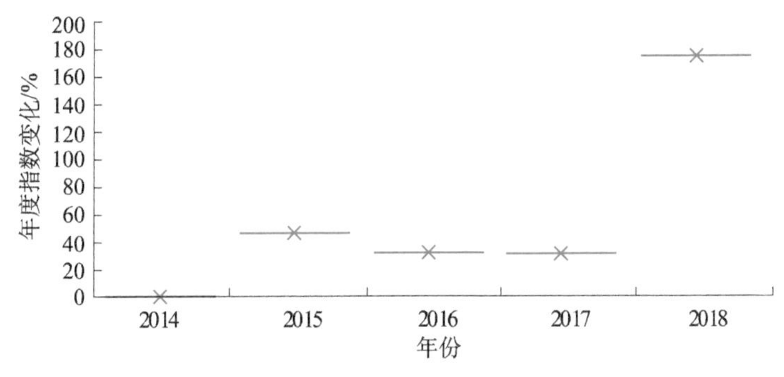

图 1-80　2014～2018 年“芯片”热点年度走势

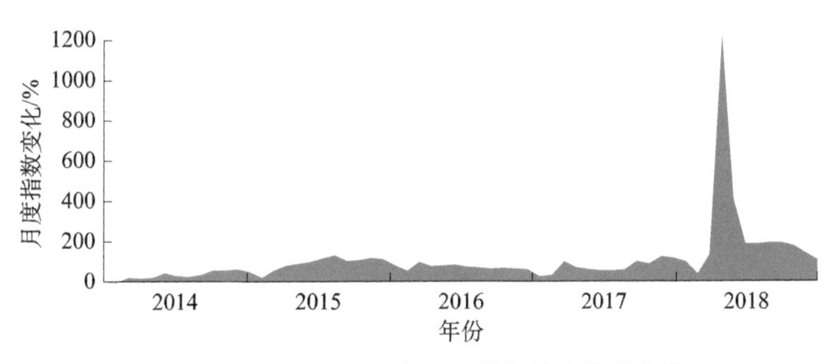

图 1-81　2014～2018 年“芯片”热点月度走势

12. 物联网（前沿技术主题下）

网民对“物联网”的关注从 2015 年开始持续增加，2017 年达到高峰，2018 年略有下降，5 年间增幅超过 80%（图 1-82）。

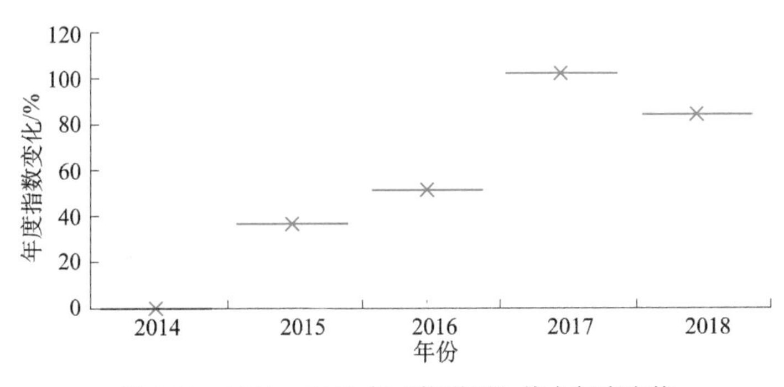

图 1-82　2014～2018 年“物联网”热点年度走势

“物联网”的搜索指数最高峰出现在 2017 年 6 月（图 1-83），关联事件为工业和信息化部发布《关于全面推进移动物联网（NB-IoT）建设发展的通知》，以及中国电信召开物联网开放平台全球发布会。网民的关注点包括“物联网工程”“物联网是什么”“物联网专业”等。

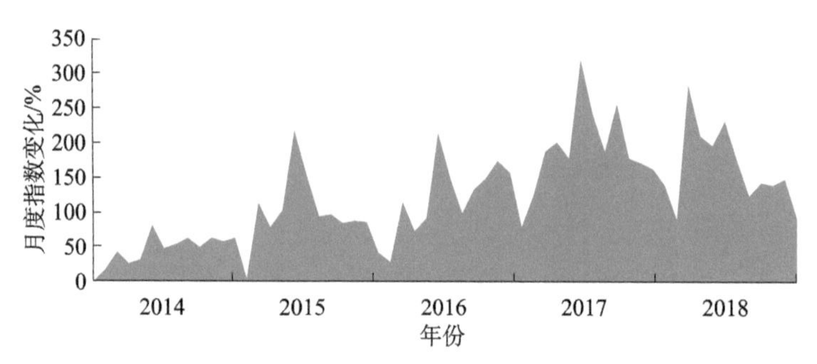

图 1-83　2014～2018 年“物联网”热点月度走势

13. 雾霾（气候与环境主题下）

网民对“雾霾”的关注在 2015 年出现急剧高涨，2015 年后持续下降，5 年间减幅约为 40%（图 1-84）。

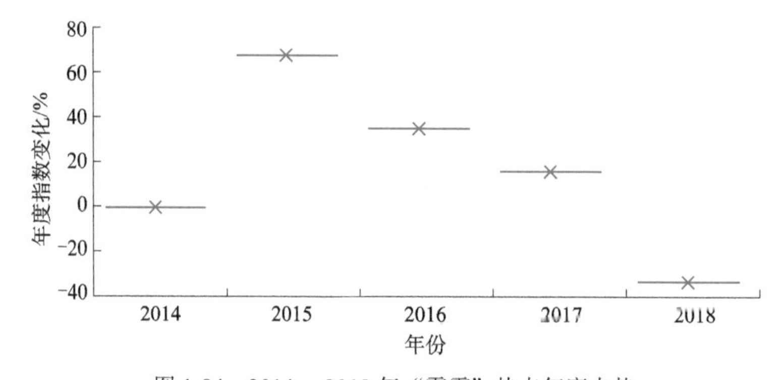

图 1-84　2014～2018 年“雾霾”热点年度走势

“雾霾”的搜索指数最高峰出现在 2015 年 12 月，另一次高峰出现在 2017 年 1 月（图 1-85）。2015 年是网民关注“雾霾”的高峰年，全国范围内持续发生的严重雾霾天气引起了网民对空气质量的担忧。网民的关注点包括“雾霾的危害”“雾霾指数”“雾霾是怎么形成的”等。

14. 垃圾分类（气候与环境主题下）

网民对“垃圾分类”的关注从 2017 年起明显上涨，2018 年达到高峰，5 年间增幅超过 160%（图 1-86）。

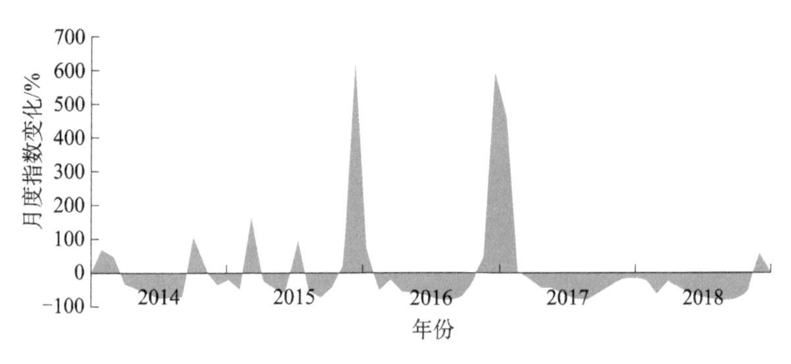

图 1-85　2014～2018 年“雾霾”热点月度走势

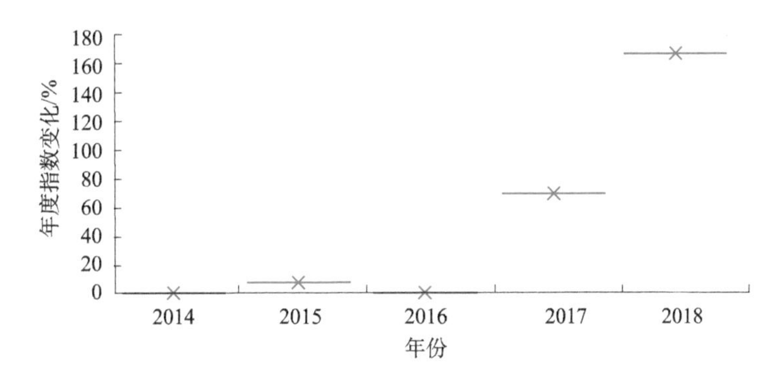

图 1-86　2014～2018 年“垃圾分类”热点年度走势

“垃圾分类”的搜索指数高峰出现在 2018 年 10 月（图 1-87），同期全国多个省（自治区、直辖市）密集开展了有关垃圾分类的宣传工作。网民的关注点包括“垃圾分类的好处”“垃圾分类的意义”“生活垃圾分类”“垃圾分类标志”等。

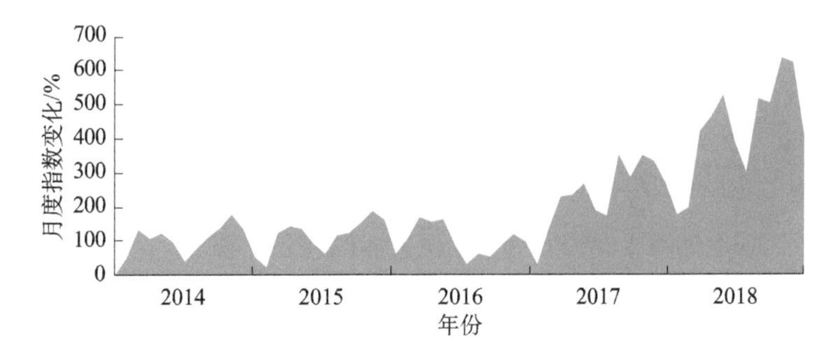

图 1-87　2014～2018 年“垃圾分类”热点月度走势

15. 全球变暖（气候与环境主题下）

网民对“全球变暖”的关注从2015年逐渐增加，2018年明显走高，5年间增幅超过70%（图1-88）。

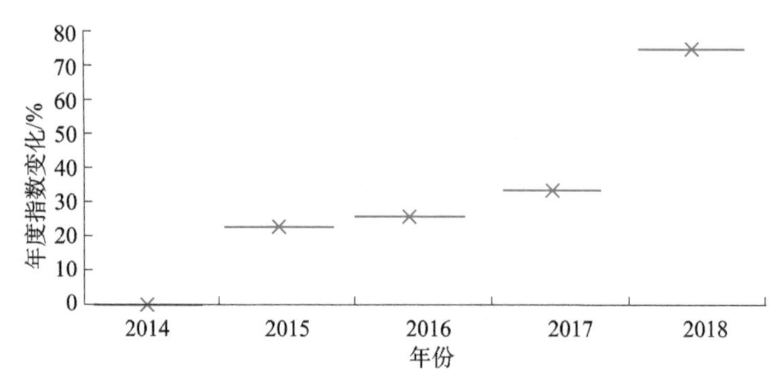

图1-88　2014～2018年“全球变暖”热点年度走势

“全球变暖”的搜索指数高峰出现在2018年8月（图1-89），2018年8月高温天气引发了网民对全球变暖、厄尔尼诺、温室效应等气候问题的高度关注。网民的关注点包括“全球变暖的原因”“全球变暖的危害”“全球变暖的措施”“全球变暖的影响”“全球变暖的后果”等。

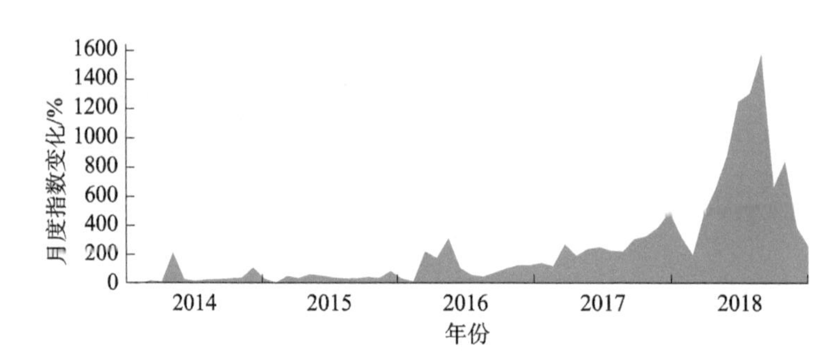

图1-89　2014～2018年“全球变暖”热点月度走势

16. 光伏发电（能源利用主题下）

网民对“光伏发电”的关注从2015年开始增加，2017年达到高峰后下降，2018年降回2016年水平，5年间增幅超过40%（图1-90）。

“光伏发电”的搜索指数最高峰出现在2018年3月（图1-91），指数上涨主要受到国家可再生电力能源政策及光伏产业发展影响。网民的关注点包括“家庭式光伏发电”“太阳能光伏发电”“分布式光伏发电”等。

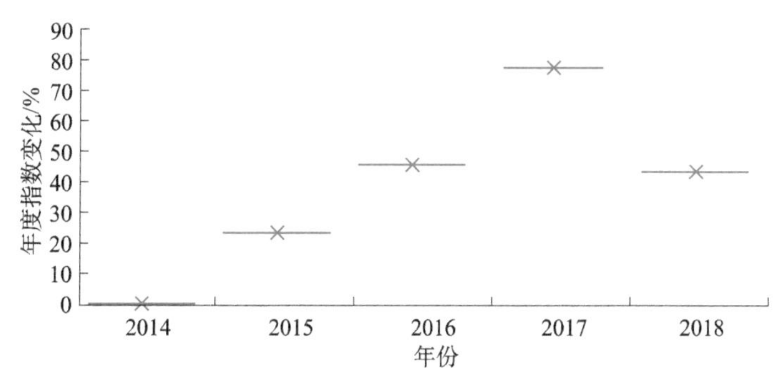

图 1-90　2014～2018 年“光伏发电”热点年度走势

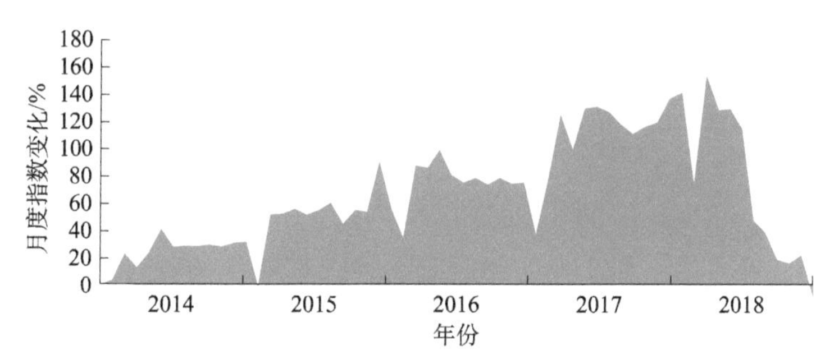

图 1-91　2014～2018 年“光伏发电”热点月度走势

17. 核能（能源利用主题下）

网民对“核能”的关注在 2015 年达到高峰，从 2016 年后逐渐下降，到 2018 年下降为 2014 年水平以下，5 年间减幅接近 10%（图 1-92）。

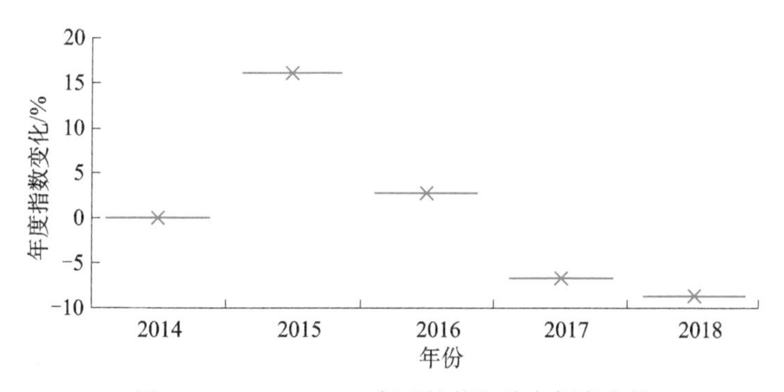

图 1-92　2014～2018 年“核能”热点年度走势

“核能”的搜索指数最高峰出现在 2015 年 5 月（图 1-93），关联事件为同期召开的第十一届中国核能国际大会。网民的关注点包括“核能发电”“中国核能”“华龙一号”等。

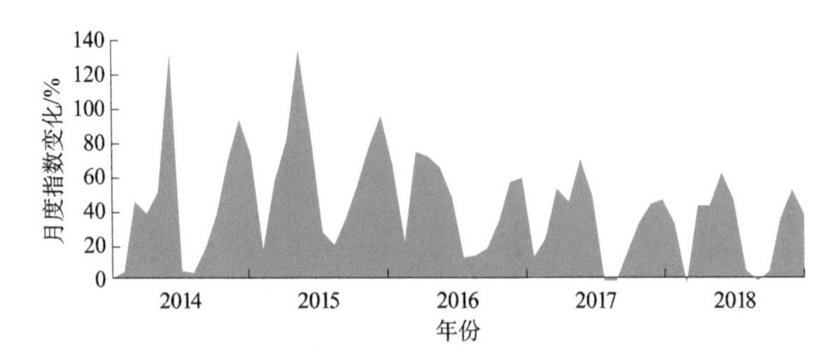

图 1-93　2014～2018 年“核能”热点月度走势

18. 地震带（应急避险主题下）

网民对“地震带”的关注从 2015 年开始增加，2016 年达到高峰后逐渐下降，2018 年下降为 2014 年水平以下，5 年间减幅约为 20%（图 1-94）。

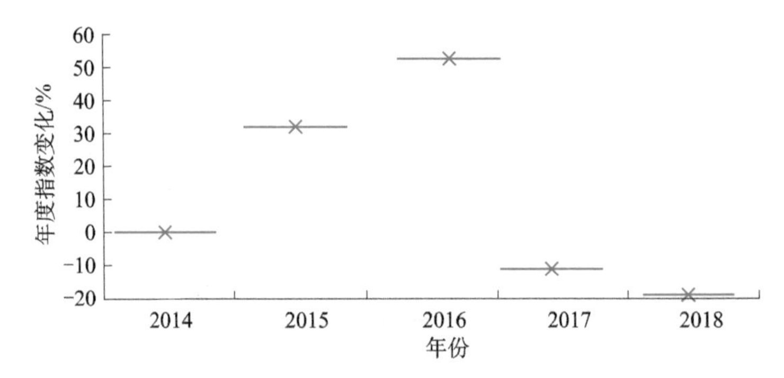

图 1-94　2014～2018 年“地震带”热点年度走势

“地震带”的搜索指数最高峰出现在 2017 年 8 月（图 1-95），关联事件为 2017 年 8 月 8 日发生的四川省阿坝州九寨沟 7.0 级地震。网民的关注点包括“中国地震带分布图”“中国地震带上的城市”“中国四大地震带”等。

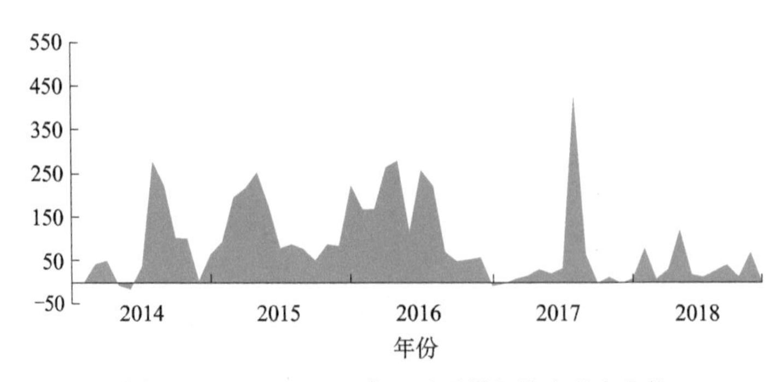

图 1-95　2014～2018 年“地震带”热点月度走势

19. 地沟油（食品安全主题下）

网民对“地沟油”的关注在 2015 年和 2016 年出现明显下降，2017 年和 2018 年持续下降，5 年间减幅超过 40%（图 1-96）。

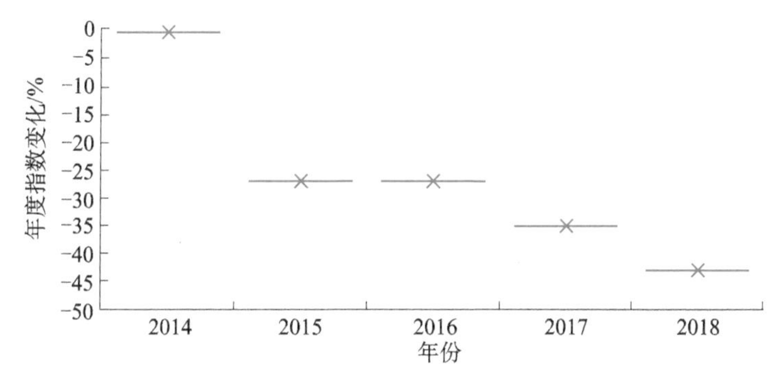

图 1-96　2014～2018 年“地沟油”热点年度走势

“地沟油”的搜索指数高峰出现在 2014 年 8 月（图 1-97），关联事件为宁波市全国首例特大“地沟油”系列案件公开庭审。网民的关注点包括“地沟油怎么分辨”“地沟油的危害”“地沟油是什么做的”等。

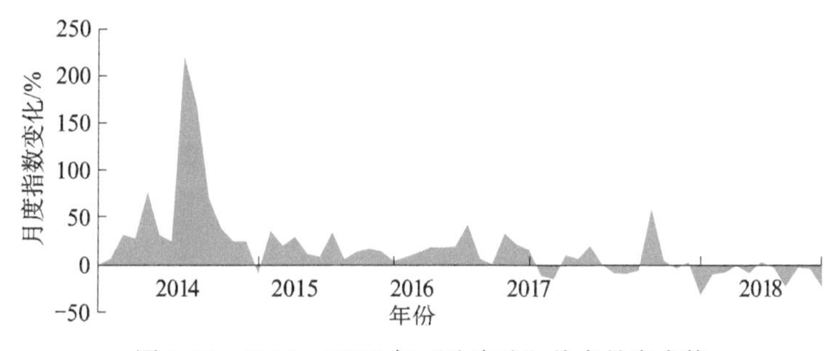

图 1-97　2014～2018 年“地沟油”热点月度走势

20. 反式脂肪（食品安全主题下）

网民对“反式脂肪”的关注在 2014 年后整体呈上升趋势，2016 年出现下降，自 2017 年后逐渐回升，5 年间增幅超过 15%（图 1-98）。

“反式脂肪”的搜索指数高峰出现在 2018 年 5 月（图 1-99），世界卫生组织发布了名为“取代”（REPLACE）的行动指导方案，计划在 2023 年前彻底清除全球食品供应链中使用的工业反式脂肪。此前的一次高峰出现在 2015 年 6 月，关联事件为美国政府对人工反式脂肪酸的禁令在 2018 年 6 月 18 日生效。

网民的关注点包括“反式脂肪是什么”“人造反式脂肪酸”“反式脂肪酸的危害”等。

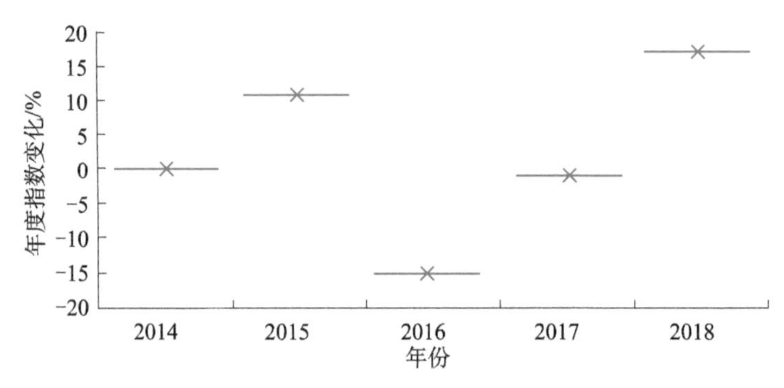

图 1-98　2014～2018 年“反式脂肪”热点年度走势

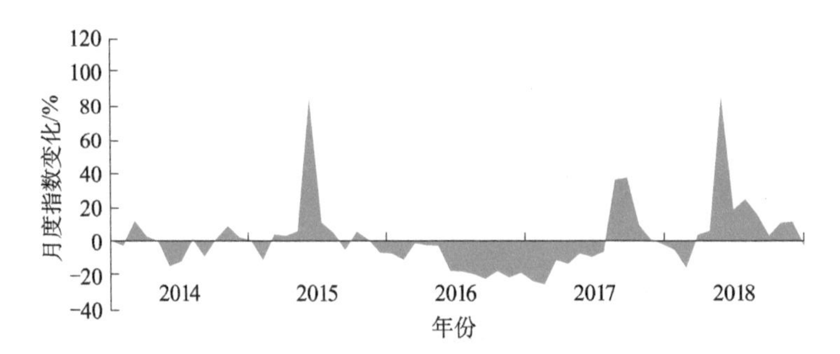

图 1-99　2014～2018 年“反式脂肪”热点月度走势

二、典型科普头部热点的网民关注结构

本报告针对上述 20 个典型科普头部热点，通过搜索指数 TGI 来表征不同地域、年龄和性别的网民群体关注度，以此来分析这些科普头部热点在高峰期的网民关注结构（表 1-11）。

表 1-11　2014 ～ 2018 年典型科普头部热点统计

热点	高峰期	地域 TGI（最高）	性别 TGI		年龄 TGI				
			男性	女性	≤ 19 岁	20 ～ 29 岁	30 ～ 39 岁	40 ～ 49 岁	≥ 50 岁
疫苗	2018 年 7 月	北京 168	75	132	55	111	117	70	70
抑郁症	2016 年 9 月	四川 116	82	150	70	85	174	263	18

续表

热点	高峰期	地域TGI（最高）	性别TGI		年龄TGI				
			男性	女性	≤19岁	20～29岁	30～39岁	40～49岁	≥50岁
转基因	2018年6月	天津135	91	111	59	91	116	148	256
试管婴儿	2017年3月	贵州135	90	129	37	84	256	123	131
白血病	2018年7月	湖北128	74	132	100	119	86	51	36
虚拟现实	2016年3月	北京166	108	77	35	91	240	174	24
量子通信	2016年8月	上海191	119	47	36	92	239	75	146
无人机	2018年4月	陕西135	139	51	78	111	97	82	104
暗物质	2015年12月	重庆132	109	74	52	88	210	183	63
人工智能	2018年8月	北京212	111	86	108	99	102	89	67
芯片	2018年4月	上海161	149	39	67	94	111	128	239
物联网	2017年6月	重庆139	95	115	48	82	250	156	16
雾霾	2015年12月	北京282	85	141	45	87	234	153	55
垃圾分类	2018年10月	浙江464	43	169	63	55	202	95	31
全球变暖	2018年8月	北京196	100	100	137	104	90	53	49
光伏发电	2018年3月	山西198	135	55	50	87	117	172	288
核能	2015年5月	上海182	83	147	63	91	226	0	75
地震带	2017年8月	陕西241	93	120	53	84	226	192	5
地沟油	2014年8月	河南132	87	136	72	87	174	215	29
反式脂肪	2018年5月	上海188	95	113	43	87	213	259	38

1. 关注“疫苗”的网民结构（2018年7月）

2018年7月，关注“疫苗”的网民结构见图1-100。

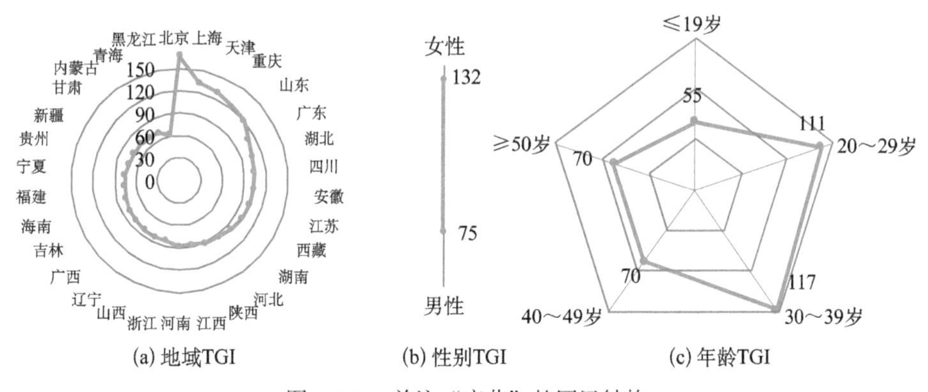

图1-100　关注“疫苗”的网民结构

2. 关注“抑郁症”的网民结构（2016 年 9 月）

2016 年 9 月，关注“抑郁症”的网民结构见图 1-101。

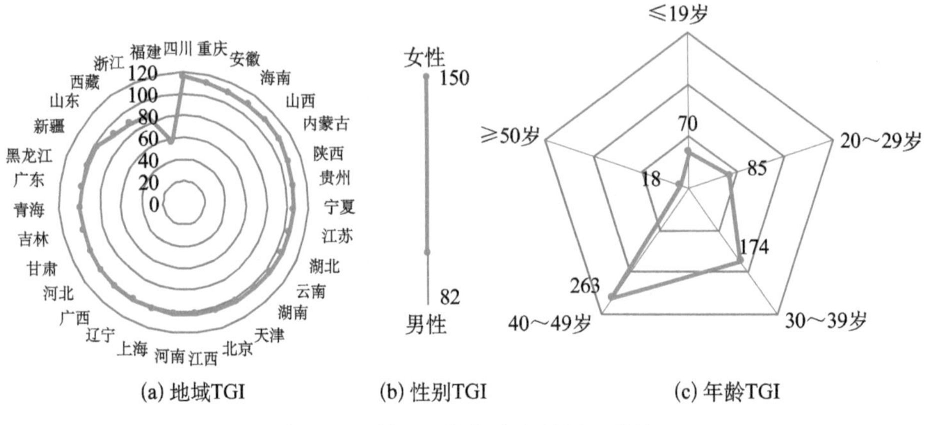

图 1-101　关注“抑郁症”的网民结构

3. 关注“转基因”的网民结构（2018 年 6 月）

2018 年 6 月，关注“转基因”的网民结构见图 1-102。

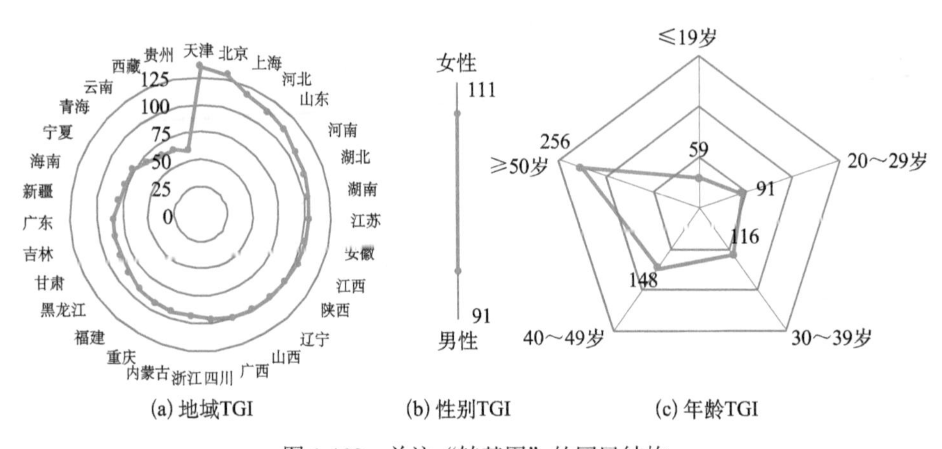

图 1-102　关注“转基因”的网民结构

4. 关注“试管婴儿”的网民结构（2017 年 3 月）

2017 年 3 月，关注“试管婴儿”的网民结构见图 1-103。

5. 关注“白血病”的网民结构（2018 年 7 月）

2018 年 7 月，关注“白血病”的网民结构见图 1-104。

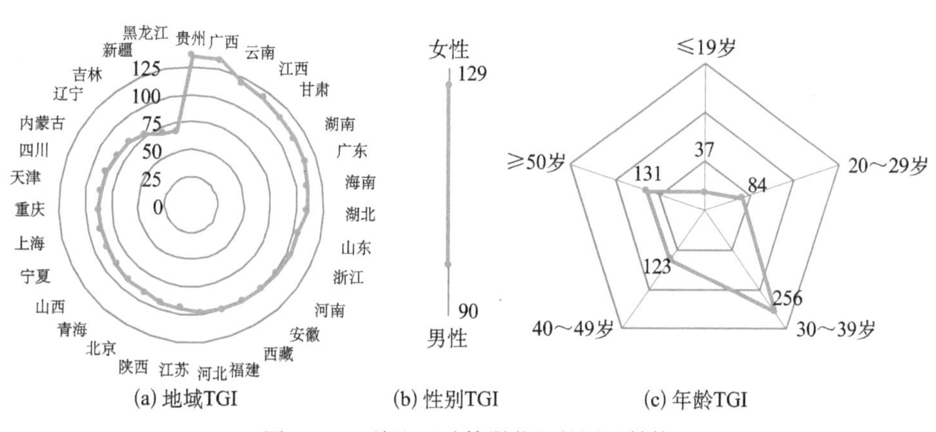

图 1-103　关注“试管婴儿”的网民结构

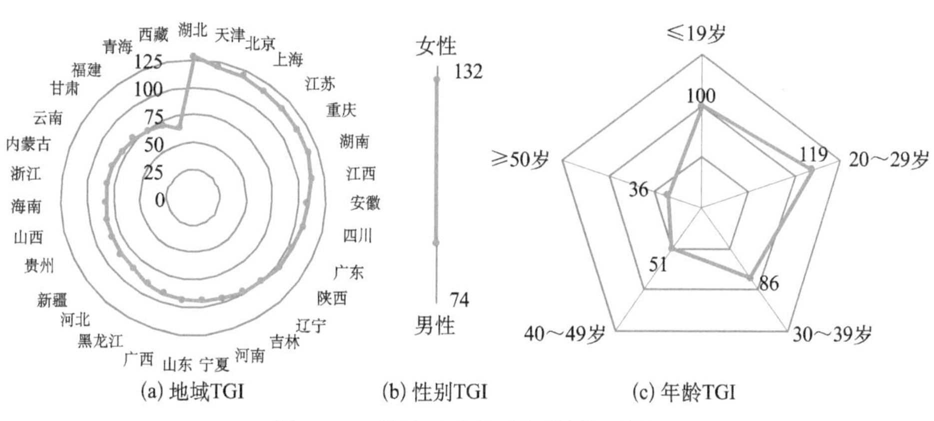

图 1-104　关注“白血病”的网民结构

6. 关注“虚拟现实”的网民结构（2016 年 3 月）

2016 年 3 月，关注“虚拟现实”的网民结构见图 1-105。

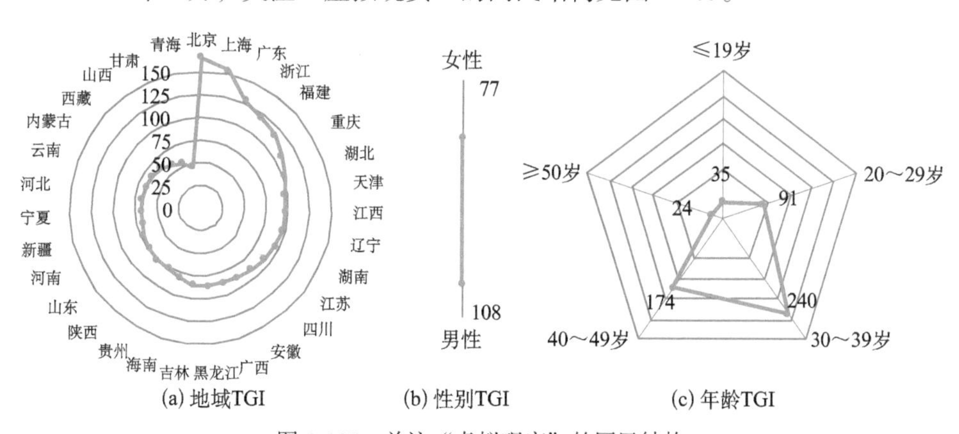

图 1-105　关注“虚拟现实”的网民结构

7. 关注“量子通信”的网民结构（2016 年 8 月）

2016 年 8 月，关注“量子通信”的网民结构见图 1-106。

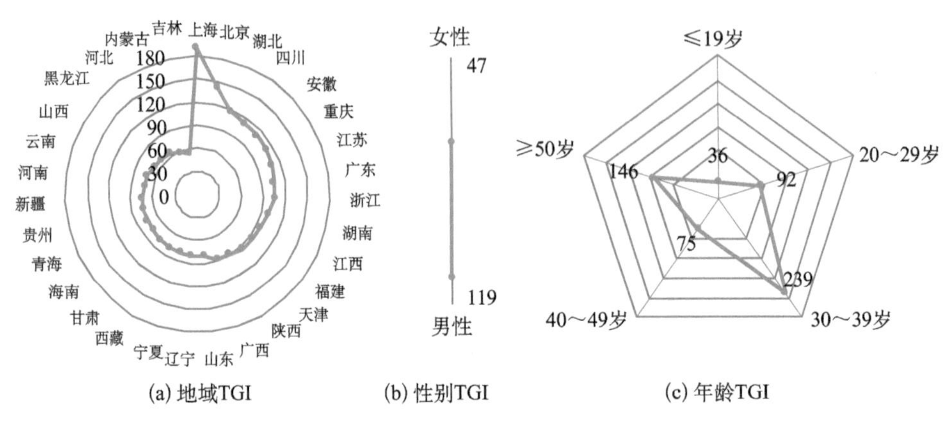

(a) 地域TGI　(b) 性别TGI　(c) 年龄TGI

图 1-106　关注“量子通信”的网民结构

8. 关注“无人机”的网民结构（2018 年 4 月）

2018 年 4 月，关注“无人机”的网民结构见图 1-107。

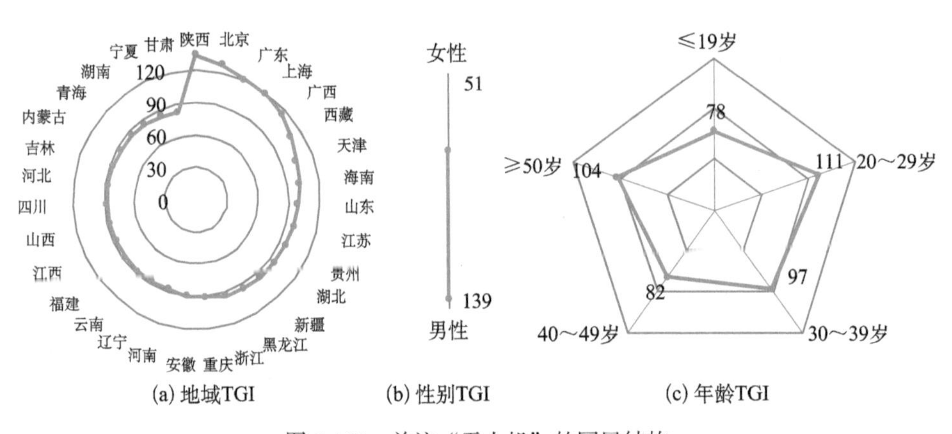

(a) 地域TGI　(b) 性别TGI　(c) 年龄TGI

图 1-107　关注“无人机”的网民结构

9. 关注“暗物质”的网民结构（2015 年 12 月）

2015 年 12 月，关注“暗物质”的网民结构见图 1-108。

10. 关注“人工智能”的网民结构（2018 年 8 月）

2018 年 8 月，关注“人工智能”的网民结构见图 1-109。

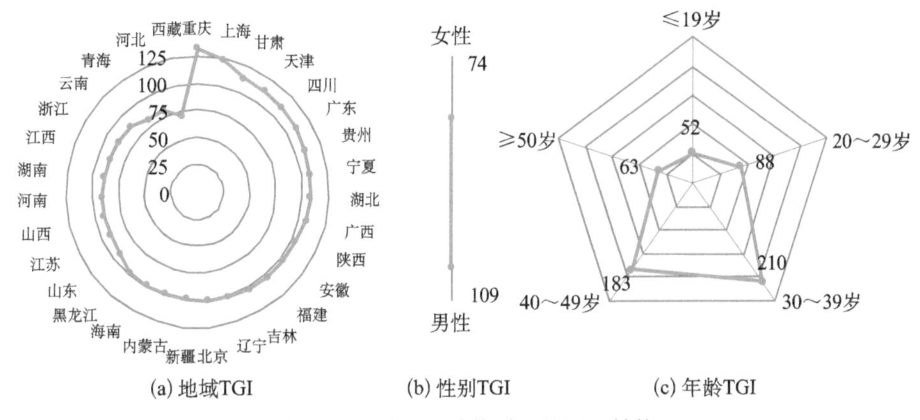

图 1-108　关注“暗物质”的网民结构

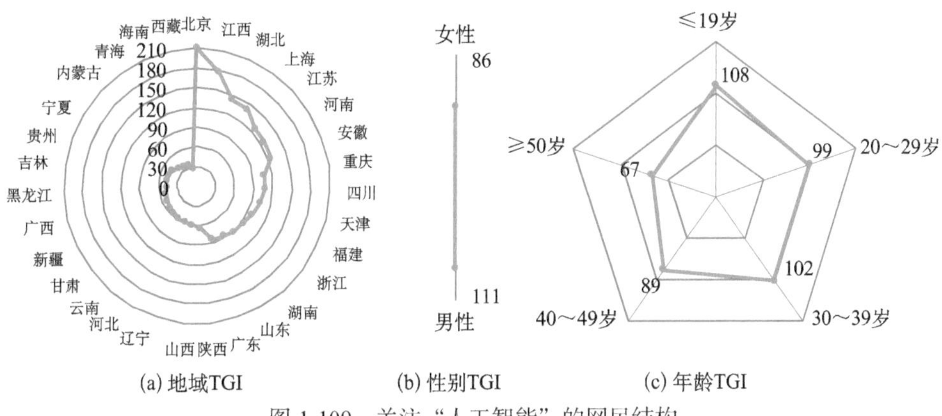

图 1-109　关注“人工智能”的网民结构

11. 关注“芯片”的网民结构（2018 年 4 月）

2018 年 4 月，关注“芯片”的网民结构见图 1-110。

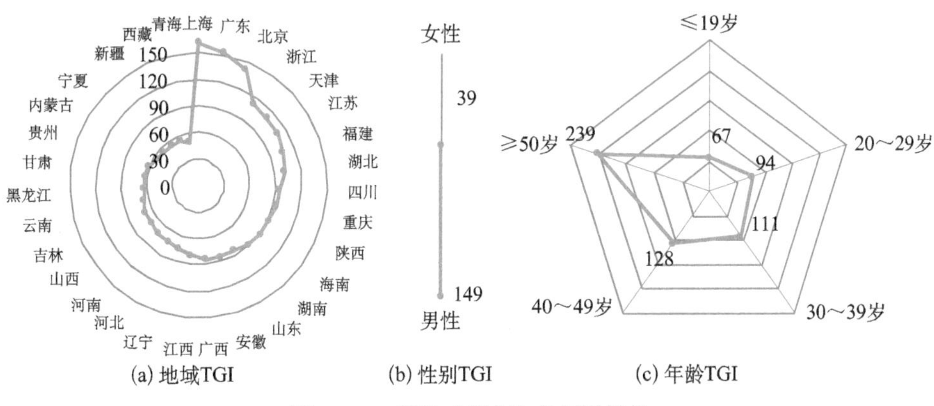

图 1-110　关注“芯片”的网民结构

12. 关注“物联网”的网民结构（2017 年 6 月）

2017 年 6 月，关注“物联网”的网民结构见图 1-111。

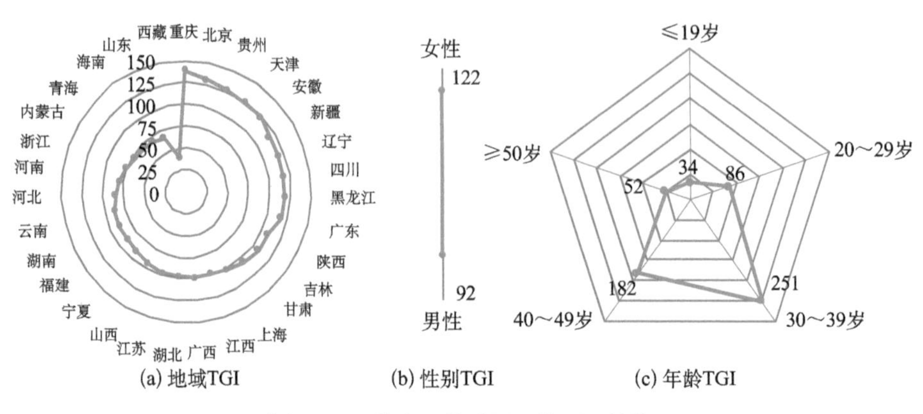

图 1-111 关注“物联网”的网民结构

13. 关注“雾霾”的网民结构（2015 年 12 月）

2015 年 12 月，关注“雾霾”的网民结构见图 1-112。

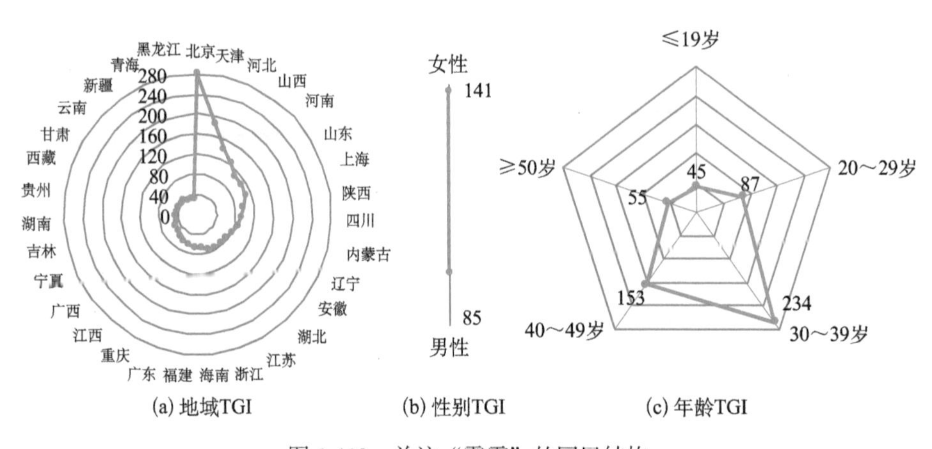

图 1-112 关注“雾霾”的网民结构

14. 关注“垃圾分类”的网民结构（2018 年 10 月）

2018 年 10 月，关注“垃圾分类”的网民结构见图 1-113。

15. 关注“全球变暖”的网民结构（2018 年 8 月）

2018 年 8 月，关注“全球变暖”的网民结构见图 1-114。

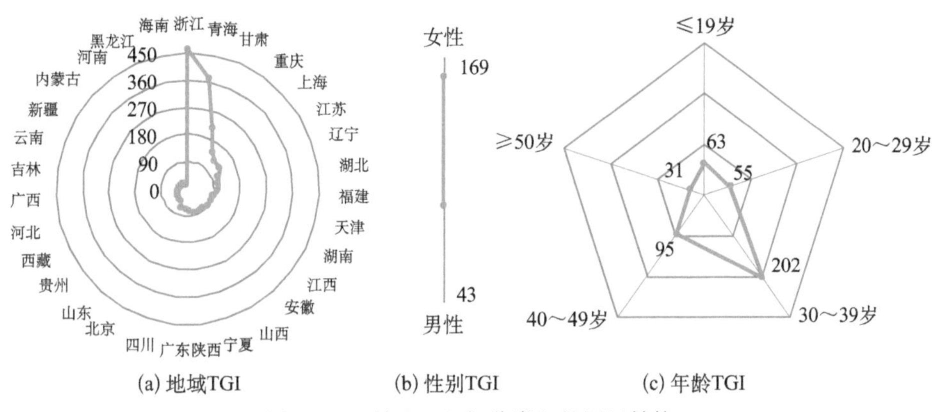

图 1-113　关注“垃圾分类”的网民结构

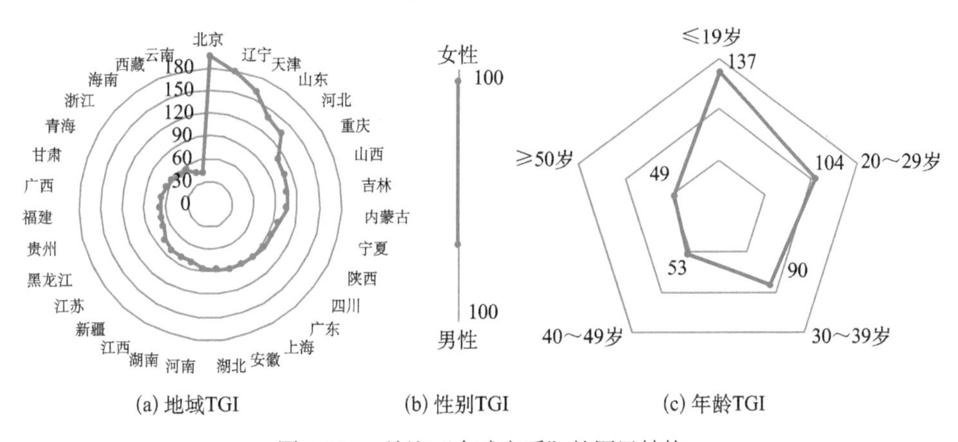

图 1-114　关注“全球变暖”的网民结构

16. 关注“光伏发电”的网民结构（2018 年 3 月）

2018 年 3 月，关注“光伏发电”的网民结构见图 1-115。

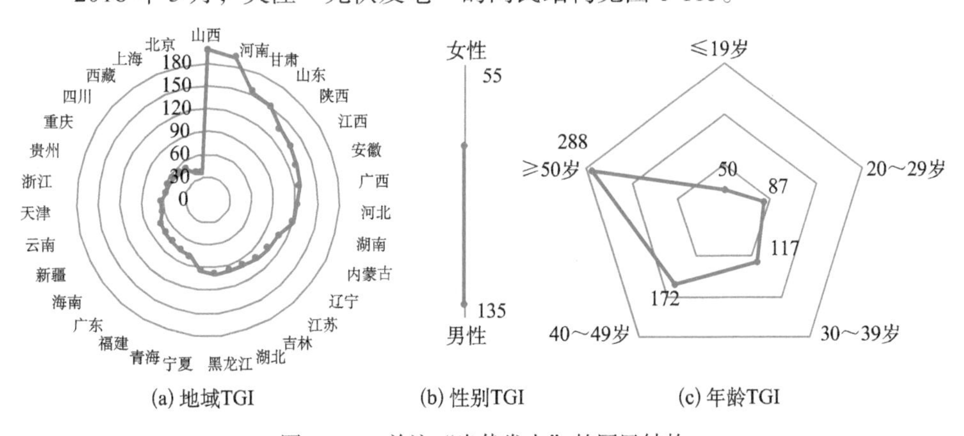

图 1-115　关注“光伏发电”的网民结构

17. 关注“核能”的网民结构（2015 年 5 月）

2015 年 5 月，关注“核能”的网民结构见图 1-116。

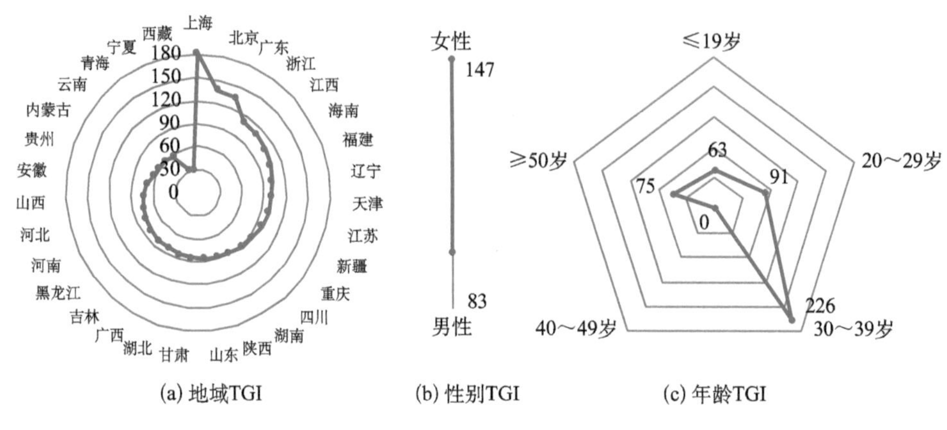

图 1-116　关注“核能”的网民结构

18. 关注“地震带”的网民结构（2017 年 8 月）

2017 年 8 月，关注“地震带”的网民结构见图 1-117。

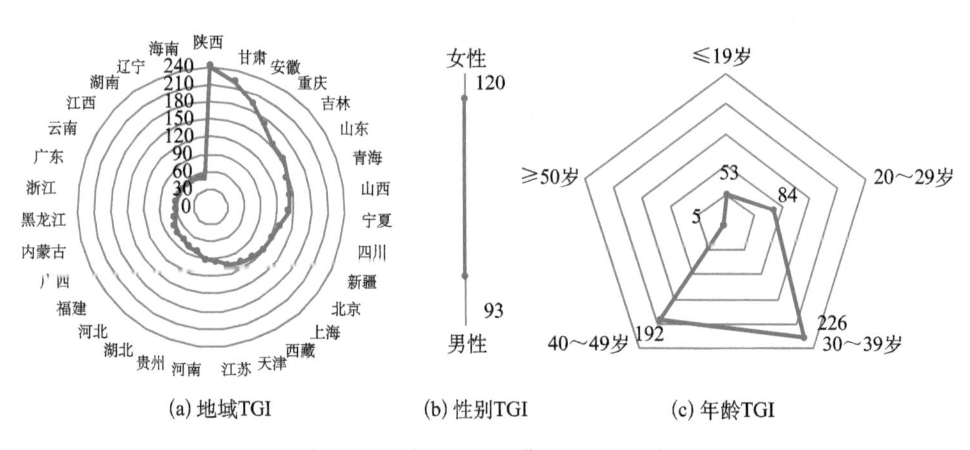

图 1-117　关注“地震带”的网民结构

19. 关注“地沟油”的网民结构（2014 年 8 月）

2014 年 8 月，关注“地沟油”的网民结构见图 1-118。

20. 关注“反式脂肪”的网民结构（2018 年 5 月）

2018 年 5 月，关注“反式脂肪”的网民结构见图 1-119。

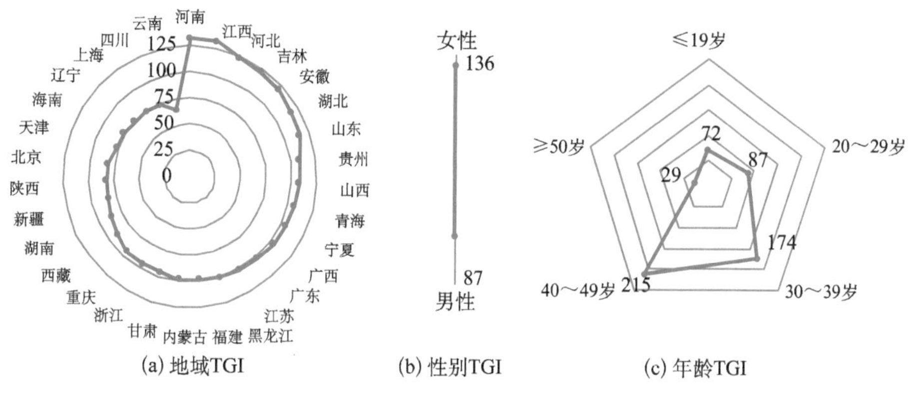

(a) 地域TGI　(b) 性别TGI　(c) 年龄TGI

图 1-118　关注“地沟油”的网民结构

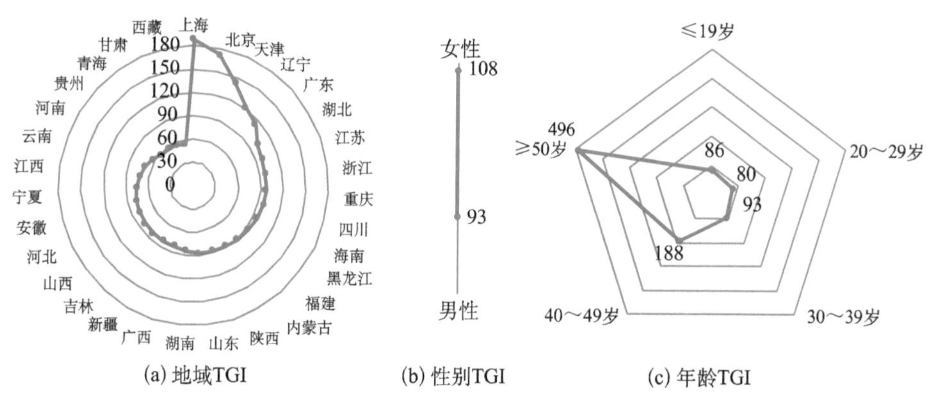

(a) 地域TGI　(b) 性别TGI　(c) 年龄TGI

图 1-119　关注“反式脂肪”的网民结构

第二章

互联网科普舆情数据报告

互联网科普舆情是指借助互联网，通过连接到网络的各种设备获取到的受众对科普类信息的态度和观点。在新媒体时代，互联网科普舆情不仅可以快速产生，而且会快速发酵，进而对科普领域主管部门的工作产生影响。及时了解互联网科普舆情，对于科普领域主管单位来说意义重大：一方面，可以对正面科普舆情进行相关强化与扩散，促进科普领域工作；另一方面，对于带有负面情绪的科普舆情则可以找到其背后的深层原因，有针对性地进行疏解，为公众释疑解惑，从而让科普工作做到良性发展。

2018 年，中国科普研究所与北京清博大数据科技有限公司（以下简称清博公司）合作开展了以大数据抓取、挖掘、分析为基础的互联网科普舆情研究工作。该研究工作通过对全网科普大数据的抓取与分析，了解网民关注的科普领域热点，通过对重点、热点科普事件发生时的科普舆情开展多维度分析，解读事件发酵的传播路径与公众态度，为相关部门决策提供科学依据和支持。本章所使用的数据为 2018 年全年的数据，对在其数据基础上产生的各类研究报告进行分析阐述。

第一节 互联网科普舆情数据报告内容框架

为了获取数据，清博公司监测了近3亿个微博账号、2100万个微信公众号、4万家网站、1000家论坛及博客、1000个客户端、3716万个今日头条号、1200家电子报刊共七大平台的海量数据。本研究相关报告的数据抓取即以此为背景，根据提前选定的十大科普领域种子词，通过技术手段对全网七大平台的相关科普数据进行抓取，结合人工分析形成科普舆情研究报告。科普舆情研究报告共有四种呈现形式，分别是研究月报、研究季报、研究年报和科普舆情专报。

一、确定科普领域主题、种子词及监测媒介范围

在本次科普舆情研究中，中国科普研究所首先确定了十大科普领域主题及其种子词库，十大科普领域主题分别是健康与医疗、信息科技、能源利用、气候与环境、前沿技术、航空航天、应急避险、食品安全、科普活动和伪科学。每个科普领域主题下都有相应的种子词库，种子词库每月进行迭代更新。此外，根据科普舆情研究的领域，中国科普研究所与清博公司共同确定了监测媒介平台类别，通过技术手段为这些科普媒介平台打上科普标签，建立科普舆情监测的媒介平台范围，并定期进行迭代更新。清博公司在以上工作基础上，通过技术手段对不同媒介平台科普信息的用户群体特征、不同地域的科普信息量及用户阅览评价指标（“粉丝”数、文章数、阅读数、评论数、转发数、点赞数等）、重点热点科普信息的传播路径等内容进行抓取分析，以文字、图示、趋势图等形式进行呈现，形成研究月报、研究季报、研究年报和科普舆情专报。

二、科普舆情研究报告内容结构分析

互联网科普舆情报告主要通过“数据自动抓取 + 人工阅览分析”的方式来形成。报告形式包括四种：研究月报、研究季报、研究年报和科普舆情专报。

（一）研究月报

月报主要包括四个部分，分别是：分平台传播数据、总发文数走势图、科普主题热度指数排行和典型舆情案例。

（1）分平台传播数据。主要通过对微信、微博、网站、论坛及博客、客户端、今日头条号、电子报刊七大平台的相关科普信息进行抓取分析，统计不同平台的科普信息条数和百分比占比情况。对七大平台不同数量的信息条数用柱状图来呈现，对其不同的百分比占比情况用饼图来呈现。

（2）总发文数走势图。通过曲线图的形式，以天为单位呈现当月的全网科普信息量，从中可以看出信息量的高低起伏。报告中对月度信息量最高点和最低点会有相应的深入人工分析。

（3）科普主题热度指数排行。通过综合统计十大科普主题分别在全网七大平台上的信息总量，统计出热度指数，并对十大科普主题进行排名。此外，还通过表格和曲线图的形式对十大科普主题热度关键词及十大科普主题地域发布热区进行呈现，对十大科普主题典型文章及分平台热文进行排名和分析。

（4）典型舆情案例。每期研究月报都对当月的一个重点或者热点事件进行深入细致的舆情分析，具体包括：舆情概述、传播走势、舆论观点、网民画像、舆情研判及建议几个部分。

（二）研究季报

季报在月报的基础上撰写，主要包括以下几个部分：分平台传播数据、总发文数走势图、科普主题热度指数排行。以上三个部分的内容形式与月报的内容、呈现形式及逻辑起点都是一样的，不同的是，季报的数据比月报的数据量更大、数据收集的周期更长，数据百分比分布及排名结果等略有不同。另外，因每份月报中都有一个当月的典型舆情案例分析，为了不重复，在季报中没有再设置这个部分。

（三）研究年报

年报在全年数据收集的基础上撰写而成，数据量更大，时间周期更长，相关结论和月报及季报也略有不同。在报告结构上与季报一样，去除了月报中的典型舆情案例分析部分，年报主要保留了三个部分的内容，分别是分平台传播数据、总发文数走势图和科普主题热度指数排行。

（四）科普舆情专报

当中国科普研究所判断有重点、热点事件发生后，清博公司就以中国科普研究所提供的关键词对相关舆情信息进行数据抓取、分析与撰写，体现热点事件的传播路径图，分析其传播特点、用户特征及用户态度等，并以这些内容为依据，为有关部门提供决策依据。专报内容通常主要包括以下 6 个部分。①事件概括：对舆情事件发生的背景及事件经过等进行概括阐述；②传播走势：对七大监测平台监测到的舆情数据量进行统计，并以曲线图形式来呈现，用文字阐述和分析事件舆情传播的总体趋势；③传播路径及引爆点图示：对事件发生后的传播源点及后续扩散的传播路径进行图表展示；④舆论观点：对主要媒体的观点和网友的主要观点进行提炼呈现；⑤网民画像：对关注事件的网民性别、兴趣、地域分布等信息进行抓取、统计，并进行图示呈现；⑥舆情研判及建议：对相关部门舆情应对提出相应建议。

三、数据分析方法

本研究采用文本分析法，共包括 12 份月报、4 期季报、1 期年报、1 期专报，研究首先对月报和季报采用统计学的方法进行间隔取样，参考 1 期年报和 1 期专报的相关内容，对样本中的相关数据结论进行分析，形成规律性认识。

第二节　互联网科普舆情数据月报分析

互联网科普舆情月报主要包括四个部分，分别是：分平台传播数据、总发文数走势图、科普主题热度指数排行和典型舆情案例。纵观 2018 年 12 个月的科普舆情月报，我们可以发现一些规律，以下分别进行阐述。

一、排名前三位的媒介传播平台分别是微信、网站和微博

在对 2018 年 12 个月的互联网科普舆情月报进行统计分析后发现，与其他媒介传播平台相比，微信、网站和微博的科普舆情信息量在七大媒介平台中主要排名在前三位。客户端平台的科普信息量偶尔会比微博排名靠前，位列进前三位，但从总的数量来说，微博排进前三名的概率还是远远大于客户端。

通过全年数据可以看出，在 12 个月中，微信平台在其中 5 个月的科普信息量数据都排名在第一位，其余 7 个月排名在第二位；网站平台有 7 个月的科普信息量数据排名在第一位，3 个月排名在第二位，2 个月排名在第三位；微博平台的科普信息量数据有 2 个月排名在第二位，7 个月排名在第三位。从总的科普信息量数据来看，在 12 个月中，微信平台科普信息总量是 921 595 969 条，网站科普信息总量为 1 092 398 951 条，微博平台科普信息总量为 484 643 583 条（图 2-1）。

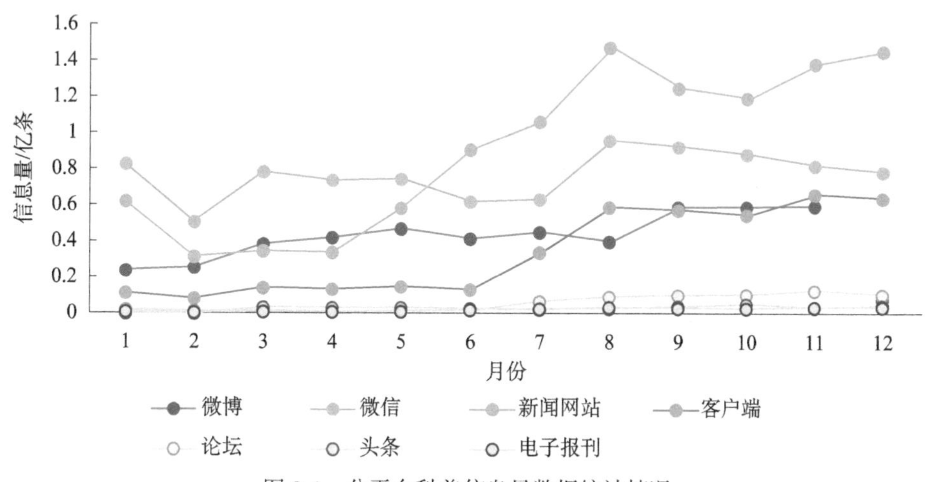

图 2-1　分平台科普信息量数据统计情况

二、每月科普舆情信息最高值趋势图呈现总体上扬趋势

研究对2018年12个月每个月的科普舆情信息量最高值的点进行了提取，并对这些最高点的值画了曲线图，通过曲线图的走势可以看出，从2018年1月到12月，除了个别月数据有下滑表现外，整体来说，全年中每月高点科普信息量数值曲线呈现上扬的大趋势（图2-2），可以看出科普信息量越来越多，从整体来看又体现出一定的特点。

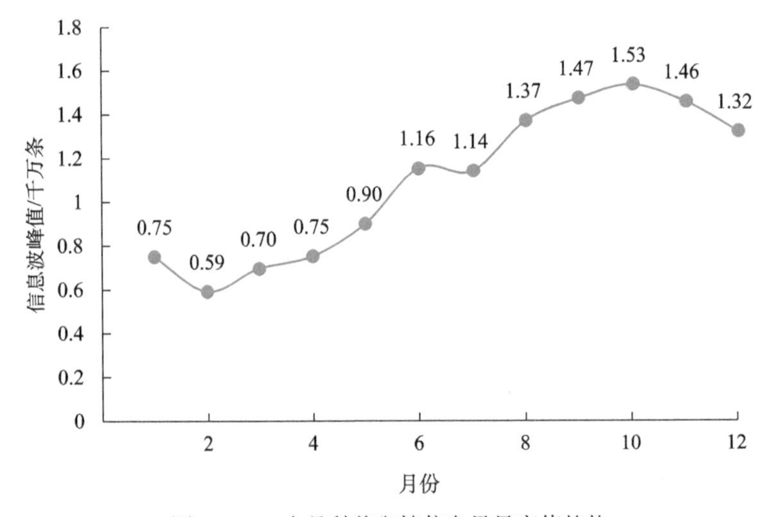

图2-2　12个月科普舆情信息量最高值趋势

从全年来看，科普舆情信息量最低的月份是2月，数据量为5 925 123条，当时恰逢春节假期。从3月开始，科普舆情信息量呈现明显的上扬态势，3月的科普舆情信息数据量为6 967 209条，比2月整整多出了1 042 086条。3月之后，除了7月数据量有轻微下滑之外，2～7月都是明显上涨的趋势，10月在全年中的数据量最高，达到15 338 770条。11月和12月的数据量又呈现了逐渐下滑的态势。总的来说，从全年数据量发展趋势来看，数据量的多少与用户全年工作闲忙周期呈现出一定的正相关关系：春节期间，数据量明显变少，从春节后用户忙碌起来，数据量开始逐月上升，暑假期间又出现数据量下滑，然后又持续上升，到10月达到数据量顶峰，11月、12月到了年底期间，数据量又呈现逐月下滑的趋势。

三、排名前三位的科普领域主题分别是健康与医疗、信息科技、气候与环境

通过对2018年12份月报进行数据分析可以发现，在十大科普主题中，热度指数综合排名前三位的主要是健康与医疗、信息科技、气候与环境。综合全年的排名来看，在12个月中，健康与医疗领域因为距离互联网用户的生活较近，与百姓生活密切相关，始终排名在第一位；信息科技领域也是连续12个月始终稳定排名在第二位；气候与环境则有11个月都稳定排名在第三位。

四、排名前三位的科普舆情信息地域发布热区分别是北京市、广东省和江苏省

通过对2018年12份月报中科普舆情信息地域发布热区的统计和分析可以看出，北京市和广东省始终牢牢地占据第一位和第二位，在第三位的排名上，江苏省、上海市、浙江省和湖南省都曾出现过，但从出现的频次来说，江苏省相较其他三个区域频次更多。总的来说，在排名前三位的科普舆情信息发布热区的排名中，北京市、广东省和江苏省排名在前三位。

五、互联网科普舆情月报案例

2018年全年共12期互联网科普舆情月报，本研究选取2018年9月月报作为案例进行分析。

（一）本月舆情概况

为了获取数据，促进网络科普舆情数据平台建设，根据科普关键词监测了近3亿个微博账号、2100万个微信公众号、4万家网站、1000家论坛及博客、1000个客户端、3716万个头条号、1200家电子报刊共七大平台的海量数据。本报告以上述微博、微信、网站、客户端、论坛及博客、今日头条、电子报刊七大平台监测主体动态发布的科普信息及传播数据为依据，通过筛选和分析，

了解各大平台对科普信息的发布力度，科普舆情热度走势，不同科普主题在监测平台上的综合热度表现、地域发布特征，不同科普主题的高热关键词，受众关注的热点科普主题，受众对科普信息的发布模式、表达偏好，对典型科普舆情的态度、看法。

监测期间，涉科普相关的舆情信息共计 350 140 113 条。其中新闻网站以 124 817 479 条的信息量在各大平台中遥遥领先，为本月科普信息总量贡献 35.65%；微信平台以 92 333 135 条的信息量紧随其后，占比 26.37%；微博和客户端平台本月信息量基本持平，分别为 58 908 067 条和 57 254 745 条，分别占比 16.82% 和 16.35%。此外，论坛、今日头条号和电子报刊信息量占比均不足 3%，传播声量较小（图 2-3，图 2-4）。

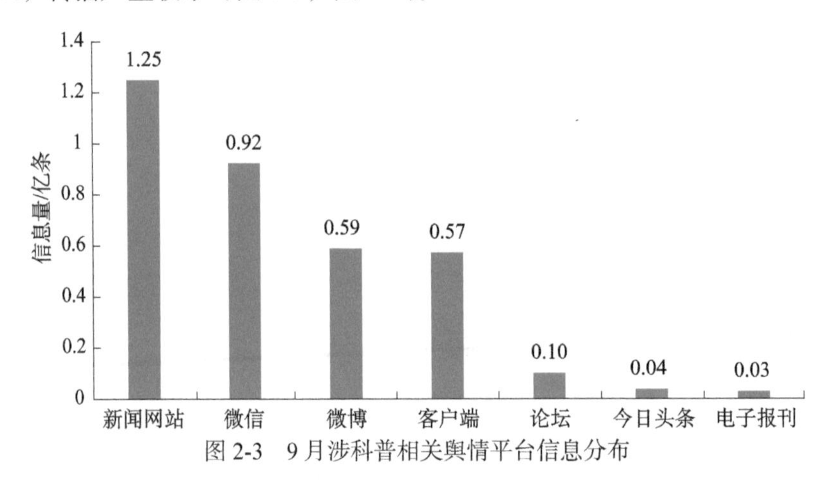

图 2-3　9 月涉科普相关舆情平台信息分布

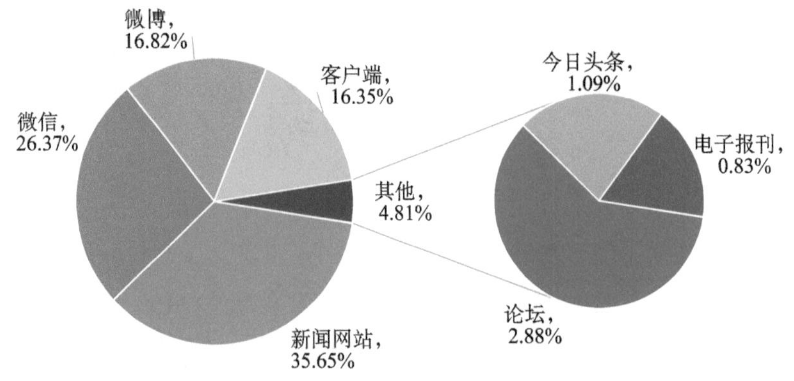

图 2-4　9 月涉科普相关舆情平台信息占比

（二）舆情热度走势图

从舆情走势图可知，2018 年 9 月，每日涉科普信息传播量走势高低起伏剧烈。日传播量约为 11 671 337 条，以周为单位，数据呈现规律性变化。周一至周五信息量增多，周六、周日信息量降低，工休更替特征显著，侧面反映出较多科普类账号运营有序。其中，9 月 17～20 日的热度值均在 1400 万以上，在整个月份中遥遥领先，9 月 17 日的信息量更是达到 14 732 243 条，为本月传播之最（图 2-5）。主因 9 月 16 日台风“山竹”登陆广东省，给民众工作、生活造成影响，引发媒体聚焦和舆论热议，助推该时间段内信息热度高涨。

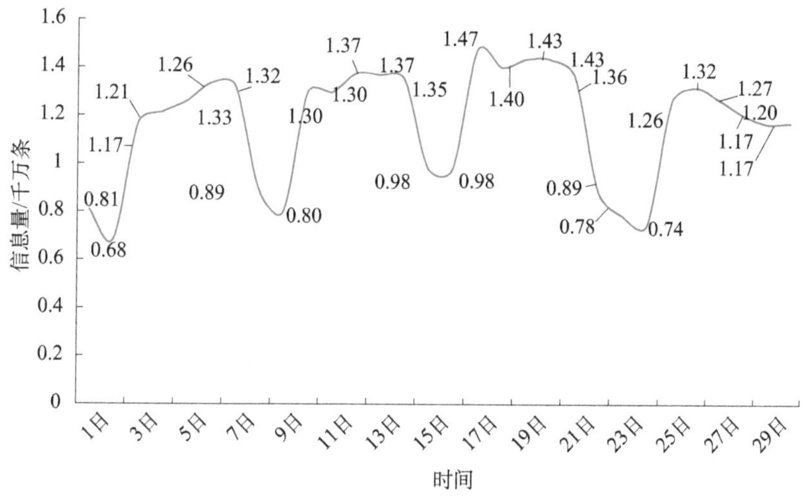

图 2-5　9 月涉科普相关舆情平台信息走势

（三）科普主题热度指数排行

本月，在十大科普主题热度指数综合排行榜中，健康与医疗主题的热度指数最高，热度值达 97 651 557；信息科技热度值位列第二，达到 7 510 423；而伪科学主题的相关题材热度值较低，仅有 568 009。从传播渠道来看，健康与医疗主题相关信息主要在微信平台上发布，热度值为 34 811 373；信息科技主题相关信息主要聚集在网站平台，其热度值为 29 829 827。总体来看，网站和微信平台成为本月科普类资讯的重要集散地，而今日头条号和电子报刊两大平台的传播力度则较小。

1. 科普主题热度关键词

从十大科普主题关键词热度排行可知，信息科技主题下的“信息”“数据”热度高，这与 2018 年 9 月分别在上海和江苏无锡举办的世界人工智能大会和世界物联网博览会有关。值得一提的是，航空航天主题下的关键词“火箭”在本主题中热度值最高，达 2 211 552 条，源于 2018 年 9 月 19 日“长征三号”乙火箭成功发射两颗“北斗三号”导航卫星，引发网民关注。此外，健康与医疗、气候与环境主题下的“健康”“环境”等词汇热度也较高，反映了社会民众对健康和环境相关资讯的巨大需求。

2. 科普主题地域发布热区

根据 9 月十大科普主题地域发布热区数据计算可知，北京市、广东省、江苏省分别以 16 106 601 条、4 825 902 条、1 987 299 条的科普信息发布总量位列全国前三名。

其中，北京市发布的科普主题内容集中在健康与医疗、信息科技、气候与环境三个方面，发布相关内容数量均达到了 2 000 000 条以上。该地区重点聚焦健康与医疗这一主题，其相关信息发布量达到 4 291 603 条。而广东省和江苏省则较为关注“信息科技”这一科普主题的相关资讯，其发布的内容数量分别为 1 103 396 条和 451 984 条，分别占其相应省份全月科普信息发布量的 22.86% 和 22.74%。此外，各地区普遍对科普活动、伪科学等主题关注较少，相关信息传播量相对较低（图 2-6）。

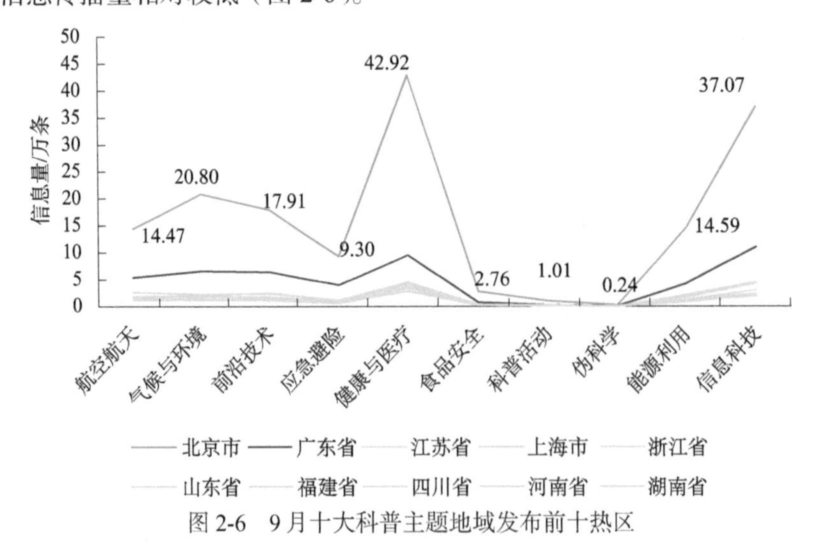

图 2-6 9 月十大科普主题地域发布前十热区

3. 科普主题典型文章及分平台热文排行榜

十大科普主题发文数排行榜及典型文章见表 2-1。

表 2-1　十大科普主题发文数排行榜

排名	类别	发文数 / 条	典型文章
1	健康与医疗	97 651 557	影响高血压的危险因素有哪些?
2	信息科技	75 104 230	信息科技领域中的六大颠覆性技术创新
3	气候与环境	46 684 763	气候变化风险加大　我们该如何应对
4	前沿技术	36 177 461	AI 进电网，除了省电还能做点儿啥?
5	航空航天	33 434 265	继承重型火箭衣钵　美国太空发射系统这样诞生
6	能源利用	31 014 647	电动汽车想跑快　能源替代不是唯一办法
7	应急避险	22 511 789	全球陷入“风暴灾难”：九大风暴同时席卷而来
8	食品安全	6 163 444	剩饭到底能不能吃？可以吃但要注意保存和加热
9	科普活动	1 974 689	科学普惠你我他——全国科普日北京主场活动侧记
10	伪科学	568 009	国人体内出现转基因作物中常见基因？纯属谣言

根据对各大传播平台的十佳科普热文的分析，可以得出以下特点。

一是在主题类别上，上榜热文以健康与医疗、前沿技术和应急避险三大科普主题为主。但不同平台相关主题资讯各有侧重，具体表现为：微博平台上的内容主要为科普活动、台风天气等；微信平台热文 TOP10 中，近七成文章为健康养生文；今日头条、新闻网站和百家号上的内容则以医疗养生、科技发展为主。

二是在内容发布模式上，微信、微博平台因互动性较强，善用多种传播形式丰富文章表现。其中，微博采用文字结合图片、短视频、表情包的形式；微信多以图文、GIF 动图为主；百家号、今日头条、新闻网站三个平台上则主要以文字形式呈现内容，部分热文还穿插图片或视频。多样化的表现形式有利于优化用户阅读体验，提升受众好感度。

三是在标题拟定上，除新闻网站平台因新闻性较强，多采用专业化、简洁化的标题外，其他平台在拟定标题时，偏向通俗化、网络化的表达风格，而且善于使用标点符号。微信和今日头条平台 TOP10 热文中，共有 5 篇热文的标题使用了感叹号，以强调的口吻吸引用户关注；今日头条上有 5 篇文章的标题含有问号，以提问的方式激起用户的阅读兴趣。

综合而言，网民一贯对健康与医疗类科普资讯给予更多关注，同时对前沿技术类的科普资讯抱有期待。此外，12 月因台风来袭，助涨了前沿技术、应急避险类文章的热度。故今后可继续迎合受众的阅读需求，加大对健康与医疗类和前沿技术类文章的传播力度，同时紧跟时期热点，强化传播主体的科普信息服务职能。

（四）台风“山竹”来袭热点事件舆情

1. 事件概述

2018 年 9 月 16 日 17 时，第 22 号台风“山竹”在广东省台山市海宴镇登陆，上岸时中心附近最大风力 14 级（45 米 / 秒）。庞大身躯覆盖整个广东的“山竹”成为 2018 年以来登陆我国的最强台风。中央气象台出动最高预警台风红色预警信号，广东省发布史上最大规模台风预警。截至 2018 年 9 月 18 日 17 时，台风“山竹”已造成广东、广西、海南、湖南、贵州 5 省（区）近 300 万人受灾。2018 年 9 月 17 日，人民网、新华网、中国新闻网、搜狐网、网易等媒体对相关信息进行集中报道和转载，事件舆论热度开始走高。

2. 传播走势

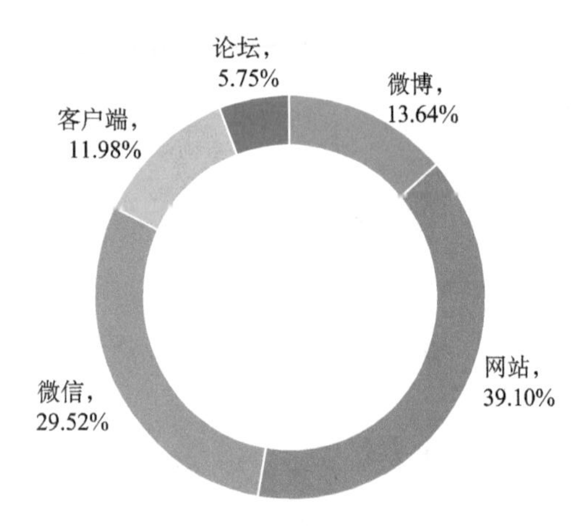

图 2-7　9 月涉台风“山竹”来袭事件相关舆情平台信息分布

监测时段 2018 年 9 月 1～30 日期间，清博大数据舆情监测系统共抓取相关信息 3079 条，其中网站和微信平台成为信息的主要来源，信息量分别为 1204 条和 909 条，占比分别为 39.10% 和 29.52%；微博和客户端平台紧随其后，其信息量分别为 420 条和 369 条，占总信息量的 13.64% 和 11.98%；论坛平台信息量占总信息量的 5.75 个百分点，具体信息量为 177 条（图 2-7）。由本时段涉台风“山竹”来袭的热度走势图可见，在台风“山竹”登陆的第二天，其热度值为 793，达到传播巅峰，随后逐渐下滑，并于9月29日归于平静（图2-8）。其热度主要随台风发展态势及媒体相关报道多寡而波动。

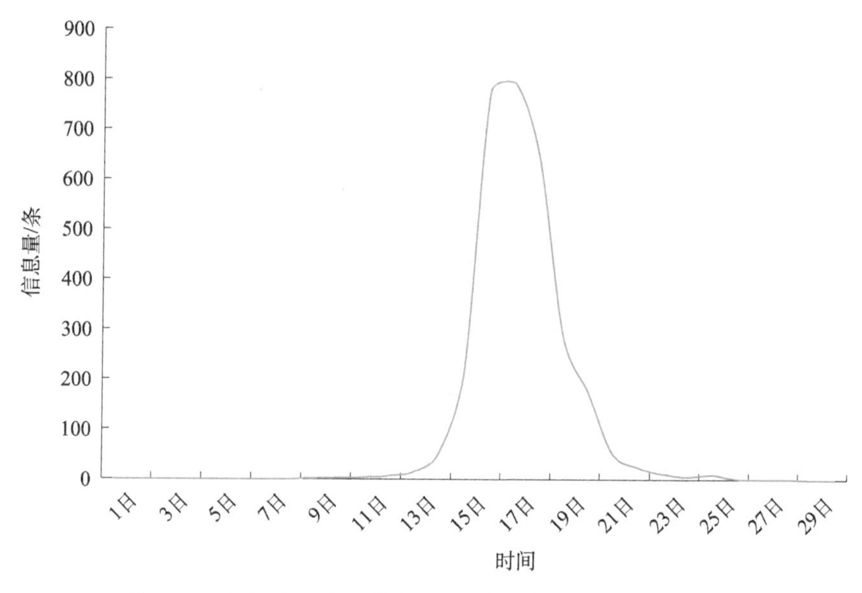

图2-8　9月涉台风“山竹”来袭事件相关舆情网络热度走势

3. 舆论观点

监测显示，台风“山竹”登陆相关舆情情绪以正面情绪为主，占比达56.76%，中性情绪占比18.88%，负面情绪占比24.36%（图2-9）。

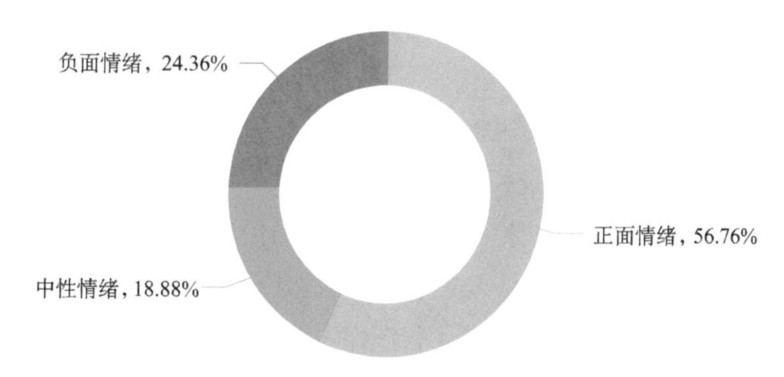

图2-9　9月涉台风“山竹”来袭事件相关舆情网民情感属性分布

一是网民点赞政府及时抢险成果，感激奋战一线的消防员。如网民“@吉子安”表示：“广东省政府及各市政府组织得力，重视人民生命财产，这次抗台风救灾事前预警事中防灾事后整顿井井有条，给一百个赞也不为过”。网民“@不见不念1003”说道：“我一个外省人看到了广东提前预警‘山竹’的威力，把破坏力降到了最低，广东的城市管理能力真是一级的棒！！”微博网民“@coco7705277”发表博文称：“辛苦啦！一线的工作者，为你点赞！有你们的付出才有我们的舒适环境。”微博网民“@luvial”则表示：“我说早上上班路上为什么这些树都往里倒，没有影响马路的正常使用，消防官兵辛苦了。”

二是媒体积极报道各地防汛救援救灾情况。如9月17日，新华网、中工网、搜狐、网易等媒体发文《抗击最强台风“山竹” 这些地方在行动》称，周末两天，为了防御台风，多地严阵以待不敢松懈，随时做好防汛救灾出动准备。9月18日，新华网、人民网、光明网等媒体发文《台风“山竹”强度已减 应对力度不减》，对广东、香港、广西等地全力应对台风的情况进行报道。9月19日，人民网、中国新闻网、中国青年网等媒体发文《台风“山竹”逐渐减弱 各地各部门做好灾后救助》报道，在强台风“山竹”肆虐广东等地之后，各地各部门积极做好灾后救助工作，全力进行灾后重建，基础设施的修复已经展开。

三是少数网民存在歪曲解读市政工程、恶意揣测灾难处置的言论。如有网民评论“一线环卫工人确实辛苦，但是，市政工程需要质疑，有些树都是栽下去不久，平常树木修剪也不到位……”

4. 网民画像

从关注此事的网民性别比例图来看，男性网民所占比例略高于女性网民，达到55%（图2-10）。分析关注此事的网民兴趣标签分布可知，关注此事的网民还热衷于旅游文化、军事等领域（图2-11）。

从关注此事的网民地域分布来看，该事件的信息发布声量主要集中于北京市、广东省、上海市等经济发达省市（图2-12），一方面，源于北京、上海、广东这类经济发达的省市聚集了很多媒体平台和热衷于关注热点事件的年轻人，易成为重要的新闻集散地、观点集散地和民声集散地；另一方面，台风“山竹”在广东省登陆，对当地民众工作、生活带来巨大影响，故当地网民更易关注此类信息，并在网络上引发热议。

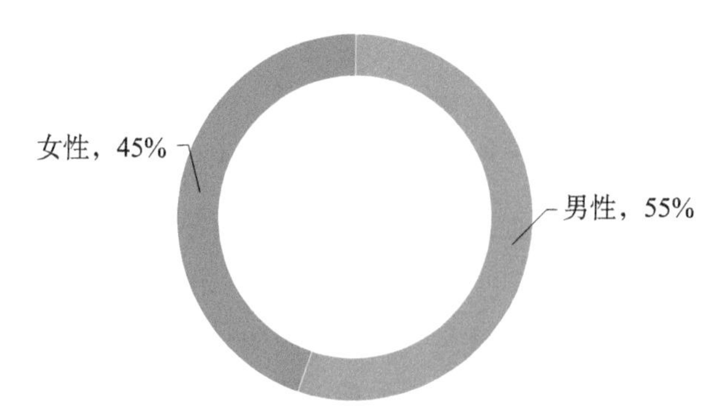

图 2-10　9 月关注台风“山竹”来袭事件舆情网民性别比例

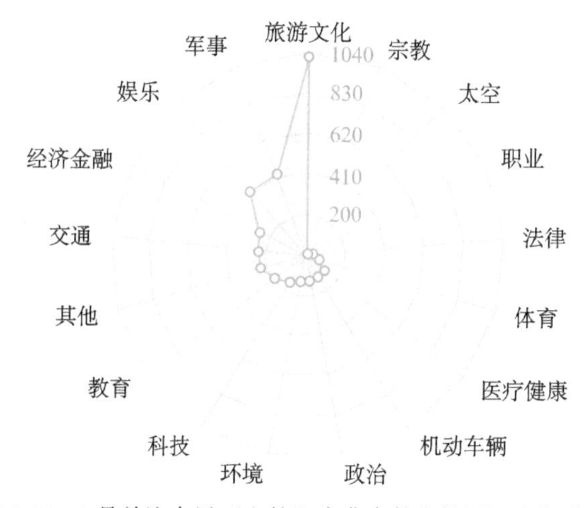

图 2-11　9 月关注台风“山竹”来袭事件舆情网民兴趣分布

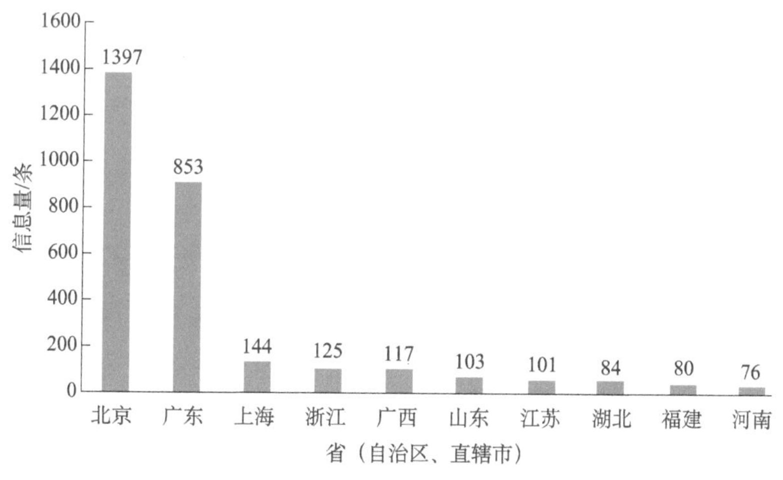

图 2-12　9 月发布台风“山竹”来袭事件舆情相关信息网民地域分布

5. 舆情研判及建议

一是由于人民网、新华网、光明网、搜狐、网易等主流媒体持续关注此事件，实时报道台风“山竹”登陆态势，预测可能带来的灾害，以及各地全力应对台风和开展救援救灾方面的情况，使得舆论场情绪整体以理性、积极为主导。二是随着台风“山竹”话题的热度提升，网络上出现一些有关台风“山竹”的谣言，一度造成民众恐慌，一些官方媒体虽然开展辟谣，引导舆论，提醒广大市民及时查看相关公告，提前安排出行计划，一定程度上消解了谣言扩散，但仍存遗漏。鉴于此，在有关“应急避险”相关报道中，可以多强调全国各地各部门在面对灾害时的同舟共济、团结协作精神，展示救灾实际成效，以增强民众抗灾救灾信心，避免恐慌扩散。同时，科普行业媒体要发挥作用，对台风等级、风向、成因、走向等进行系列报道，及时辟谣，营造理性舆论氛围。

第三节　互联网科普舆情数据季报分析

互联网科普舆情季报主要包括三个部分，分别是：分平台传播数据、总发文数走势图、科普主题热度指数排行。纵观2018年四个季度的科普舆情季报，我们可以看到一些规律，以下分别进行阐述。

一、综合四个季度，排名前两位的媒介传播平台分别是微信和网站

在对2018年四个季度的互联网科普舆情季报进行统计分析后发现，在科普舆情信息的产生和传播平台中，微信和网站的信息量在七大平台中一直交替处于第一位和第二位的位置，微博和客户端两个平台的科普舆情信息量则并列排名第三位。从以上规律可以看出，微信、网站、微博和客户端四个平台在科普信息传播中处于重要的位置，微信和网站则始终排在前两位。在四个季度中，微信和网站平台的科普舆情信息量合计占比都超过当季全部平台科普舆

情信息量的 60%，其中，第一季度，微信和网站两个平台的科普舆情信息量合计达到了 339 795 857 条，占当季全部媒介平台科普舆情信息量的 72% 还多（图 2-13）。

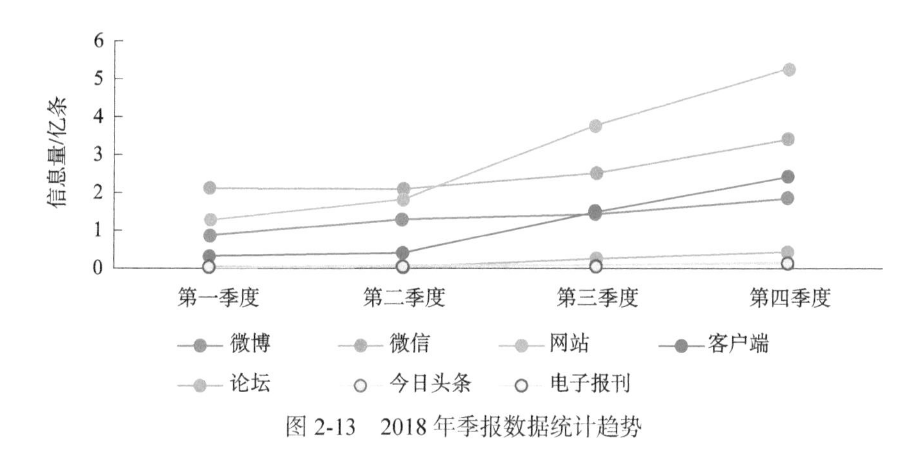

图 2-13　2018 年季报数据统计趋势

二、四个季度科普舆情信息最高值趋势图呈现总体上扬趋势

研究对 2018 年四个季度的科普舆情信息量最高值的点进行了提取，并对这些最高点的值画了曲线图，通过曲线图的走势可以看出，从 2018 年第一季度到第四季度，总的数值曲线呈现上扬趋势（图 2-14）。

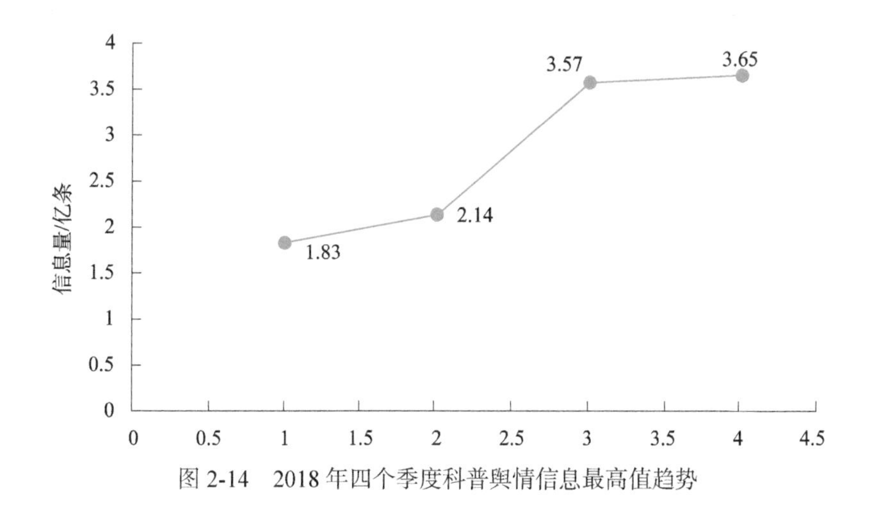

图 2-14　2018 年四个季度科普舆情信息最高值趋势

三、四个季度排名前三位的科普主题分别是健康与医疗、信息科技、气候与环境

通过对2018年四个季度的季报进行数据分析可以发现，在十大科普主题中，热度指数综合排名前三位的主要是健康与医疗、信息科技、气候与环境。其中，健康与医疗主题在四个季度中始终排名在第一位，信息科技、气候与环境主题在四个季度中则稳定地排名在第二位和第三位。

四、四个季度排名前三位的科普舆情信息地域发布热区分别是北京市、广东省和江苏省

通过对2018年四份季报中科普舆情信息地域发布热区的统计和分析可以发现，北京市和广东省始终牢牢地占据第一位和第二位，在第三位的排名上，江苏省、上海市、浙江省都曾出现过，但从出现的频次来说，江苏省相较其他区域频次更多。总的来说，在排名前三位的科普舆情信息发布热区中，北京市、广东省和江苏省排名在前三位。

五、互联网科普舆情季报案例

2018年全年共4期互联网科普舆情季报，本研究选取第三季度季报作为案例进行分析。

（一）本季度舆情概况

为了获取数据，促进网络科普舆情数据平台建设，根据科普关键词监测了近3亿个微博账号、2100万个微信公众号、4万家网站、1000家论坛及博客、1000个客户端、3716万个头条号、1200家电子报刊共七大平台的海量数据。本报告以上述微博、微信、网站、客户端、论坛及博客、今日头条、电子报刊七大平台监测主体动态发布的科普信息及传播数据为依据，通过筛选和分析，了解各大平台对科普信息的发布力度，科普舆情热度走势，不同科普主题在监

测平台上的综合热度表现、地域发布特征，不同科普主题的高热关键词，受众关注的热点科普主题，受众对科普信息的发布模式、表达偏好，对典型科普舆情的态度、看法。

监测期间，涉科普相关的舆情信息共计 967 187 815 条，其中包含网站新闻 378 474 868 条、客户端 149 962 963 条、微信 251 399 001 条、微博 143 755 446 条、论坛 25 851 036 条、电子报刊 8 898 409 条、今日头条 8 846 092 条。新闻网站、微信、客户端为信息主要传播渠道，三大平台信息量占比分别为 39.13%、25.99% 和 15.51%；其次，微博占比 14.86%，论坛占比 2.67%；而电子报刊和今日头条号信息量相对较少，各自占总信息量的 0.92%（图 2-15、图 2-16）。

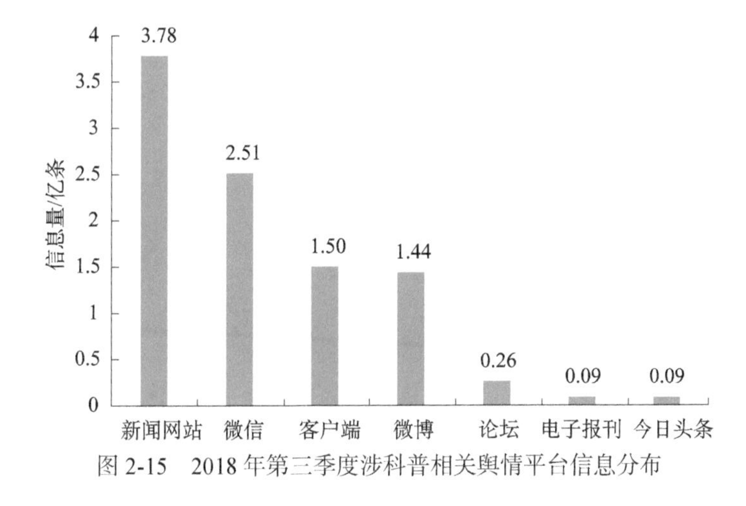

图 2-15　2018 年第三季度涉科普相关舆情平台信息分布

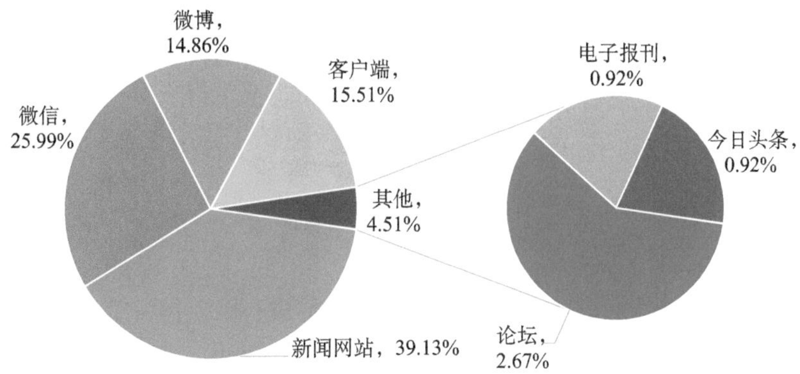

图 2-16　2018 年第三季度涉科普相关舆情平台信息占比

（二）舆情热度走势图

2018 年第三季度，涉科普信息传播量趋于稳定，月度发文量均在 2.5 亿条以上。其中，8 月传播声量最高，主因当月中国首次发生非洲猪瘟疫情、北京联通启动“5G NEXT”计划、中国科学家首次通过草原“天眼”观测日食过程、中国散裂中子源正式投入运行等相关事件，带动当月信息量达 357 214 170 条，舆论热度颇高。7 月，中国科协发布 2018 年第一季度科普搜索行为报告、《中国人工智能发展报告 2018》发布式暨专题研讨会在清华大学举行等事件同样受到广泛关注，但因 7 月有 5 个周末，加之周末发文量较低，影响到月总发文量，使得 7～8 月涉科普信息传播量走势起伏较大。而 9 月则因受中秋节假日影响，当月发文量相比 8 月也稍有下降，降幅为 1.98%（图 2-17）。

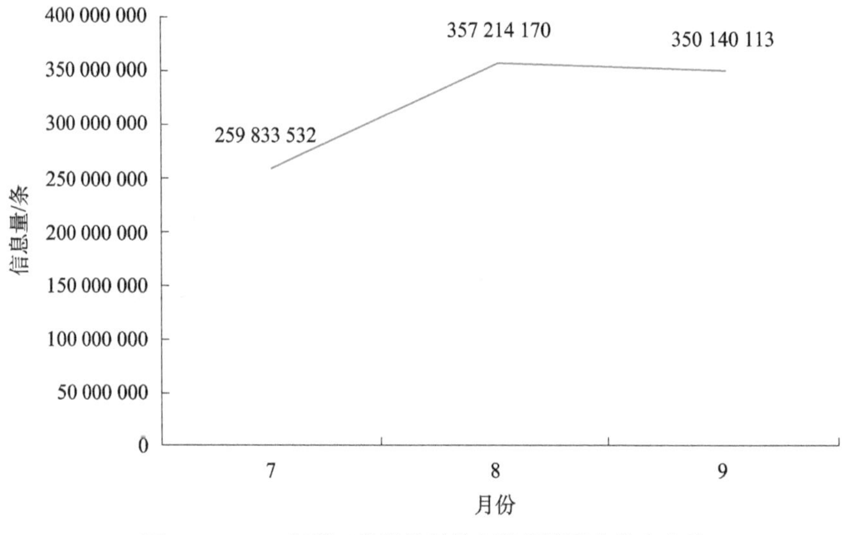

图 2-17　2018 年第三季度涉科普相关舆情平台信息走势

（三）科普主题热度指数排行

本季度，在十大科普主题热度排行榜上，健康与医疗排行第一，热度指数为 266 852 488，这与 8 月 1 日下午沈阳市沈北新区沈北街道五五社区发生疑似非洲猪瘟疫情，8 月 7 日农业农村部紧急召开会议全面部署全国非洲猪瘟防治工作有关。其次，受各国 5G 战略部署进一步落实、北京联通启动“5G NEXT”计划并将于2020年正式商用等事件影响，助推信息科技热度指数达207 151 022，居排行榜第二位。此外，从发布平台来看，各类科普文章主要集中在新闻网站平台进行传播。

1. 科普主题热度关键词

从统计数据可知，信息科技主题的热度居主题排行榜第一位，主题下关键词平均热度值为14 645 601，其中，“信息”“数据”“智能”热度位于该领域前三位，热度值分别为43 962 664、34 291 895、14 777 336。源于首届中国国际智能产业博览会于8月23日在重庆市开幕，国家主席习近平向会议致贺信，媒体对此高度关注，使得“智能”一词热度走高。另外，互联网信息技术、人工智能的快速发展促使“信息”“数据”成为该领域内热词。健康与医疗主题位居主题排行榜第二位，该主题下的“健康”“疾病”分别以32 791 650和10 248 184的热度值位列主题下前两位。究其原因，为8月2日辽宁省沈阳市发生疑似非洲猪瘟疫情，次日确诊。8～9月，非洲猪瘟疫由东北地区到中部地区再到西南地区，在十多个省（自治区、直辖市）陆续发生，引起全国受众对于健康、疾病、食物的持续关注。

2. 科普主题地域发布热区

根据第三季度十大科普主题地域发布热区数据表最终计算可知，2018年第三季度，北京市、广东省、江苏省的信息发布量居全国31个省（自治区、直辖市）的前三名，三个省市分别发布信息34 590 432条、16 070 419条、7 390 251条。

其中，北京市在健康与医疗、信息科技领域的发文尤为突出，发布量分别为8 508 460条、8 270 549条，分别占全市涉科普信息发布量的24.60%和23.91%。广东省同样在信息科技领域的发文量最高，为3 867 769条，占全省涉科普信息发布量的24.07%。江苏省的信息关注要点则在健康与医疗领域，相关发文量为1 610 634条，为本省之最。综合来看，各省（自治区、直辖市）均较为关注健康与医疗、信息科技、气候与环境等领域，而在科普活动和伪科学领域普遍发文较少（图2-18）。

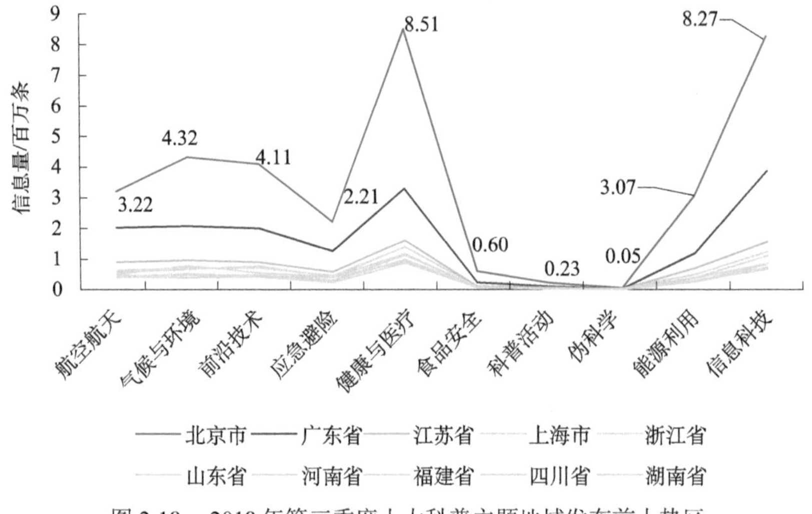

图 2-18　2018 年第三季度十大科普主题地域发布前十热区

3. 科普主题典型文章及分平台热文排行榜

十大科普发文数排行榜及典型文章见表 2-2。

表 2-2　十大科普主题发文数排行榜

排名	类别	发文数 / 条	典型文章
1	健康与医疗	266 852 488	跑完步就胸疼？肥厚型心肌病成年轻人猝死“主谋”
2	信息科技	207 151 022	应用程序漏洞让智能手机成为监控器
3	气候与环境	133 395 924	新型“机器蟑螂”可探索水下环境
4	前沿技术	94 701 219	中国医疗机器人首次亮相世界机器人大会并引发关注
5	航空航天	88 877 915	“世界最大飞机”有望 2020 年携运载火箭升空
6	能源利用	83 678 086	弱化补贴之后新能源汽车怎么活？
7	应急避险	68 923 231	火灾对人最大的伤害是烧伤？浓烟才是夺命恶魔
8	食品安全	16 494 666	吃糖真的对健康有害吗？甜蜜但真的毫无价值吗？
9	科普活动	5 551 970	研究：猪可以辨别人的面部与后脑勺，准确率达 80%
10	伪科学	1 561 294	刷屏的“木耳打药”视频又是骗人的？是真是假必须搞清楚

根据各大传播平台的十佳科普热文发现以下特点。

一是在主题类型上，推送的热文主题涵盖信息科技、气候与环境、前沿技术、航空航天等八大领域，内容布局多元。其中，健康与医疗和信息科技热度颇高，相关文章数分别占热文总数的 38% 和 32%。

二是在用户偏好上，各平台受用户喜爱的主题各有不同。其中，健康与医疗主题相关资讯在微博、微信、今日头条和百家号三大平台上颇受热捧，内容以健康资讯、养生和育儿信息为主；而信息科技主题相关资讯则在网站上反响较好，发布文章多以科技动态为主。

三是在传播表现上，微博、百家号用户反馈向好。其中，微博搭车明星发布的“# 全国科普日 #”话题博文，吸引大量“粉丝”关注转发，传播反响热烈。百家号则借助百度平台优势，为文章大量导流，助力相关资讯传播表现向好。

综合而言，健康与医疗和信息科技两大主题相关资讯最受用户喜爱，其中尤以养生、育儿和科技发展动态备受关注。建议后期可根据平台用户偏好，调整内容布局，适当增加上述主题相关资讯的输出频次。

第四节　互联网科普舆情数据年报分析

研究将 2018 年与 2017 年的互联网科普舆情数据年度报告进行了对比，从中可以看出以下几方面的变化。

一、分平台传播数据对比情况：2018 年科普舆情信息总量是 2017 年的 1 倍多

从图 2-19 可以看出，2017 年科普舆情信息总量为 1 571 918 021 条，2018 年科普舆情信息总量为 3 389 065 057 条，2018 年的科普舆情信息总量远远高于

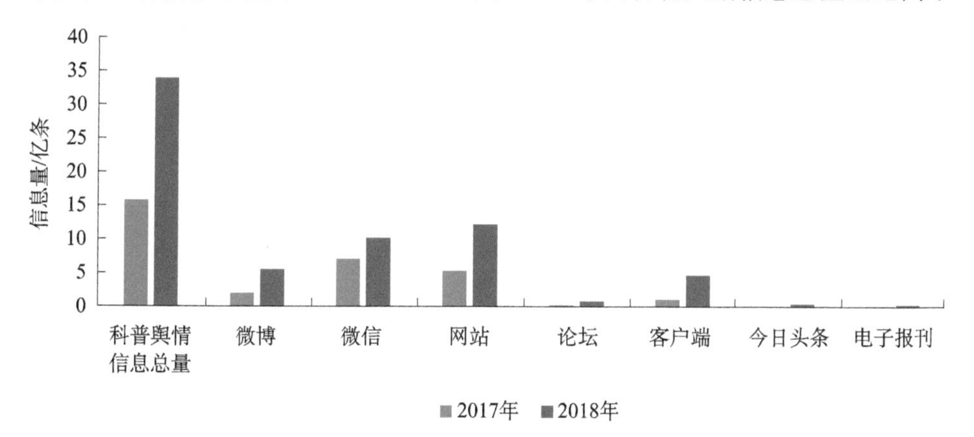

图 2-19　2017 年和 2018 年分平台传播数据

2017年，是2017年的1倍多。除在总量上2018年远远超过2017年外，2018年在每个分平台上的科普舆情信息量也都超过2017年。

二、总发文数走势图数据对比情况：连续两年总体数据趋势都是呈现上扬态势

通过对比分析2017年和2018年的互联网科普舆情年报可以发现，2017年和2018年的科普舆情信息数量的曲线走势，从年初开始都是呈现上扬的趋势，到了下半年都出现了一次信息量的波峰，并且都在12月出现了数据量下降的趋势。2017年的数据量波峰出现在11月，2018年的数据量波峰出现在9月，2018年的数据量波峰值远远大于2017年的数据量波峰值，分别是700 280 226条和238 397 899条，2018年是2017年的3倍多（图2-20、图2-21）。总的来说，科普舆情信息量的趋势表现和媒介用户的工作热度与工作周期息息相关，比如在年初和年底的时候，科普舆情信息量偏低；从年初以后，随着用户工作开展，科普舆情信息量也逐渐增长，到了下半年会呈现一个井喷的波峰曲线。

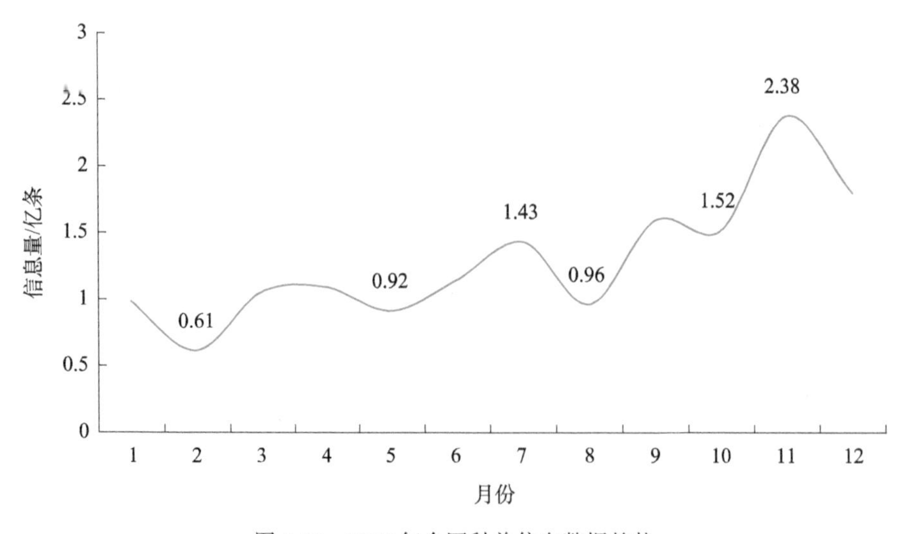

图2-20　2017年全网科普信息数据趋势

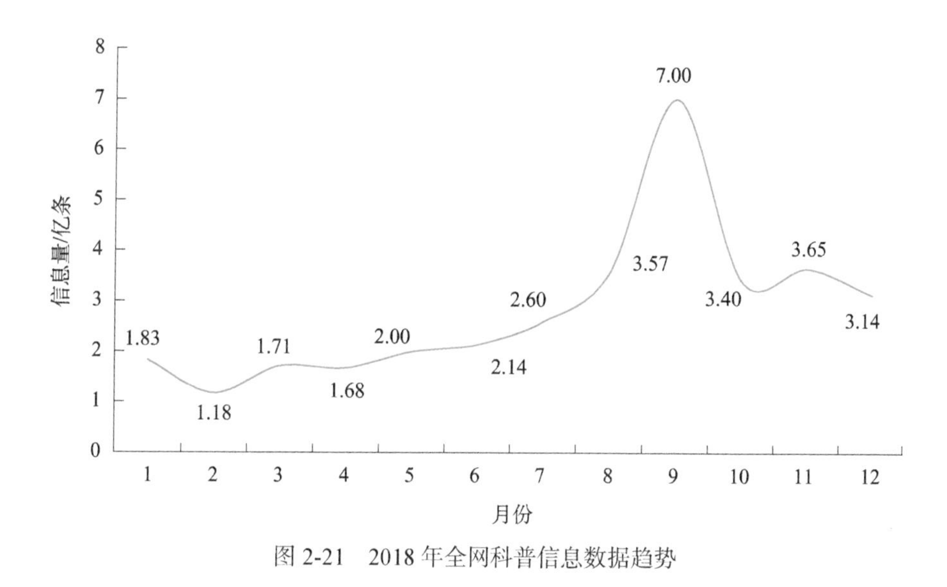

图 2-21　2018 年全网科普信息数据趋势

三、健康与医疗、信息科技、气候与环境三大科普主题连续两年位列前三

根据 2017 年和 2018 年年报中的十大科普主题热度指数排行数据表可以看出，科普舆情信息量连续两年排名前三位的科普主题都是信息科技、健康与医疗、气候与环境。略有不同的是，在 2017 年的科普主题排名中，信息科技主题排名第一，健康与医疗主题排名第二；在 2018 年的科普主题排名中，健康与医疗主题排名第一，信息科技主题排名第二。气候与环境主题在连续两年的科普主题排名中都位列第三。由此可以看出，互联网科普舆情的关注重点是相对比较稳定的，健康与医疗、信息科技、气候与环境始终位列十大科普主题前三位。

四、排名前三位的科普舆情信息地域发布热区分别是北京市、广东省和浙江省

通过对 2017 年和 2018 年年报中科普舆情信息地域发布热区的统计和分

析可以看出，北京市始终牢牢地占据第一位，在第二位和第三位的排名上，浙江省和广东省呈现位置交替的情况。在 2017 年的年报中，浙江省排名第二，广东省排名第三；在 2018 年的年报中，广东省排名第二，浙江省排名第三。

五、互联网科普舆情年报案例

2018 年共 1 期互联网科普舆情年报。

（一）分平台传播数据

为了获取数据，促进网络科普舆情数据平台建设，根据科普关键词监测了近 3 亿个微博账号、2100 万个微信公众号、4 万家网站、1000 家论坛及博客、1000 个客户端、3716 万个今日头条号、1200 家电子报刊共七大平台的海量数据。本报告以上述微博、微信、网站、客户端、论坛及博客、今日头条、电子报刊七大平台监测主体动态发布的科普信息及传播数据为依据，通过筛选和分析，了解各大平台对科普信息的发布力度，科普舆情热度走势，不同科普主题在监测平台上的综合热度表现、地域发布特征，不同科普主题的高热关键词，受众关注的热点科普主题，受众对科普信息的发布模式、表达偏好，对典型科普舆情的态度、看法。

监测期间，涉科普相关舆情信息共计 3 389 065 057 条，其中包含网站新闻 1 217 216 430 条、微信文章 1 013 929 104 条、微博 547 142 788 条、客户端文章 466 637 521 条、论坛发帖 78 504 216 条、头条文章 37 861 580 条、电子报刊新闻 27 773 418 条。新闻网站与微信两大平台传播表现优异，分别占比 35.92%、29.92%；其次是微博和客户端，占比为 16.14% 和 13.77%；今日头条号、论坛、电子报刊传播力度相对较弱，平台信息合计占比 4.26%（图 2-22、图 2-23）。

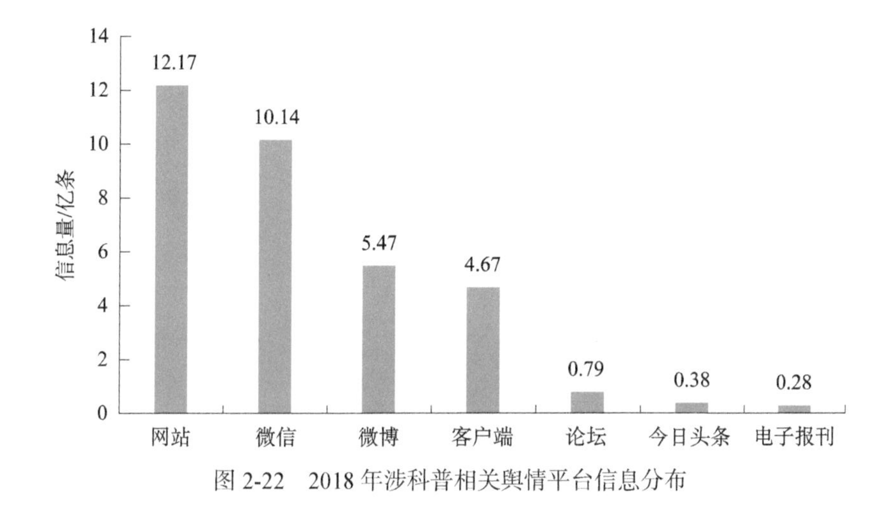

图 2-22 2018 年涉科普相关舆情平台信息分布

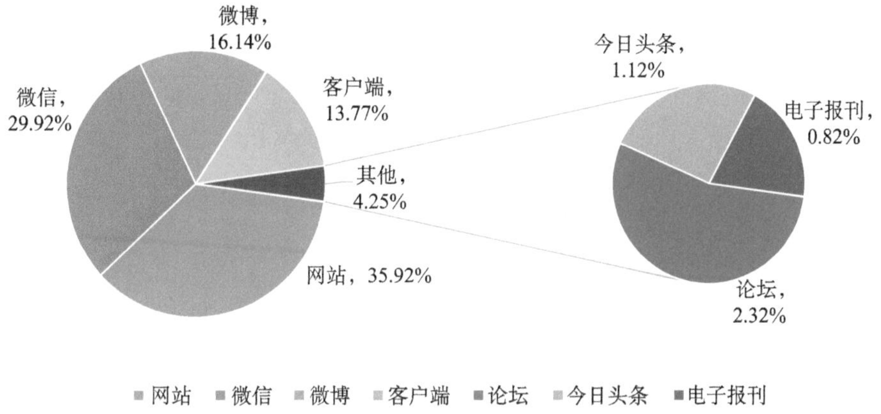

图 2-23 2018 年涉科普相关舆情平台信息占比

(二)总发文数走势图

2018 年涉科普信息传播走势除 9 月波动较大外，其他月份基本上呈平稳上升态势。9 月发文量达到峰值，因当月台风“山竹”登陆广东省，威胁民众生命及财产安全，带动气候与环境议题“刷屏”。2018 全国科普日活动开展，以及我国首次合成阿波霉素、“海洋一号”C 星发射等科技成就引发舆论关注和热议，助推该月传播走势升高。11 月形成传播次高峰，这与 11 月在乌镇举办的世界互联网大会、首例基因编辑婴儿事件、“千克”等 4 项基本单位被重新定义等有关。1月末至2月初受春节假期低发文量影响，2月形成传播低谷。12月信息量有所回落，因年底出现发文疲倦期，使得科普相关资讯有所减少（图2-24）。

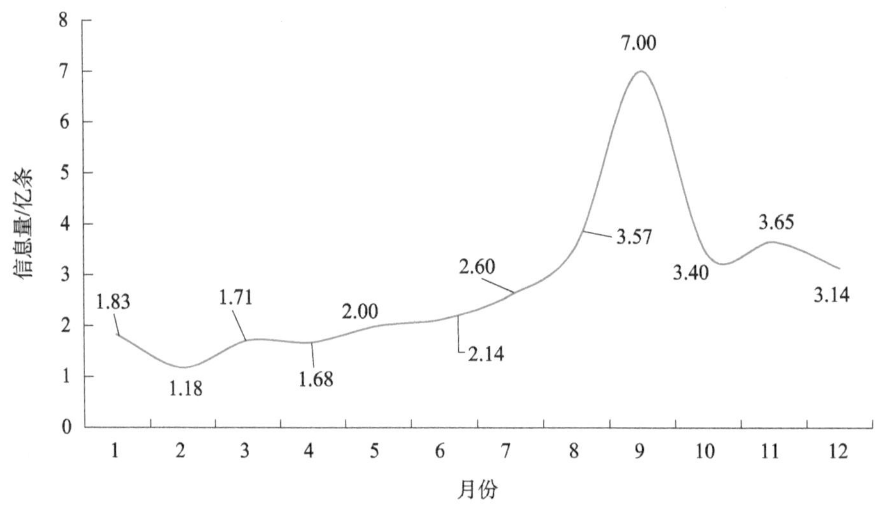

图2-24　2018年涉科普相关舆情平台信息走势

（三）科普主题热度指数排行

2018年，在十大科普主题热度指数综合排行榜中，健康与医疗受关注度最高，热度值达929 112 247，源于2018年发生多起医疗大事件，使得该主题信息备受关注。年初，网民发帖称“鸿毛药酒是毒约”，一时间舆论哗然；7月，电影《我不是药神》上映，引发民众对“天价”抗癌药的热议；同月，长春长生生物科技有限责任公司被曝有“问题疫苗”，震惊全国。信息科技以755 505 196的热度值紧随其后。2018年，我国取得众多科技新成就，包括两只克隆猴成功诞生、港珠澳大桥正式开通、“嫦娥四号”探测器成功发射等，极大地增强了民众的自信心和自豪感，对相关资讯也给予了热切关注。此外，气候与环境热度值排名第三，则与国务院发布《打赢蓝天保卫战三年行动计划》、2018年中央环保督查工作的开展有关，也反映出民众对气候与环境问题的关注度较高。

从信息的传播渠道来看，健康与医疗相关信息在微信平台上传播力度较大，其热度值为 387 917 799，在热度总指数中占比 41.75%，表明微信成为用户接收健康与医疗类资讯的主要平台。信息科技类资讯在网站平台的传播力度较大，热度值为 304 518 798，表明用户主要通过网站来接收该类信息。总体而言，网站、微博、微信平台为科普相关信息传播的主阵地，也是用户获取科普信息的首选平台。

1. 科普主题热度关键词

从 2018 年度十大科普主题关键词热度排行榜可知，信息科技主题下的“信息”一词热度值最高，其值为 159 009 744；其次是“数据”，热度值为 133 105 180。2018 年第五届世界互联网大会、第五届中国国际大数据大会等会议的举办，以及 2018 年以来，“3010 份水稻基因组计划”揭示水稻遗传信息密码、“天河三号”E 级原型机完成研制部署等科技成就的取得，促使相关词汇热度升高，也反映了民众对相关信息的热切需求。此外，健康与医疗、气候与环境科普主题下的“健康”“疾病”“环境”“生态”等词汇热度值较高，由此可见，民众对健康与环境的关注度越来越高，希望从资讯内容中获取更多相关动态。

2. 科普主题地域发布热区

根据 2018 年度十大科普主题地域发布热区数据表最终计算数据可知，2018 年，北京市、广东省、浙江省分别以 290 824 026 条、88 028 402 条、42 974 605 条的信息发布总量位列全国 31 个省（自治区、直辖市）地域前三名。

北京市发布的科普主题主要集中于信息科技、健康与医疗、气候与环境、航空航天 4 个方面，相关信息总量达到 206 121 523 条，占该地域全部内容数量的 70.87%，其中，信息科技相关信息数量最多，达到 82 564 302 条。这四大主题在广东省和浙江省同样也有较高的关注度。此外，前沿技术在广东省和浙江省的热度不容小觑，其热度值分别为 9 949 795 和 4 858 451。值得一提的是，湖南省对航空航天这一主题的相关资讯给予了极大关注，其热度值为 5 768 416，甚至超过了该主题在浙江省的热度值（图 2-25）。

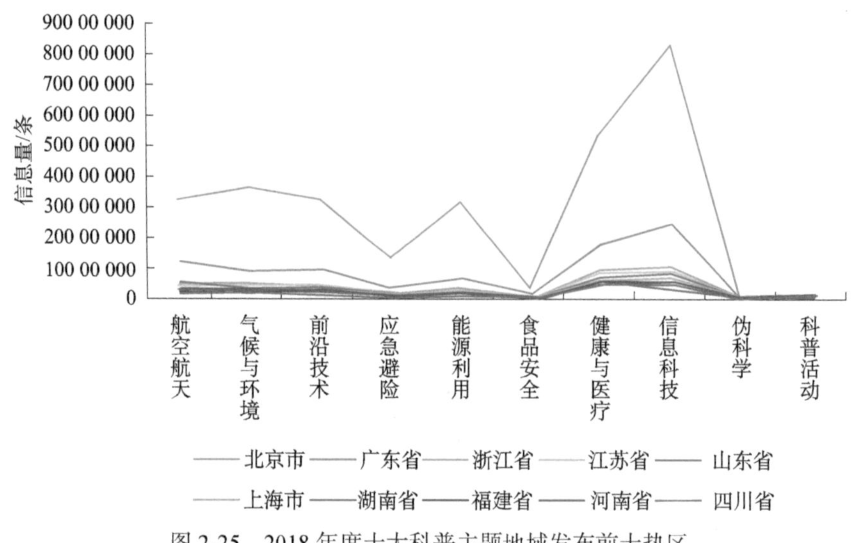

图 2-25　2018 年度十大科普主题地域发布前十热区

3. 科普主题典型文章及分平台热文排行榜

2018 年十大科普主题发文数排行榜及典型文章见表 2-3。

表 2-3　2018 年十大科普主题发文数排行榜

排名	类别	发文数 / 条	典型文章
1	健康与医疗	929 112 247	基因编辑婴儿：重大突破还是走火入魔？
2	信息科技	755 505 196	“中国云”，为世界发展创造价值！
3	气候与环境	445 884 385	NASA：地球已经有 12 万年没有这么热过了！
4	前沿技术	347 544 123	5G“超级网速”：或让“加载中”成为历史
5	航空航天	328 077 959	“北斗”发力　动态厘米级定位来了
6	能源利用	297 725 398	MIT 探索迷你聚变技术提供无碳能源，15 年内或可投入使用
7	应急避险	202 443 355	有没有专用道，“低头族”都在哪里
8	食品安全	57 240 985	干冰可用于食品保鲜　但爆炸、冻伤的风险不容忽视
9	科普活动	20 648 813	中国科协“科普中国”进入北美　巨幅海报凸显民族自信
10	伪科学	4 882 596	节能灯泡竟是超级癌源？别让伪科学骗了你

综合观察 2018 年度七大传播平台的十佳科普热文发现以下特点。

一是在主题类别上，健康与医疗主题文章在七大平台上榜热文中均为最多，共计 34 条，占比为 68%，尤其是微信平台和百度百家平台，该主题上榜热文分别多达 10 条和 9 条。其他平台除健康与医疗外，发布主题各有侧重。其中，微博上的热文偏向应急避险主题；今日头条上的航空航天主题热文较受用户欢迎；网站平台用户更易对信息科技文章感兴趣。此外，前沿技术和伪科学主题文章也均有热文上榜。

二是在发文形式上，上榜热文大都运用图文、视频相结合的传播形式，微信热文还采用表情包和 GIF 动图以增强趣味性，便于用户阅读；在标题拟定上，通过网络化表达来激发用户阅读兴趣，同时善用标点符号，以增强表现力，如叹号引起注意、问号引发好奇心、省略号引发思考等。

三是在内容结构上，热文的排版既丰富多样，又重点突出，方便用户快速定位信息；在题材选择上，除了紧跟热点事件，如就基因编辑婴儿事件顺势进行基因编辑科普外，还涉猎一些易被忽略却很实用的冷门干货。

综合来看，随着民众对健康的关注度居高不下，未来对于健康与医疗相关资讯的需求量将会只增不减。此外，随着我国科技成就日新月异，科技正不断改变和影响着人们的生活，信息技术会越加成为民众关注的热点。同时，民众对科普信息的需求还会因相关事件的爆发而出现不可预料的激增，如气象灾害、航天新成就等。鉴于此，科普平台及科普类媒体需要不断丰富科普主题，才能日益满足丰富、多元、个性化的网民需求。

第五节　互联网科普舆情数据专报案例

互联网科普舆情数据专报以引起社会重大反响的科普内容为主题，如 2018 年的世界公众科学素质促进大会事件的舆情分析专报，从舆情概述、传播走势、平台分布、传播路径、情绪占比、舆论焦点、地域分布、人群画像、舆情总结 9 个方面对该科普主题的相关内容进行了详细分析。

以下是 2018 年专报的案例呈现。

一、世界公众科学素质促进大会专报舆情概述

2018 年 9 月 17 日，世界公众科学素质促进大会在北京市举办，国内外媒体聚焦会议议程和成果进行传播。综合境内舆论情况可知，2018 年 9 月 6 日

0时至9月23日12时，世界公众科学素质促进大会在北京市举办的相关信息量共计5054条，其中网站、微博、客户端和微信为主要传播平台，内容多为介绍世界公众科学素质促进大会会议议程和专题讨论亮点。部分微博网民对会议弘扬科学精神的主旨表示高度认同，期待科技发展为人类社会带来更多美好。媒体评论强调，中国支持在最广义的范围内促进科技与社会良性互动，弥合科学素质的国别鸿沟，形成以政府为主导、媒体为桥梁的国际科研合作环境，获得与会组织和国际媒体的共识。

二、传播走势：舆情传播呈现冷热交替，会议期间热度起伏较大

从总体舆情走势来看，整体热度出现冷热鲜明的两个阶段。第一阶段为9月6～7日。9月6日，国务院新闻办公室新闻发布厅举行新闻发布会，介绍世界公众科学素质促进大会和2018年全国科普日活动安排，新华网、人民网、网易新闻、一点资讯、新浪网等对事件进行了报道，围绕“公众科学素质与人类命运共同体”的主题，对活动进行预热宣传。此阶段由于衍生话题较少，整体热度不高。

第二阶段为9月17～23日。9月17日，世界公众科学素质促进大会在北京市召开，人民网、央视网、新华网、中国新闻网等央级媒体率先发文对开幕情况进行介绍，当晚《新闻联播》对会议内容进行现场播报，介绍习近平向世界公众科学素质促进大会致贺信内容。以新华社为首的央级媒体对相关情况进行集中报道，推动事件进入公众视野，并引发群众大规模关注，舆情热度开始上升。9月18～21日会议期间，主流媒体聚焦会议具体内容推出专题，刘慈欣在“科幻在促进公众科学素质中的先锋价值”专题讨论上的发言引发网民高度关注，推动事件热度走高。9月19日，世界公众科学素质促进大会闭幕并发布《世界公众科学素质促进北京宣言》，新华网率先以“2018世界公众科学素质促进大会闭幕”为题对会议闭幕和达成共识内容进行了总结性的报道，央视网、中国新闻网、澎湃新闻网等媒体随后也发布了相关新闻，推动事件热度飙升，并于次日达到传播巅峰（图2-26）。9月20日后，主流媒体报道力度逐渐消弭，事件影响力开始下降。

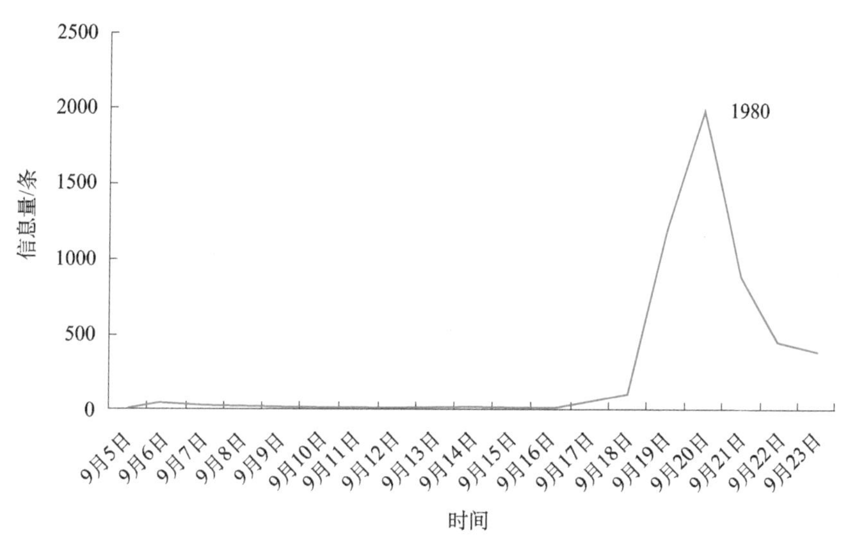

图 2-26　涉世界公众科学素质促进大会事件传播走势

三、平台分布：主流媒体纵深布局扩大传播，明星流量助推微博热度走高

微博为传播信息的主要平台，占比达到35.05%。其次，网站、微信和客户端的信息传播量也较多，占比分别达到 29.60%、16.95% 和 16.04%（图 2-27），主因该事件以各大主流媒体为传播主导，其“两微一端”的全面平台布局扩大了该事件的传播分布渠道。另外，在微博平台中，“科普中国”与科普宣传大使迪丽热巴进行互动，形成以点带面之势，吸引大批迪丽热巴“粉丝”参与主题转发和讨论，并在微博形成超级话题，共获得 5768 万次阅读和 131 万次讨论，由此促使微博成为事件传播的主要平台。

四、传播路径：多重信源核心引领“多点开花”，央网及科普微博缔造现象级 IP

如图 2-28 所示，传播路径为网站、客户端、微博、微信等全网传播路径的总和。综合世界公众科学素质促进大会的传播情况，以及各平台占比、首发信源、信源明确度等情况，在此，主要将路径聚焦于网站、微博两大平台。

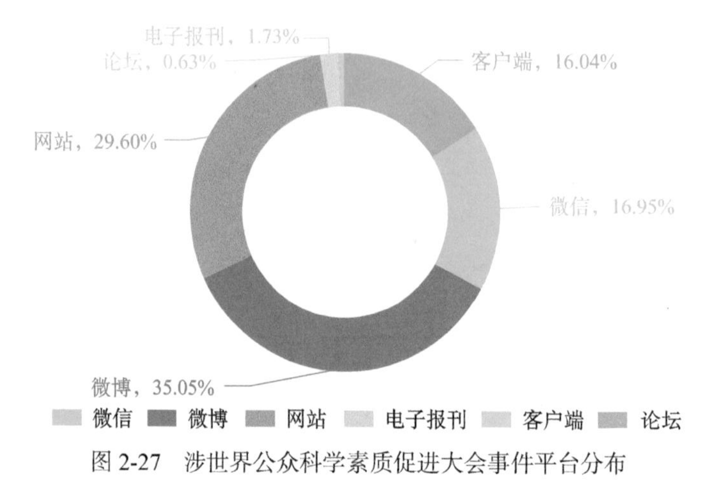

图 2-27　涉世界公众科学素质促进大会事件平台分布

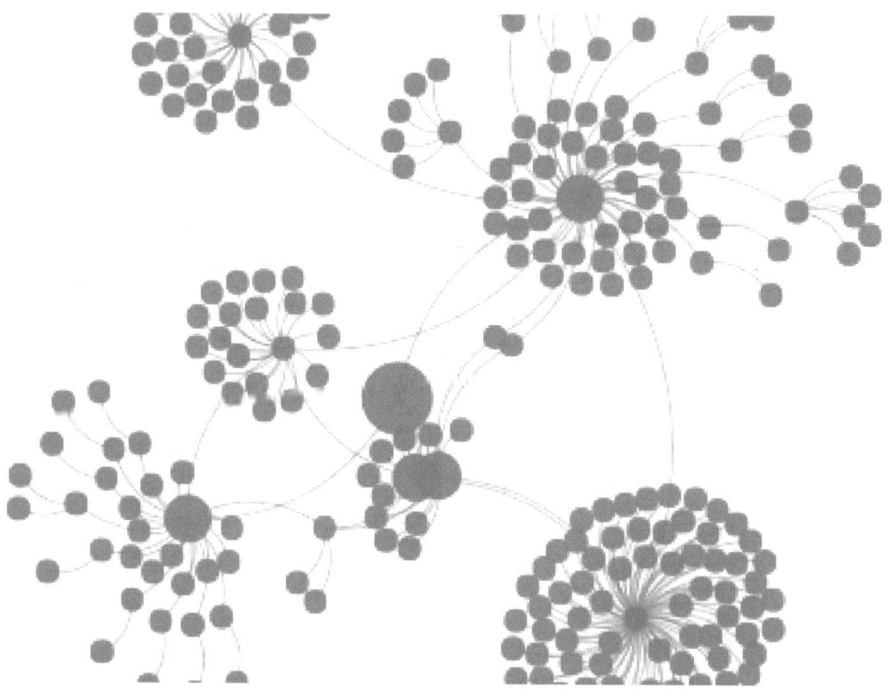

图 2-28　涉世界公众科学素质促进大会事件“两微一端一站”等总体传播路径

如图 2-29、图 2-30 所示，网站和微博平台均呈现出多重信源、核心引领、多点开花传播之势。网站平台，由国新网 9 月 6 日首发，新华网、人民网核心发布为关键点，中国网、中国警察网、中国法院网、中工网、中国文明网、凤凰网、东北新闻网等重点新闻及门户网站，或积极发布充当传播信源，或积极参与转载传播，有效带动其他媒体参与热情，对扩大传播范围、提升传播效果起到引领示范作用。

在微博平台，“科普中国”主持的话题“# 世界公众科学素质促进大会 #”获得阅读 5783 万次，讨论 131 万次，其 9 月 13 日发布的带话题微博“# 全国科普日 # # 世界公众科学素质促进大会 #【叮咚～这是一份来自迪丽热巴的邀请函】，请查收”，单篇博文获得 128.2 万次转发，制造了现象级转发 IP，并成为微信和客户端平台的传播主信源。此微博经由“共青团中央”9 月 14 日再编辑，也衍生出 1417 次转发，堪称引流主力。

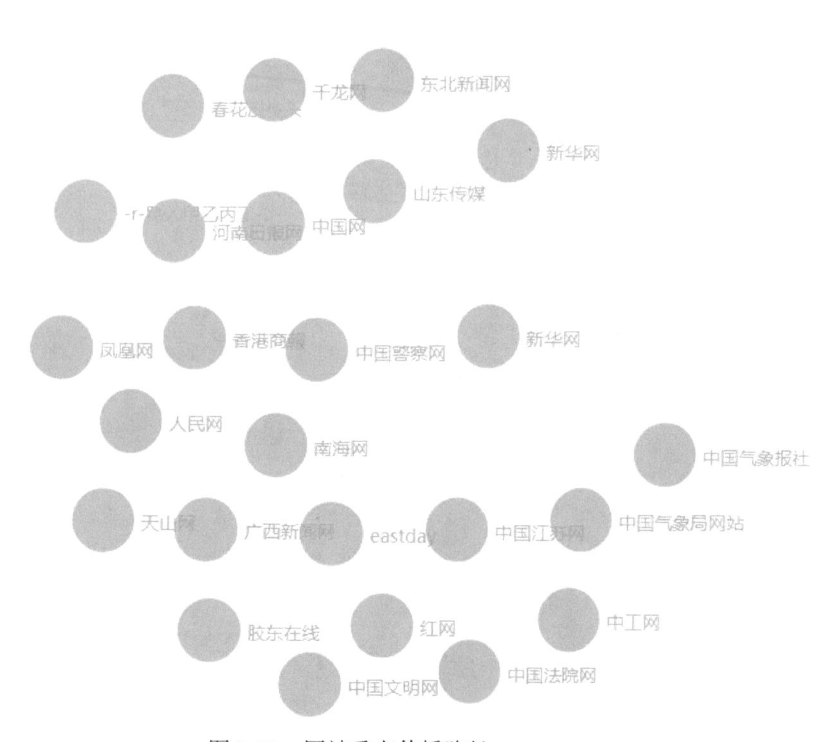

图 2-29　网站重点传播路径

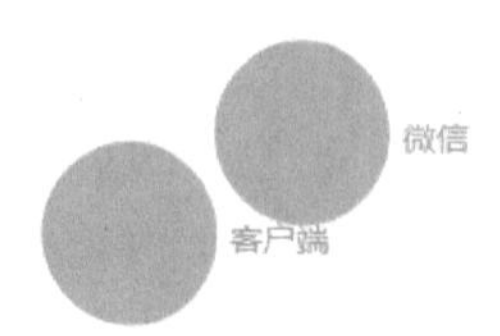

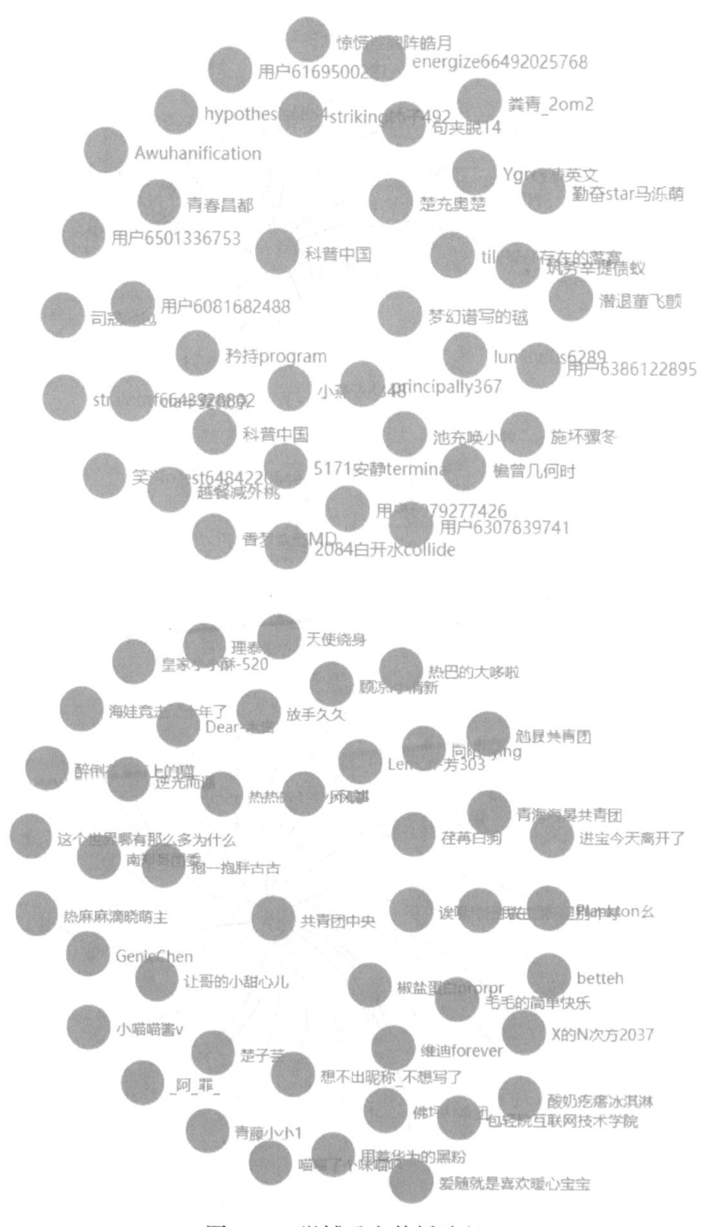

图 2-30　微博重点传播路径

五、情绪占比：正面情绪占主导，肯定大会举办意义，提升公众科学素养任重道远

由图 2-31 可见，正面情绪占据主导地位，占比高达 95.19%。习近平总书记为世界公众科学素质促进大会的开展专门发来贺信，彰显出对增强公众科学素质、推动构建人类命运共同体的关心关怀和高度重视。总书记的贺信使广大科技工作者倍感振奋，也给关注全国科普工作的网民带来了巨大鼓舞和精神动力。此外，世界公众科学素质促进大会汇集众多国内外顶尖教授团队，全面组织动员，其核心议题“把人的科学素质的提升与人类命运共同体的发展结合起来”一经发出，就得到 37 个国家、50 多个组织的积极响应，凸显大会于科学知识普及的重要作用及国际肯定，故而带动舆论场正面情绪占据主导地位。此外，少数舆论认为，世界公众科学素质促进大会只能在短时间内带来集中关注，其影响力时效性不高，公民科学素养的提升和科学知识的普及任重而道远，因而中性情绪及负面情绪占比和达 4.81%。

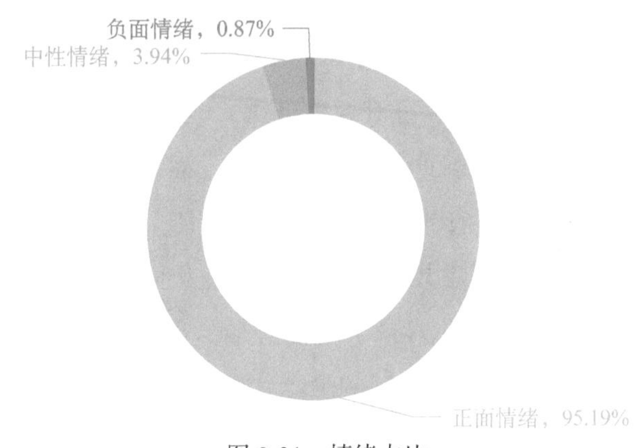

图 2-31 情绪占比

六、舆论焦点：聚焦公众科学素质提升，放眼未来科技发展使命

如图 2-32 所示，“科学”“素质”“公众”“大会”“世界”“人类”“中国”“科技”“国家”“问题”为出现频率最高的十大热词。可见，世界公众科学素质促进大会的开展使得公众对科学素质与人类命运共同体的关注热情显著提升。此

外，科学素质与人类命运共同体也引发了关于如何更有效地助力人的发展、助力地区和国家的发展、助力社会公平和发展等问题的思考。公众科学素质提升既是一个国家和地区的重要使命，也是世界各国和地区追求人的全面发展的长久目标。

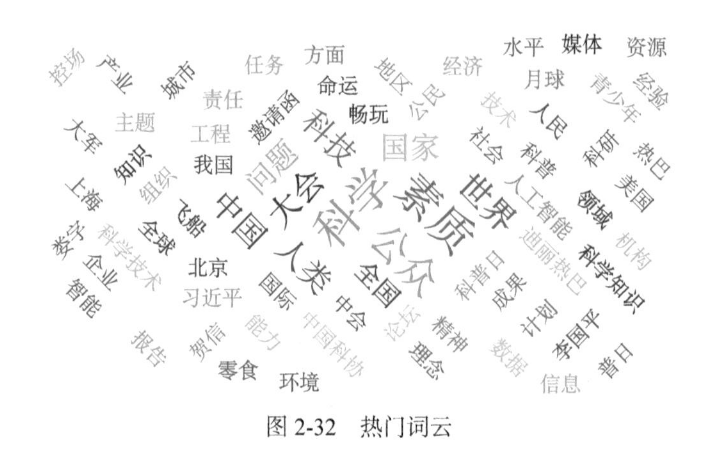

图 2-32 热门词云

（一）媒体关注点

1. 聚焦会议三大核心议题，提升主题认知，强调科普发展方向

人民网、央视网、澎湃新闻等分别刊发《首届世界公众科学素质促进大会——“科学素质促进与政府的责任”主题论坛18日在京举办》《【首届世界公众科学素质促进大会】搭建共享平台 增强公众科学素质》《绿会代表参加世界公众科学素质促进大会助力科学思想传播》，报道会议开幕和进行情况，重点介绍三大核心议题：“科学领域的全球化合作对推动公众科学素质提升的意义”“如何创建具有中国特色的‘公众科学素质促进’之路”“协调社会各界科技力量促进全民科学素质提升的实践方向”，提升公众对会议主题的认知，强调科普发展方向。

2. 展现中国政府致力消弭全球科学素质鸿沟，促进人类可持续发展的不懈努力

中青在线、国新网等分别刊发《世界公众科学素质促进大会将首次在北京举行》，报道指出，举办世界公众科学素质促进大会是希望更好地把中国故事、中国方案和中国在发展当中面临的机遇和可能的问题与世界共同分享，共同提

高面对未来科技和社会的变革和机遇。中国政府历来高度重视公民科学素质的提升，在实践过程当中探索出一条以人民为中心的重要路径。

3. 介绍《世界公众科学素质促进北京宣言》具体内容，国际合作共促公众科学素质提升

《新京报》《科技日报》等媒体刊文《〈世界公众科学素质促进北京宣言〉：推动科学素质提升成联合国议题》《世界公众科学素质促进大会发布〈北京宣言〉》聚焦会议达成协定的内容，指出与会各方赞同在最广义的范围内促进科技与社会良性互动，一致同意共同弥合科学素质鸿沟，坚持不懈促进普惠公平，开展密切的国际交流合作，形成有效的组织机制安排，共促公众科学素质提升，共创人类社会美好未来。

4. 盘点行业科研成果，肯定科技发展在多个领域的正面影响

《中国质量报》刊发文章《世界公众科学素质促进大会举办"国际单位制的演变及影响"分论坛 》表示，2018 年 11 月，第 26 届国际计量大会将审订新的国际单位制（SI）修订案，多个 SI 单位将逐步实现对时间频率的溯源，实现"从实物到量子"的变革，SI 单位量子化的大门由此全面打开。人类认知世界的测量精度将由此不断得到提升，测量范围不断得到扩大，测量应用的领域也将不断扩展。

《中国水利报》刊发文章《世界公众科学素质促进大会水利专题论坛成功举办》指出，来自中外水利领域的专家学者、国际科技组织机构代表围绕"科学素质促进水利可持续发展"主题开展交流研讨，聚焦水资源短缺、生态水工学、绿色生态、气候变化、防灾减灾等领域，做专题科普报告，现场听众反响热烈，普及了水科学知识，提升了公众水科学素质。

5. 关注习近平主席贺信和王沪宁致辞内容，聚焦联合国秘书长贺信、与会世界多方组织代表致辞细节，肯定大会重要意义

新华网、央广网、央视网等央级媒体刊文《世界公众科学素质促进大会在北京开幕　王沪宁宣读习近平主席贺信并致辞》《习近平向世界公众科学素质促进大会致贺信》，关注开幕式综合情况，介绍王沪宁宣读习近平主席的贺信和致辞，称习近平主席专门发来贺信，充分肯定本次大会的重要意义，体现了对增强公众科学素质的高度重视。另外，联合国秘书长古特雷斯向大会发来贺

信，联合国教科文组织代表、世界知识产权组织代表、世界工程组织联合会主席也分别在开幕式上致辞，这些大会开幕式相关细节和国际正面反响，均有媒体关注报道。

（二）网民主要观点

1."点赞"政府主导全民科学素质促进，期待未来更加美好

多数网民"点赞"世界公众科学素质促进大会弘扬科学精神、政府主导的全民科学素质促进，能够有效协调社会各界科技力量，发挥最大能动性，保证科普实践方向的正确性。如网民"北京网友 1173"评论，"政府引导全民科普的方式非常给力，支持弘扬科学精神，未来变得更好"；网民"@踏雪寻梅花鹿吧"评论，"弘扬科学精神，增强公众科学素质，赞！"

2. 科研之路充满未知，希望能够首先保障人类自身的绝对安全

部分网民聚焦会议讨论的专题，认为人类在科研之路上任重而道远，在探索未来的道路上应当保证人类自身的环境、生存、能源等方面的安全。如有网民评论，"限塑令那么多年过去了，情况没有改观，反而一直在恶化"；还有网民评论，"人类科技还未达到高度发达，找到地外生命干吗？要么是疾病传播，是统治或被统治？"

3. 担忧科技和人工智能的发展带来就业压力和人际疏离

部分网民担忧科技的高速发展会给人类自身的生存生活带来更多就业压力和人际疏离。如网民"@美丽誓颜芭莎红合作伙伴 Miaomiao"评论，"未来的人工智能，会不会带来一大批下岗工人"；网民"@苎儿 57123"评论，"想知道我们的未来是否可以看到与现在截然不同的高科技生活，那时候的人与人之间的距离会不会因为科技而变得更远？"

七、地域分布：举办地成信息发布热区，东西部宣传力度差异明显

综合信息发布热区地域分布情况可知，北京市、广东省、山东省分列前三甲。其中，北京市以 933 条信息量的压倒性优势占据地区信息发布数量首位。北

京市作为我国的政治文化中心，且是此次世界公众科学素质促进大会的举办地，各大官方媒体、主流媒体联动报道，密集发布，形成高热发布态势。广东省科技发达，有媒体资源和信源丰富优势，宣传发布表现也较为突出，信息发布量达到 147 条。此外，山东省多次举办各类科普交流活动，如多彩科普日、科普创作大赛等，此次世界公众科学素质促进大会自然成为良好的科普宣传窗口，带动地区发布热度较高。需要引起重视的是中西部地区发布热度持续走低，这与中西部地区经济相对落后、科技类高校资源与媒体资源相对贫乏等因素有关。

八、人群画像

（一）女性群体科普需求高涨，中青年紧跟社会热点

相较于男性，关注世界公众科学素质促进大会这一话题的女性占比较大。女性网民对提高科学素质表现出更为浓厚的需求倾向，所占比例达 67.30%；男性对于科技、科学领域知识普遍更为了解，针对全民科普需求倾向相对较低，为 32.70%（图 2-33）。

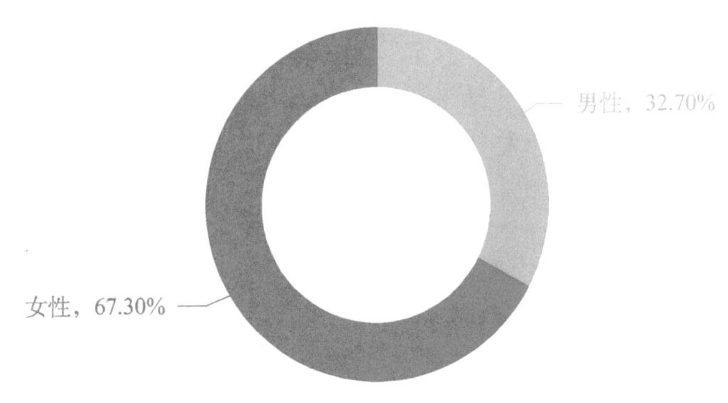

图 2-33　性别比例

就年龄分布而言，30～39 岁、40～49 岁两大年龄段网民成为关注讨论该话题的主要人群，两者占比之和超过 78%。可见，相比其他年龄段，中青年群体对于国家政治、经济、科技领域发展的大势与动态往往表现出更多兴趣。而 19 岁及以下、20～29 岁、50 岁及以上三大年龄段网民对于话题的关注度较低，三者占比分别为 5.93%、13.47% 和 2.79%（图 2-34）。

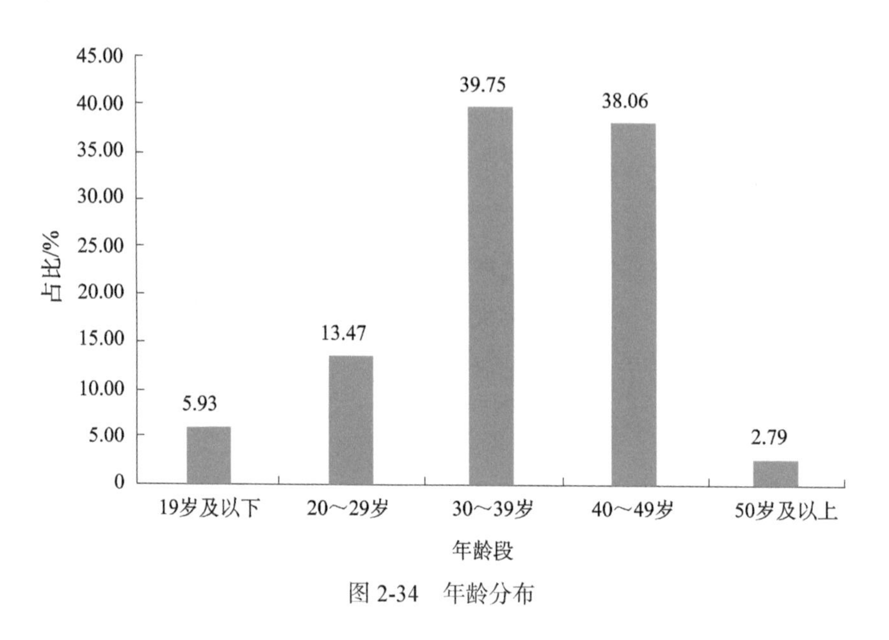

图 2-34　年龄分布

（二）政治标签高度凸显，话题引燃跨界兴趣

由参与话题讨论的用户兴趣标签可见，“政治”居于突出位置，表明大会内容积极响应国家发展策略，把握服务民族复兴、促进人类进步的主线，经由官方主流媒体相继报道，引发了大批热衷时政网民的高度瞩目。而“教育”“经济金融”等标签属性突出，则因此次大会传播内容带有一定科普意义和教育色彩，世界公众科学素质促进大会重点关注目标为青少年及贫困人士，吸引教育界人士的广泛兴趣；科技创新、科普、科学素质与社会经济发展息息相关，吸引聚焦经济金融领域用户的参与热情。此外，关注话题网民中大量“娱乐”“军事”等多样化的兴趣标签凸显，则意味着此次大会相关传播内容吸引了跨领域用户的广泛兴趣（图 2-35）。

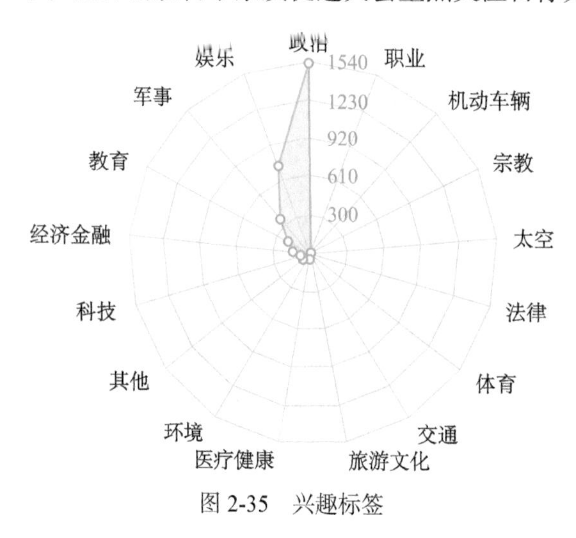

图 2-35　兴趣标签

九、舆情总结

1. 舆论影响积极深远，正面引导铿锵有力，促进国际交流探讨

习近平总书记致世界公众科学素质促进大会的贺信，强调科学创新和科学普及同等重要，充分肯定大会以顺应建设创新型国家发展战略为前提，明确科学素质发展重点和目标，高度认可会议意义。全国科普日和世界公众科学素质促进大会同期同步举办，两项活动相辅相成，极大地增强了科普影响力与传播力。大会上国际科学理事会、世界工程组织联合会等10余个重要国际组织，各国科技机构负责人，以及世界科技、教育、工商界等一批知名人士的出席参与，使会议具备国际视角。他们全方位地对科学素质展开深入讨论，不仅加深了国内外思潮的沟通与交流，向世界展示中国推动形成全面开放新格局、携手共建和谐繁荣世界的坚定意志，也体现出国际舆论对大会举办意义的高度认可，厚植世界科技强国的科学素质基础，营造开放创新的良好氛围。

2. 主流媒体积极发力加深国际认同，为纵深议题开展搭桥铺路

世界公众科学素质促进大会吸引了来自23个国际科技组织、38个国家的58个国别科技组织和机构的代表，以及境内有关方面代表1000余人参加，会议的性质已经上升为一场公共外交活动。而在此事件的传播中，主流媒体完全掌握了传播的主导权，首先由央级媒体对议程进行介绍，然后各大主流媒体跟进对会议专题讨论情况进行解读，主流媒体由内而外积极发力，通过对全球性公众会议的播报和细节引导，一方面，乐于分享中国经验，凸显中国在国际合作上的诚意和信心；另一方面，提出科学发展需要消弭全球科学素质鸿沟，增强科研行业的域内共同认知。此举将更加深入地影响国际舆论对中国形象的看法，对我国后续展开国际议题合作具有正面促进作用。

3. 会议交流氛围友善融洽，凸显中国国际地位，增强政治自信

世界公众科学素质促进大会论坛围绕世界科技竞争与合作下的科学精神、国家之间科研投入对比、跨时代的科学素养、媒体在传播科学素养中的角色四个分议题展开。在议题讨论中，部分专家借科学这一软性介质温和地传达了对

特朗普封闭发展态度的不满，引发了科学界对加强国际合作的反弹性需求，保证了会议在认知高度一致的友好氛围中进行。在此中美贸易关系紧张、特朗普政权或可能持续对外施加高压政策之际，行业、领域的积极交流和密切沟通传递出一种社会健康发展态度。世界科学精英在北京的交汇，也体现了中国的国际地位和政治分量。

第三章

“快手”科普短视频数据研究报告

短视频作为新兴的媒介形式之一，以便捷、生动、趣味的形式受到用户的极大欢迎。科普内容通过短视频传播，可以极大地发挥短视频的媒介优势，实现良好的传播效果。为了更好地研究短视频平台上科普内容的产出、阅读及用户情况，中国科普研究所与北京达佳互联信息技术有限公司（以下简称“快手”）自 2018 年开始合作开展“快手”平台科普数据研究，为向公众精准推送科普公共服务提供依据，数据抓取与分析回溯至 2018 年全年。

第一节 “快手”科普短视频数据研究机制

“快手”短视频 APP 自 2011 年创立以来，日活跃用户逐年增长。2015 年 1 月，“快手”日活跃用户超过千万。2015 年 6 月～2016 年 4 月，“快手”用户规模从 1 亿涨到 3 亿。2017 年 11 月，“快手”日活跃用户超过 1 亿，在短视频领域继续领先且稳定增长。2019 年 5 月，“快手”日活跃用户突破 2 亿，视频库存量已超过 130 亿条。

除了在视频存量方面的稳定增长外，“快手”用户群体覆盖城市的范围也逐渐扩大，层级逐渐下沉。“快手”的用户空间分布与中国互联网用户分布情况非常接近，无论是一线城市还是六线城市，都有“快手”的用户。据 2018 年年初数据，在“快手”用户群体的分布中，一线城市占比 9.4%，二线城市占比 36.1%，三线城市占比 20.1%，四线城市及以下占比 34.4%。在北京常住人口中，每天有超过 300 万人打开“快手”。在“快手”如此庞大的用户基数上，对于其平台上科普短视频相关内容进行研究，有着重要的现实意义和价值。

一、数据研究目标

通过对“快手”短视频上科普短视频数据的抓取与分析，可以充分了解在短视频平台上科普短视频的创作者、短视频内容、短视频用户对科普短视频的阅览及传播等情况。通过这些数据的获取、提炼与分析，可以了解科普短视频作为一种形式新颖的科普内容形态在用户中的使用情况、受欢迎的程度、用户感兴趣的内容领域等信息。这些信息从一定层面上既可以反映用户对科普内容的关注点和侧重点，也可以体现出用户对科普内容的需求。

除了对“快手”平台上常规的科普短视频数据进行抓取与分析外，还可以对“快手”平台上重点、热点的科普短视频内容进行数据筛选与分析，从中看出重点热点科普事件在“快手”平台用户中的舆情情况。此外，通过技术手段对“快手”平台的用户数据进行提取与分析，可以提炼出“快手”平台科普短视频领域的用户画像，对这些用户画像的判断可以为科普内容创作提供一定的数据支持。总的来说，对于“快手”平台科普短视频的数据研究，其不同维度的结论既可以为科普领域的实践者提供内容精细化制作与终端精准化推送的参考，也可以为科普工作的研究者提供数据支撑，同时为全社会提高科普工作效果、提升公民科学素质助力，为国家科技强国建设战略提供支持。

二、数据研究内容

本次与“快手”短视频合作的数据研究主要包括以下三方面内容。

首先是科普作品情况。具体包括科普作品在“快手”平台上的数量及在不同科普领域分布的情况、科普短视频的总时长、科普短视频被用户关注和欢迎的情况、热门科普短视频的情况等。

其次是科普短视频创作者情况。具体包括“快手”平台上科普短视频创作者的人数总量及发布作品的主要内容领域，科普创作者的年龄、性别、地域等人口特征，创作者身份、创作动机、创作方式及“快手”体验等情况。

最后是科普阅览者情况。主要包括科普作品阅览者总数量，阅览者最喜欢的科普领域内容，阅览者的年龄、性别、地域等人口特征，阅览者的身份、观看方式、分享行为、“快手”体验等方面的情况。

三、数据研究机制与方法

本次数据研究主要通过以下两个路径来实现。

第一个路径是通过机器抓取数据，结合人工分析。具体是以中国科普研究所提供的健康与医疗、应急避险、食品安全、航空航天、信息科技、气候与环境、前沿技术、能源利用、科普活动共九大科普领域种子词库作为数据抓取的基础，由“快手”通过技术手段对平台上的科普短视频数据进行抓取，数据抓取后，由中国科普研究所和“快手”共同对抓取出来的数据进行不同维度的设定，并结合人工分析的角度对数据特征做出研究结论。

第二个路径是开展问卷调查。针对本次研究中设定的科普作品、创作者、阅览者等维度，中国科普研究所与“快手”共同设计调查问卷的内容，开展问卷调查。问卷调查的相关数据与结论性内容作为本次研究的一个有力支撑。

第二节 “快手”科普短视频作品数据分析

一、“快手”科普短视频作品总量及时长

在统计科普短视频的数量之前，研究首先对“快手”平台上可以归类为科普短视频的内容进行了相应界定：在短视频内容的作品标题、视频描述、通过音视频识别技术分析出来的视频内容中包含中国科普研究所提供的九大科普领域的科普种子词。这一概念界定可以让本研究的科普短视频内容提取指向更加明确和精确。

“快手”通过技术手段对“快手”短视频平台上的科普短视频进行了数据抓取，对科普短视频的作品数量、作品时长、播放数量和“点赞”数量等指标进行了提取和统计。其数据情况分别如下：①作品总量：2018 年，“快手”平台共发布了 361 万条科普作品，即平均每 6 秒就会有一个科普视频在“快手”诞生，播放量超 80 亿，“点赞”1.5 亿次；②作品总时长：2018 年科普短视频总时长为 41 070 个小时，约等于 4.7 年。

二、九大科普领域科普短视频占比情况统计

通过对九大科普领域科普短视频作品的数据进行统计分析，可以看到在科普短视频数量占比、科普短视频受欢迎情况等维度的一些情况。

（1）不同类别科普短视频的占比情况。九大科普领域内容分类下的作品数量存在一定差异。作品数量最多的是健康与医疗、应急避险两个类别，其占比分别为 24.35%、22.45%。

（2）不同类别科普短视频的受欢迎程度。不同类别的科普短视频在影响力和读者认同感等方面各有不同。通过数据来看，应急避险类内容最受用户欢迎（“点赞”量最高），而航空航天类内容最能引起用户认同（评论量最高），其“点赞”量、评论 /“点赞”比等指标远超其他内容类别。

在热门科普短视频中，科普热词前 20 名分别为：月全食、垃圾食品、绿色食品、发电、防火、沙尘暴、健康、火灾、无人驾驶、水灾、癌、腹泻、海啸、假酒、副作用、环保、环境、防护、防腐剂、发育。科普热词视频作品量前 5 名分别为：月全食（33 万以上）、垃圾食品（12 万以上）、发电（10 万以上）、防火（9 万以上）、无人驾驶（7 万以上）。

三、“快手”2018 年十大热门科普短视频

按照科普短视频的播放量，本次研究通过数据提取出了排名前十位的科普短视频（表 3-1）。

表 3-1 十大热门科普短视频

类别	播放量 / 次	主题	视频 ID	用户昵称
航空航天	16 899 292	“天宫一号”发射	5731303990	共青团中央
前沿技术	10 120 372	自动驾驶穿越车群	7499549211	小鹏汽车
应急避险	9 926 431	给下水道装防护网，防止行人坠落	8068251704	CC 楠哥
健康与医疗	9 654 505	显微镜放大猪肝，讲述肝脏构造	7715262598	沧海客
能源利用	8 627 680	石油勘探	5470728976	央视财经
应急避险	6 819 687	重庆万州公交坠江，武警重庆总队紧急救援	8667134252	人民网
能源利用	5 881 589	造船哥介绍三艘液散一体化学品组合船	7260816408	造船哥 [超级工程]
航空航天	5 146 127	太空融媒体——杨利伟返回地面发生了什么	8094032162	我们的太空
能源利用	5 108 074	古人能源利用——藏冰避暑	7517028748	历史悠悠（峰哥户外）
气候与环境	4 645 460	非洲水源匮乏，人牲畜同饮浑水	9118917904	海外扛把子 · 威哥

四、2018 年典型科普大事件

通过对“快手”平台科普短视频的数据提取与分析，根据短视频内容及作品数量挖掘出了 2018 年 5 个典型科普大事件。

（1）科学人物事件。2018 年 3 月 14 日，英国著名物理学家史蒂芬·霍金逝世，有 50 379 条相关视频。

（2）科技成果事件。“火星快车”在火星南极首次发现大面积液态湖泊，有 17 860 条相关视频。

（3）生活科普社会事件。长春长生生物科技有限公司狂犬病疫苗记录造假事件，有 23 227 条相关视频。

（4）自然灾害事件。“山竹”台风灾害事件，有 50 901 条相关视频，典型视频包括《从太空看台风“山竹”》等。

（5）卫生疫情事件。非洲猪瘟疫情席卷中国，有 20 146 条相关视频。

第三节 “快手”科普短视频作者数据分析

通过大数据提取与问卷调查，本次研究对“快手”平台科普短视频创作者的情况进行了不同维度的数据分析。

一、“快手”科普短视频作者基本情况

研究对于“快手”科普短视频作者的概念界定是：发布科普短视频作品数量大于 1 的用户。2018 年，“快手”科普短视频作者总人数为 220 万，在对“快手”科普短视频作者基本情况进行数据分析后可以发现其具有如下人口特征。

（1）年龄特征。约 70% 的科普短视频作者的年龄在 30 岁以下，符合短视频行业用户的年龄特征。

（2）性别特征。整体来看，科普短视频作者性别比例均衡。个别内容类别的作者性别分布有差异。比如，在健康与医疗、食品安全类别中，女性创作者数量明显高于男性创作者；而在能源利用和应急避险两个类别中，男性创作者所占比例更高。其中，在能源利用类别中，男性创作者是女性创作者的 3 倍，是性别比例差别最大的一个类别。

（3）地域特征。河北省、山东省、广东省三地的创作者最多。

二、“快手”科普短视频作者创作内容情况

在“快手”平台上，科普短视频的作者有着旺盛的创造力和内容产出能力，40% 的作者全年发布作品超过 50 条，即平均每周发布 1 条以上内容。总体来说，近半数作者发布的主要内容集中于应急避险、健康与医疗两个领域。

三、“快手”科普短视频作者问卷调查情况

为了更加精准地了解“快手”科普短视频作者的实际情况，本次研究专门设计了调查问卷，在高产活跃的科普创作者群体中开展抽样问卷调查，采用“快手”私信发放形式，共回收有效问卷 1543 份，以下是问卷调查的数据统计结论。

（一）创作者情况

（1）超过 93% 为个人创作者，仅有 7% 是团队创作者。

（2）60% 的团队创作者已经从事科普视频创作 1 年以上。2/3 的团队人数集中在 3～10 人，超过 70% 的团队为独立运行。

（3）受访创作者中，74% 的创作者仅在“快手”一家发布视频，没有运营过其他平台账号。

（二）创作者身份

（1）个人创作者中有将近 10% 是科技生产及科技服务行业的从业者，且有超过 50% 是农、林、牧、渔劳动者和自由职业者。

（2）团队创作者有 16% 的团队成员有科技生产及科技服务行业从业经验，将近 30% 的团队成员有互联网行业从业经验。

（三）创作动机

（1）超 70% 的个人创作者都表示自己是为了传播知识和技能，希望能对观看者有帮助。

（2）发布优秀的科普视频还可以被更多人关注，实现“涨粉”。

（3）一半人希望通过发布科普视频认识一些志同道合的朋友。

（4）播放量、“粉丝”量和“涨粉”速度是激励创作者继续创作的最主要因素。

（5）无论是个人创作者还是团队创作者，都并不把获得收入作为优先考虑的目标。

（四）创作方式

（1）近80%的个人用户科普视频以个人原创为主。

（2）部分类别用户因为科普内容特殊（天文、前沿资讯等），会使用一些素材进行二次创作。对于个人创作者来说，视频从拍摄到上传，超过90%的创作者都不会超过3个小时，70%的创作者会在1小时内做完。对于团队创作者而言，60%的团队也会在1天内完成，仅有20%的团队的创作周期会超过3天。

（五）收入情况

（1）65%的作者没有什么收入，主要是兴趣使然而发布视频。

（2）对于团队创作者，近一半的团队在“快手”上有收入，主要来自于直播打赏、“快手”小店和社群变现（导流）。

（六）“快手”体验

创作者对于在“快手”平台做科普内容的优势提到最多的是：“快手”APP简单好用，其次为发出去就会有人看带来的满足感，以及“老铁文化”社区氛围。

第四节 “快手”科普短视频阅览者数据分析

通过大数据提取与问卷调查，本次研究对“快手”平台科普短视频阅览者的情况进行了不同维度的数据分析。

一、“快手”科普短视频阅览者基本情况

研究对于“快手”科普短视频阅览者的概念界定是：2018年科普短视频作品观看数大于100的用户。2018年，“快手”平台科普短视频阅览者近1524万。通过数据提取分析，可以看到“快手”平台科普短视频阅览者的人口特征如下。

（1）年龄特征。与科普创作者年龄分布一致，整体来看，各年龄阶段并未出现特别明显的内容偏好。

（2）性别特征。总体来看，科普阅览者中男性更多。而具体到不同内容类别，阅览者的性别分布与创作者的性别分布趋同。男性创作者占主导的应急避险类、能源利用类内容，更受男性阅览者欢迎；而女性创作者较多的健康与医疗类内容，则更受女性阅览者欢迎。

（3）地域特征。河北省、山东省的科普阅览者最多，同时这两个省的科普创作者也最多，堪称最喜欢科学的两个省。

二、“快手”科普短视频阅览者观看内容情况

在“快手”平台上九大科普领域的短视频中，应急避险类作品虽然数量少于健康与医疗类，但其阅览者数量占全部科普作品读者的60%，是最受阅览者欢迎的科普类别。

三、“快手”科普短视频阅览者问卷调查情况

为了深入了解“快手”科普短视频阅览者情况，本次研究专门设计了调查问卷，在符合关键词设定的全部科普阅览者群体中开展抽样问卷调查，回收问卷828份。以下是问卷调查的数据统计结论。

（1）阅览者身份。超过70%的受访者身份为4种，即普通工人、个体经营者、自由职业者、学生。

（2）观看方式。近87%的受访者都能注意到“快手”的科普视频。81%的用户有给科普作品“点赞”的习惯。75%的用户会关注科普创作者。一旦作者和阅览者建立了关注信任，阅览者就会成为作者的忠诚“粉丝”，近50%的阅览者选择长期、持续地观看该作者发布的所有视频。65%的阅览者在“快手”上有搜索视频的需求，某种程度上，“快手”是用户的学习工具。

（3）分享特征。超过88%的阅览者有分享科普作品的习惯；40%的人选择直接拿手机播放给旁边的人看；39%的阅览者选择直接分享视频链接。这些说明“快手”科普视频也是人们现实中的互动方式。

（4）“快手”体验。阅览者对于“快手”的科普信任度高；62%的阅览者认为“快手”上的大部分科普视频都是可信的；“快手”科普接地气、学以致用的特点，使得阅览者对于科普内容的满意度较高；75%的阅览者认为看到的科普视频对自己的日常生活很有帮助；19%的阅览者认为，虽然看到的科普知识对生活没有太大的帮助，但还是开阔了眼界，感觉自己学到了很多；多数阅览者认为“快手”科普的最大优点是视频种类丰富，知识简单易懂；42%的阅览者感觉“快手”科普视频时间太短了，理解不够深入，希望能获得长期的知识；92%的阅览者都希望在发现页看到科普相关视频，乐意看到更多的科普视频。

第五节 “快手”2018年八大科普号

根据科普短视频创作者所在科普领域、“粉丝”数与科普短视频作品的质量和影响力，“快手”平台联合中国科普研究所通过数据提取出了2018年八大科普号，这些“快手”科普号用户覆盖了科学实验、生物知识、动物知识、地理气候、健康与医疗、农业、精密技术等领域（表3-2）。

表 3-2 “快手”平台 2018 年八大科普号

排名	科普号	在“快手”时长 / 月	“粉丝”数 / 万个	作品数 / 个	2018 年全年播放量 / 亿次
1	戴博士实验室	14	236	191	2.5
2	造船哥（现用名：海洋强国）	14	87	460	2
3	西藏冒险王（现用名：记录冰川）	29	49	1047	1.3
4	沧海客	8	30	182	1.4
5	毕导	11	26	59	1.8
6	中科院之声	4	9	70	0.3
7	辉哥种水稻（现用名：服务人民）	51	6	304	0.06
8	五轴车铣复合编程	25	9	448	1.7

第四章

“科普中国”内容生产及传播数据分析报告

互联网尤其是移动互联网的兴起引发了信息生产和传播领域的重大变革，个性化的用户科普需求驱使科学媒介采用融合发展策略成为必由之路。“科普中国”是中国科协在深入推进科普信息化中创立的权威科普品牌。围绕这一品牌，协同社会各方共建，以科普内容建设为重点，充分依托现有的多元化传播渠道和平台，使科普信息化建设与传统科普深度融合，提升国家科普公共服务水平，逐步满足用户科普需求。

本报告以“科普中国”品牌内容为研究对象，反映2018年全年（或截至2018年年底）“科普中国”的内容资源构成和容量、用户阅览和传播状况及满意度状况，呈现包括各类科学主题资源总量、阅览总量、阅览主题热度、科普信息员数量及分享数量、传播途径、公众（用户）满意度调查等各类数据。报告立足于科普供给侧和科普需求侧的数据分析，描绘“科普中国”品牌生态，奠定其可持续发展策略的数据参考依据。

第一节 “科普中国”数据分析报告背景

现代信息技术的发展，为科普工作实现高效率、精准化地高质量发展提供了强有力的思路、方法和工具，能够更大程度地满足用户个性化的科普需求。“科普中国”品牌伴随着科普信息化建设工程而诞生与发展，在内容生产和传播上体现了社会化参与优势，同时也不断加强其作为权威科普品牌的社会形象塑造。

一、科普信息化工程背景及数据报告意义

为深入推进科普信息化，创立全新的权威科普品牌“科普中国”，自 2015 年起，中国科协和财政部设立科普信息化建设工程，协同社会各方共建，以科普内容建设为重点，充分依托现有的传播渠道和平台，使科普信息化建设与传统科普深度融合，提升国家科普公共服务水平。2018 年科普信息化工程共设立子项目 19 个，承建单位类型较为多元化，包括新华网、人民网、光明网等主流媒体机构，百度网、腾讯网等知名互联网企业，以及中国科学技术出版社、中国科普作家协会、北京科技报社、果壳网、中国科学院计算机网络信息中心、山西科技新闻出版传媒集团有限责任公司等不同属性的专业科普机构（表 4-1）。与前几年的子项目相比较，建设内容在继承发展中创新，社会参与面更广。

表 4-1 2018 年科普信息化工程子项目及其承建单位

序号	科普信息化工程子项目	子项目承建单位
1	科技前沿大师谈	新华网股份有限公司
2	科学原理一点通	
3	科学为你解疑释惑	人民网股份有限公司
4	乐享健康	
5	实用技术助你成才	山西科技新闻出版传媒集团有限责任公司
6	智慧女性	

续表

序号	科普信息化工程子项目	子项目承建单位
7	军事科技前沿	光明网传媒有限公司
8	科学百科	北京百度网讯科技有限公司
9	科普中国头条创作与推送	深圳市腾讯计算机系统有限公司
10	科幻空间	
11	科学答人	北京科技报社
12	V 视快递	中国科学技术出版社
13	“科普中国服务云”建设与维护项目	
14	科普中国网、APP、微信公众号、微博公众号建设与运营项目	
15	科普文创项目	中国科普作家协会
16	科普融合创作与传播	中国科学院计算机网络信息中心
17	科学家沙龙项目（我是科学家）	北京果壳互动科技传媒有限公司
18	科普信息化建设工程 2018 年监理项目	北京赛迪工业和信息化工程监理中心有限公司
19	科普中国舆情监控及分析评估项目	北京人民在线网络有限公司

本报告客观真实地记录“科普中国”品牌的发展，聚焦数据的分类统计分析，描绘“科普中国”的内容生产汇聚和传播生态，以便找出相应的规律，更好地促进科普效果提升，产生更具积极影响的社会效应。

二、“科普中国”品牌的社会影响力

（一）“科普中国”线上云网端传播体系迭代升级

经过前几年的不断摸索，“科普中国”建立了较为全面的服务云、网站、微信、微博、APP 等线上科普媒介传播服务体系。随着建设内容的不断迭代升级，“科普中国”在传播力、影响力等方面不断提升。以微信公众号为例，2018 年 4 月 27 日关注人数突破了 100 万。“科普中国”微信公众号在科普内容建设上坚守“科学、权威、严肃、实用”理念，着力打造系列原创精品内容。截至 2018 年 12 月，阅读量达到 10 万 + 的文章超过 30 篇，单篇最高阅读量突破 450 万次。

（二）“科普中国”线下阵地建设发展态势良好

为广泛发动社会力量参与科普活动，丰富“科普中国”优质内容资源，面向科普人才队伍基础好、科普工作成效好的全国学会、高校、科研院所和企事业单位及其相关实体机构联合建立“科普中国”共建基地，开展科学传播专家团队建设、优质科普资源创作和开展科普活动等工作，并在社会上形成示范引导作用。“科普中国”共建基地建设项目为两年一个周期。2018年，共有268家单位申报“科普中国”共建基地，经专家评审，由中国兵工学会等20家单位承担（表4-2）。此外，各地建设的“科普中国”乡村e站、社区e站和校园e站是“科普中国”内容在基层直达公众的便捷渠道，有力地促进线上线下互补结合及“最后一公里”问题的解决。

表4-2　2018年“科普中国”共建基地名单

序号	单位	资助金额/万元
1	中国兵工学会	39
2	中国环境科学学会	40
3	中国航空学会	40
4	中国营养学会	35
5	中国医学救援协会	40
6	中国农业生物技术学会	40
7	中国宇航学会	40
8	中国消防协会科普教育工作委员会	40
9	中国农学会	40
10	中国电子学会	40
11	福建医科大学附属协和医院	40
12	重庆市肿瘤研究所	40
13	华西医院	30
14	协和医院	40
15	北京航空航天大学	40
16	北京农业信息技术研究中心	40
17	清华大学天津高端装备研究院	40
18	中国科学技术大学科学传播研究与发展中心	40
19	中国气象局气象宣传与科普中心	40
20	江苏省科学传播中心	40

（三）科普产品扶持计划增强社会化参与程度

“科普中国”通过开展产品扶持计划，进一步增强社会化参与程度。2018年8月，科普中国·2018互联网科普产品征集活动正式启动，在互联网科普领域产生了较大的影响，共收到了135个报名项目。经过资格审查和专家线上遴选等环节，重点考察项目的科学性、传播性、创新性、持续性，最终确定21个项目晋级终选环节，成为“科普中国”传播矩阵的组成部分（表4-3）。

表4-3 科普中国·2018互联网科普产品征集资助项目

资助类型及个数	项目/单位
A类（2个）	重现化学
	蒲公英医学百科
B类（5个）	编程猫 nemo
	云观博 AR 智慧博物馆平台
	热心肠日报
	把科学带回家
	科学通讯社
C类（8个）	哇啦实验室
	创创智能服务机器人
	4D书城
	时间上的人物
	有来医生
	智能点读笔
	搜狗明医智能分诊
	农医生
入围资助（6个）	量子学派
	数字化智能三维建模软件
	安全教育 VR 体感系统
	果壳实验室
	食品有意思
	应急卫士

三、本报告的相关说明

（一）科普内容主题分类说明

适应不同媒介形态和用户需求，科普中国网与“科普中国”APP的内容在主题分类方面存在区别，分别满足PC端和移动端的传播情景。

1. 科普中国网的主题分类

2018 年 1 月，科普中国网 2.0 改版上线，融合了 HTML5、CSS3、旋转动画模式等多种技术，对栏目进行整合重构。2018 年，科普中国网的内容主题包括 7 个一级分类和 33 个二级分类。一级分类包括前沿、健康、百科、军事、科幻、安全、人物 7 个主题（表 4-4）。

表 4-4　2018 年科普中国网二级主题分类

一级分类	二级分类						
前沿	人工智能	科技潮物	数码世界	信息通讯	能源材料	生物生命	重大工程
健康	科学用药	疾病防治	养生保健	生理探秘	食品安全	—	—
百科	宇宙探秘	自然地理	科学原理	释惑解疑	人文科学	百科词条	—
军事	军事科技	讲武堂	人物志	军民融合	网络硝烟	战场还原	—
科幻	名家动态	新闻探索	影视作品	科普文创	—	—	—
安全	自然灾害	事故灾难	—	—	—	—	—
人物	走近大师	名言警句	精彩人生	—	—	—	—

这次迭代的网页设计在一定程度上优化了用户阅读环境，提升了用户体验度和使用舒适感。在内容分类方面，结合了用户的阅读内容需求。

2. “科普中国” APP 的主题分类

“科普中国” APP 的定位是集资讯、活动、微社群为一体的中国权威科普移动平台。相比科普中国网，“科普中国” APP 强化了社区互动和个人轨迹记录。2018 年，“科普中国” APP 包括 5 个一级分类和 25 个二级分类。一级分类为：首页、视频、社团、活动、我的。首页包括 21 个二级分类：头条、推荐、视频、问答、军事、健康、图片、音频、专题、基站、科普圈、社区、科幻、基层工作、科学、艺术人文、校园、乡村、科技、百科、母婴。社团包括 2 个二级分类：2018 全国科普日社团、2018 全民科学素质网络竞赛社团。活动包括 2 个二级分类：官方活动、地方活动。

（二）普通用户与科普信息员说明

本数据报告的内容传播量来源于普通用户和科普信息员的阅览和传播行为。当前，“科普中国” 的用户系统记录普通用户阅读浏览和分享内容数量，因注册信息简单，本报告暂不进行背景变量分析和人群画像。本报告中的科普信息员是“科普中国”特有的线上科普内容分享和转发传播者主体，同时也是阅览者。科普信息员的注册信息较为详细，可进行一定的变量分析和人群画像。

（三）本报告数据期限及来源说明

本报告所使用的科普内容资源生产数据、用户阅览及传播数据的时间期限为 2018 年 1 月 1 日至 12 月 31 日或是截至 2018 年 12 月 31 日。除特殊说明外，数据均来自“科普中国”。

第二节 “科普中国”内容制作和发布数据总览

“科普中国”内容资源汇聚的平台是“科普中国”服务云，生产汇聚数据基本按照科普内容的媒介表达方式来进行统计分类，如科普图文、科普短视频或动漫、科普题库题目、科普游戏、全景拍摄基地等。根据媒体属性的不同，在科普中国网和“科普中国”APP 上发布的科普内容在数量和组织形式上也有区别。

一、“科普中国”服务云全年汇集的科普内容总量

“科普中国”服务云是“科普中国”内容资源的汇聚平台。2018 年，“科普中国”服务云新增资源容量约 12.53T，月度新增资源容量较大的是 2 月（2.90TB）和 8 月（2.80TB），增量较少的是 4 月（0.16TB）和 12 月（0.20TB）（图 4-1）。增加各类内容总数为 44 214 个，其中包括科普图文（19 051 篇）、制作的视频或动漫（5810 个）、汇聚的视频或动漫（338 个）、题库题目（18 998 个）、科普游戏（1 款）与全景拍摄基地（25 个）（表 4-5）。

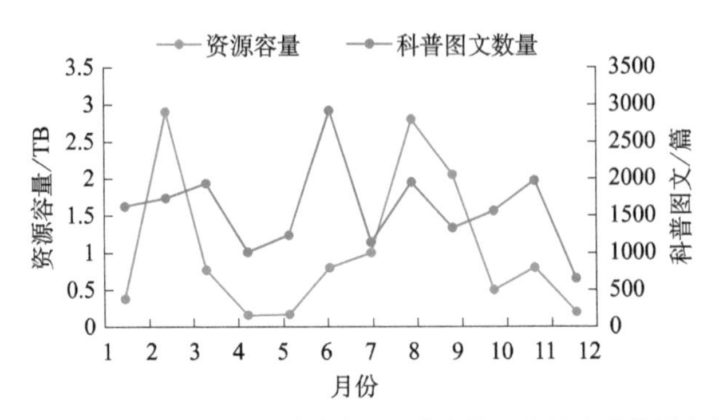

图 4-1 2018 年月度新增“科普中国”内容资源容量和科普图文数量

表 4-5 2018 年“科普中国”内容资源月度新增数据

统计项 月份	内容资源容量 /TB	科普图文 / 篇	制作的视频或动漫 / 个	汇聚的视频或动漫 / 个	题库题目 / 个	科普游戏 / 款	全景拍摄基地 / 个
1	0.38	1 622	152	114	573	1	7
2	2.90	1 733	1 884	102	0	0	9
3	0.77	1 931	420	104	3 741	0	9
4	0.16	1 008	122	18	360	0	0
5	0.17	1 236	144	0	219	0	0
6	0.80	2 916	550	0	518	0	0
7	1.00	1 140	256	0	1 253	0	0
8	2.80	1 948	615	0	3 646	0	0
9	2.05	1 332	578	0	1 186	0	0
10	0.50	1 561	272	0	1 426	0	0
11	0.80	1 971	789	0	6 042	0	0
12	0.20	653	28	0	34	0	0
总计	12.53	19 051	5 810	338	18 998	1	25

注：汇聚的视频或动漫作品只有传播权。

表4-6为截至每个季度末的“科普中国”内容资源的累计数据①。通过分析一定时间段的季度增长量，反映出“科普中国”内容资源建设中的如下变化特点与规律：① 2018 年内容容量的平均季度增长量大于自 2017 年下半年以来的平均季度增长量；② 2018 年科普图文资源的增长速度变缓，科普视频和动漫内容资源的数量增长速度较快，这种变化特点正如图 4-2 所示；③ 2018 年题库题目的数量增长速度较快；④ 2018 年全景拍摄基地和科普游戏的数量几乎停滞增长。

① “科普中国”内容资源数据常规统计始于 2017 年 4 月。

表 4-6 “科普中国”内容资源累计数据

时间段＼统计项	内容资源容量 /TB	科普图文 / 篇	科普视频 / 动漫 / 个	题库题目 / 个	科普游戏 / 款	全景拍摄基地 / 个
截至 2017 年 6 月	11.91	118 192	9 538	23 363	155	—
截至 2017 年 9 月	14.26	132 924	11 066	27 619	156	1 004
截至 2017 年 12 月	15.35	177 868	11 839	30 002	156	1 040
截至 2018 年 3 月	19.44	183 154	14 615	34 316	157	1 065
截至 2018 年 6 月	20.56	188 314	15 449	35 413	157	1 065
截至 2018 年 9 月	26.41	192 734	16 898	41 498	157	1 065
截至 2018 年 12 月	27.91	196 919	17 987	49 000	157	1 065
平均季度增长量	2.67	13 121	1 408	4 273	0.33	12
2018 年平均季度增长量	3.14	4 763	1 537	4 750	0.25	6

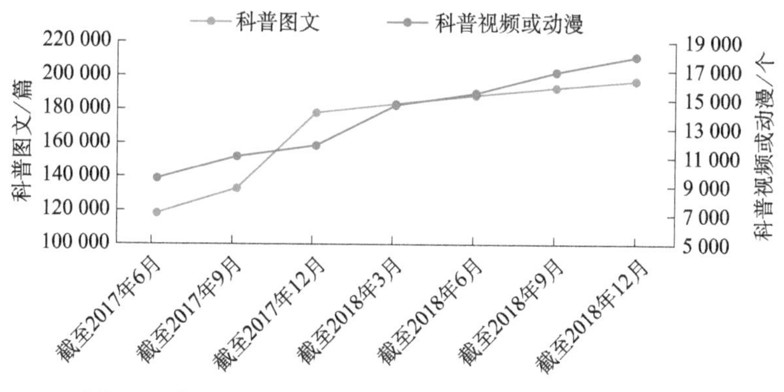

图 4-2 截至某时间段科普图文和科普视频或动漫累计数量

二、科普中国网和“科普中国”APP 发布科普内容数量

2018 年，科普中国网整合和发布科普信息化项目建设单位和社会优质科普信息内容达 27 205 条，制作宣传重大科普事件、科普活动的网络专题 44 个。“科普中国”APP 整合和发布科普信息化项目建设单位和社会优质科普信息内容 17 612 条，制作宣传重大科普事件、科普活动的网络专题 81 个（表 4-7、图 4-3）。

表 4-7 科普中国网及“科普中国”APP 2018 年各月发文和制作专题数量

月份＼统计项	科普中国网发文数量 / 条	科普中国网制作专题数量 / 个	“科普中国” APP 发文数量 / 条	“科普中国” APP 制作专题数量 / 个
1	3 624	3	928	7
2	2 625	2	979	5
3	2 762	4	1 477	4
4	1 750	3	1 358	7
5	1 569	2	961	6
6	1 892	3	751	8
7	2 421	3	1 108	9
8	1 745	2	1 016	7
9	2 414	8	1 222	10
10	2 940	4	2 915	10
11	1 939	5	1 736	5
12	1 524	5	3 161	3
小计	27 205	44	17 612	81

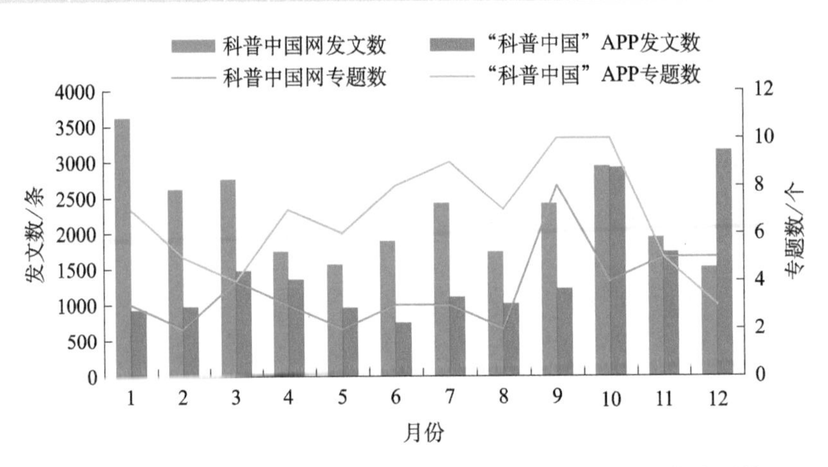

图 4-3 科普中国网及“科普中国”APP 2018 年各月发文和制作专题数量

总体来说,“科普中国”APP 每月发文数量要少于科普中国网（12 月例外），但制作专题的数量多于科普中国网。可见，相比 PC 端，移动端侧重于重大科普事件和科普活动的相关科普内容制作，内容之间产生较强的关联性。

此外，为适应全国各省（自治区、直辖市）科协和各类科普机构的传播需求，科普中国网根据各地具体地质、天气等特色，以用户、场景、主题为维度，针对性地开展科普信息资源落地应用套餐的定制、推送。截至 2018 年年底，累计制作完成科普套餐164套，包括社区类48套、校园类44套、乡村类38套、视频套餐34套。

第三节 “科普中国”内容传播数据总览

“科普中国”内容浏览量和传播量的统计分为PC端和移动端，移动端一直保持较高的份额。“科普中国”的传播渠道不断拓展，除了“科普中国”自身的网站、微信、微博和APP之外，其他有影响力的社会传媒机构也增添为新的传播渠道。

一、“科普中国”各栏目（频道）全年传播总量

2018年，“科普中国”内容浏览量和传播量总计61.97亿人次。其中，移动端浏览量和传播量总和为45.38亿人次（占比为73.24%），PC端浏览量和传播量总和为16.59亿人次。各月份的传播量如表4-8所示，PC端浏览量和传播量排列前三的月份是2月、10月、11月。移动端浏览量和传播量排列前三的月份与PC端相同，2月的数量远超过其他月份，突出显示了移动端在春节期间的传播优势。如图4-4所示，移动端和PC端的传播量变化趋势基本一致。

表4-8 “科普中国”内容浏览量和传播量月度新增数据

统计项 月份	PC端浏览量和传播量/万人次	移动端浏览量和传播量/万人次	新增传播渠道/个
1	12 675.53	29 427.54	29
2	19 640.74	60 539.24	6
3	18 926.94	48 831.7	4
4	8 255.45	23 496.28	8
5	8 900.99	24 583.16	7
6	8 326.94	26 144.42	8
7	11 530.66	29 261.99	5
8	13 874.53	43 810.09	8
9	13 434.18	32 160.54	4

续表

月份 \ 统计项	PC端浏览量和传播量 / 万人次	移动端浏览量和传播量 / 万人次	新增传播渠道 / 个
10	19 507.63	49 267.34	2
11	19 055.05	49 354.84	5
12	11 680.68	37 007.98	6
全年总计	165 809.32	453 885.12	92

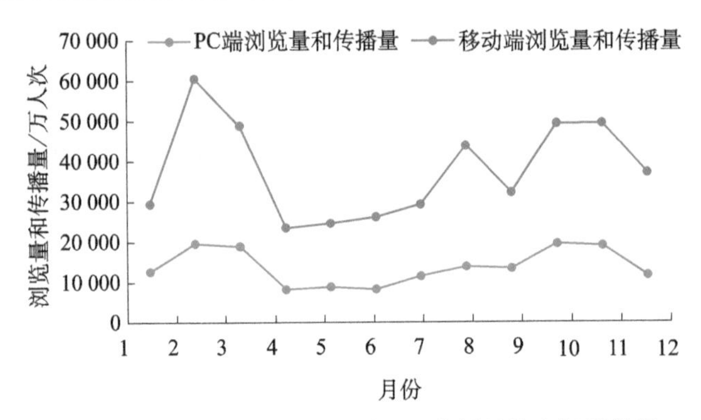

图 4-4 “科普中国”内容浏览量和传播量月度新增数据

2018 年新增传播渠道 92 个，包括央视网、网易公开课、搜狗百科、央视新闻移动网、北京人民广播电台 PC 端、听听 FM 移动客户端、美柚 APP、华数 VOB、中国社会科学网、中国台湾网、健康中国 TV 端、北京长城网、广西电视台科教频道、合家欢互动娱乐平台等。截至 2018 年年底，“科普中国”累计传播渠道有 256 个。

二、各传播路径（渠道）的传播贡献量

2018 年，“科普中国”微信公众号关注用户增长 114 万，同比增长超过 345%，总量达 147 万，全国公众号排名由年初前 500 提升至前 100 强，最高排名第 87 名。优质原创内容被《人民日报》、新华社、央视新闻三大主流媒体转载 500 余次。“科普中国”微博关注用户新增 73 万，同比增长约 35%，总量达 283 万，稳定位于全国政务榜前 10 名，最靠前的排名为第 4 名，总阅读数近 23 亿人次。由表 4-9 和图 4-5 可见，无论是微信还是微博，2018 年上半年关注用户的增长速度都快于下半年。

表 4-9 2018 年各月“科普中国”微信和微博关注累计数量

月份	1	2	3	4	5	6
微信关注量 / 人	338 071	454 342	699 863	1 004 268	1 260 825	1 293 709
微博关注量 / 人	2 220 837	2 261 534	2 317 836	2 431 538	2 572 612	2 789 290
月份	7	8	9	10	11	12
微信关注量 / 人	1 311 767	1 403 549	1 437 831	1 446 192	1 471 253	1 473 567
微博关注量 / 人	2 789 398	2 794 269	2 807 335	2 812 302	2 820 759	2 822 424

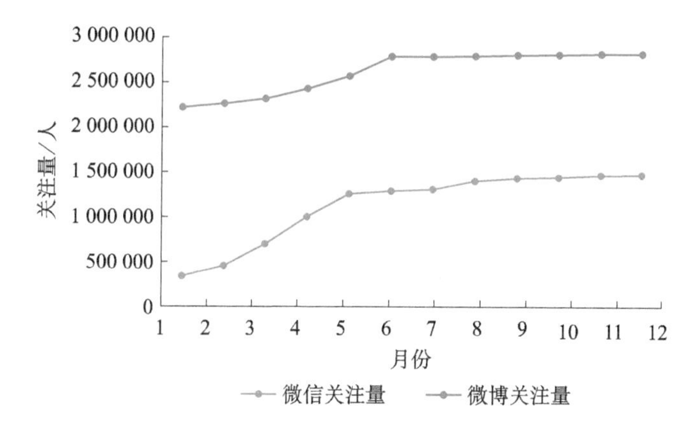

图 4-5 “科普中国”2018 年各月微信和微博关注累计数

此外，“科普中国”微信、微博与第三方平台之间建立内容联动，打造移动互联网上的权威科普内容研发和传播品牌。2018 年，19 家第三方新媒体传播量突破 4.5 亿次。面向社区公众、青少年、党员领导干部等群体，提升内容品质、创新内容形式，进一步加大“科普中国”的覆盖面。

第四节 “科普中国”信息员特征画像

科普信息员是“科普中国”特有的线上科普内容分享和转发传播者主体。本报告统计了“科普中国”APP 上注册的科普信息员总数，从性别、年龄、地域、分享数量、分享主题等方面对科普信息员的基本特征进行描述。

一、科普信息员注册人数总量

2018年全年新增科普信息员注册总人数为809 925人，平均每月注册人数约为67 493人。2017年全年注册92 872人，2018年注册人数比2017年要多71.7万。2018年2月可能受节假日影响，新注册用户未出现明显增长。12月新注册人数最多，达到30多万人，占全年新增注册人数的37%（表4-10，图4-6）。

表4-10　2018年“科普中国”科普信息员注册人数月度新增数据

月份	注册人数/人	月份	注册人数/人
1	24 464	7	46 966
2	2 869	8	49 343
3	19 953	9	55 109
4	17 373	10	77 698
5	39 112	11	133 538
6	40 156	12	303 344

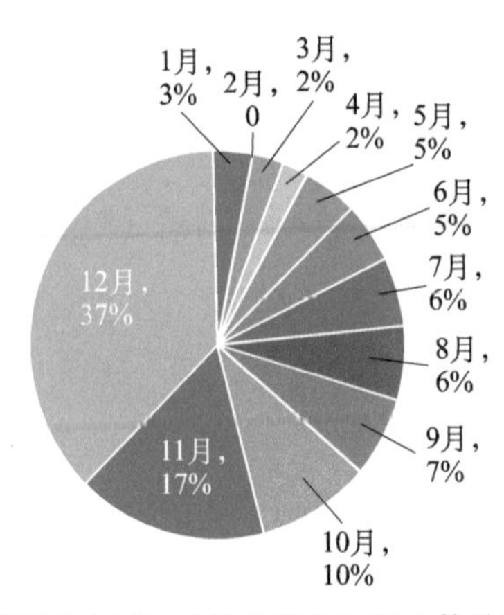

图4-6　2018年“科普中国”科普信息员注册人数月度新增占全年份额

二、科普信息员性别、年龄、文化程度等特征

（一）科普信息员的性别占比

截至2018年12月底，科普信息员中男性比例约占59.40%，多于女性

（40.60%）（图 4-7）。

（二）科普信息员的年龄占比

截至 2018 年年底，科普信息员中占比排列前三位的年龄段分别是：35～49 岁（占总人数的 53.7%）、25～34 岁用户（占总人数 27.4%）、49 岁以上（占总人数的 15.4%）。科普信息员队伍中，25 岁以下青年人的比例相对较少，不到总人数的 4%（图 4-8）。

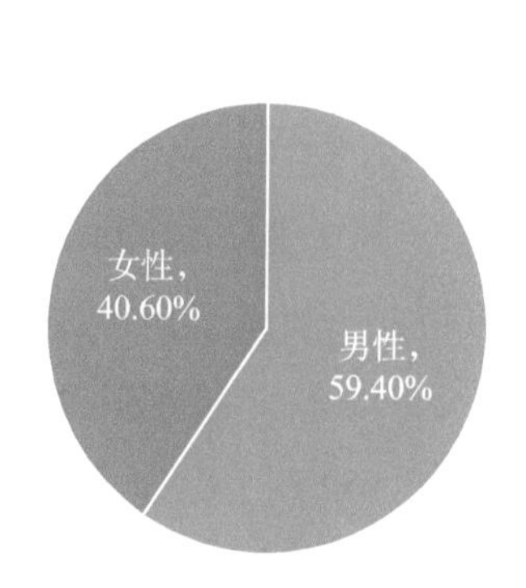

图 4-7 “科普中国”科普信息员的性别占比

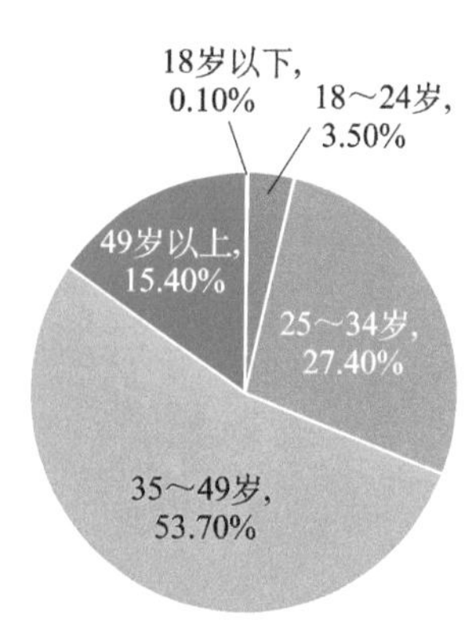

图 4-8 “科普中国”科普信息员的年龄占比

（三）科普信息员的文化程度占比

截至 2018 年年底，科普信息员总体文化水平分布不均，其中大专及以下占 58.01%，本科及以上占 41.99%。科普信息员队伍的文化程度分布特点也在一定程度上决定了其作用发挥的重点方面。

（四）科普信息员的称号占比

“科普中国”APP 对科普信息员实施积分制的鼓励措施。依据科普信息员在登陆、信息浏览、转发等行为被赋予的积分总值，分别冠以学士、硕士等 7 个级别的不同头衔。截至 2018 年年底，科普信息员主要集中在学士和硕士这两个称号上，占比高达 94.8%（表 4-11）。

表 4-11　不同科普信息员称号的占比

科普信息员称号	占比 /%
学士（0～99 分）	16.7
硕士（100～999 分）	78.1
博士（1 000～4 999 分）	4.1
博导（5 000～9 999 分）	0.47
专家（10 000～29 999 分）	0.35
教授（30 000～59 999 分）	0.08
院士（60 000 分以上）	0.02

三、科普信息员的地域分布特征

2017 年注册科普信息员主要集中在各省会城市。随着推广力度增大，2018 年注册科普信息员数量激增，覆盖范围由省会城市向下属地级城市及县区乡村扩散。图 4-9 是 2018 年全年新增科普信息员人数位于前 10 名的省（自治区、直辖市）：吉林省（33.15 万）、内蒙古自治区（15.81 万）、浙江省（8.76 万）、安徽省（4.12 万）、广东省（4.05 万）、云南省（3.19 万）、宁夏回族自治区（2.56 万）、四川省（2.13 万）、新疆维吾尔自治区（1.45 万）、山西省（1.19 万）。中西部省级行政区位列前 10 位的较多。

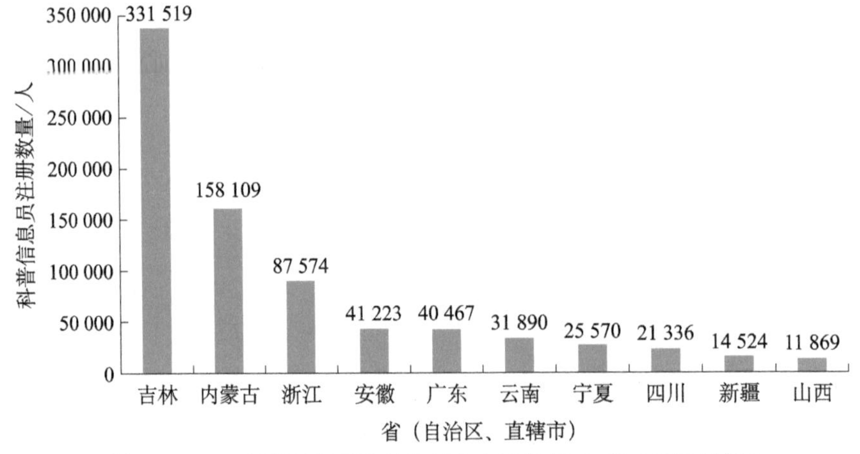

图 4-9　2018 新增科普信息员地域分布排行前 10 名（省级区划）

四、科普信息员的分享传播和评论数据

全体科普信息员2018年全年传播量为1641.20万次，月度传播量数据如图4-10所示，其中12月、11月和8月是传播量排列前三位的月份，分别是450.46万次、267.81万次、176.39万次。受2月过节影响，文章分享量小幅度回落，春节过后活跃用户增多，从3月开始稳步增加，7月的文章传播分享量破百万，达114.88万次。

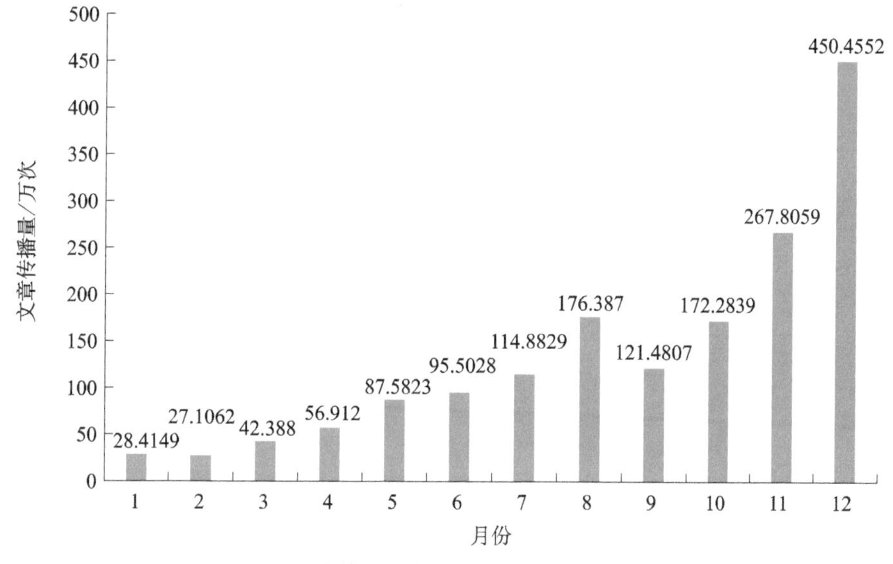

图4-10 全体科普信息员2018年月度传播量

图4-11是全体科普信息员2018年分享文章数量的地域排行前10名。浙江省、宁夏回族自治区、吉林省、云南省、内蒙古自治区的转发数量均超过100万，其中浙江省文章转发量超过327万。对比图4-9发现，有7个省级行政区位列两个排行的前10位。

表4-12是截至2018年年底的全体注册人员在2018年分享量的主题版块排行榜。科普信息员偏好分享内容的版块是头条、健康、科技、科学。其中，头条版块分享量最高（超过1300万次）。分享量超过百万的版块还有健康、科技、科学、视频、科普圈、军事等。

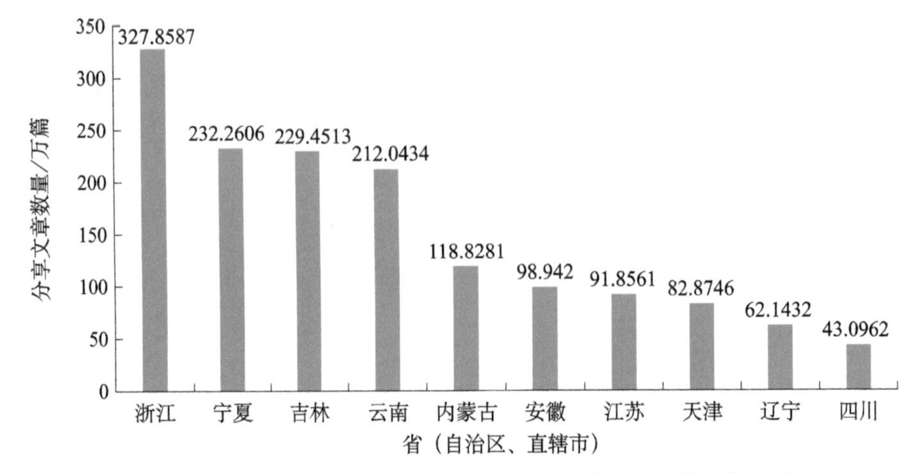

图 4-11　全体科普信息员 2018 年分享文章数量的地域排行前 10 名

表 4-12　科普信息员 2018 年分享传播数量的主题版块排行榜

版块	分享量[①] / 次
头条	13 293 908
健康	5 593 406
科技	3 778 217
科学	3 218 854
视频	2 331 335
科普圈	1 587 855
军事	1 045 830
百科	875 765
校园	740 653
母婴	507 572
线上活动	407 054
辟谣	295 350
图片	270 684
社区	254 674
艺术人文	212 956
专题	178 754
乡村	16 1051
音频	99 447
科幻	62 379
基站	1 107

① 同一内容可能分属不同版块，因此表中所有版块数量之和超过全年月度分享量之和。

表 4-13 是全体科普信息员截至 2018 年年底评论量的主题版块排行榜。总体来看，用户最为偏好评论的版块是头条、视频、健康，其中头条版块评论量最高，超过 120 万条，其次为视频和健康。相比较之下，音频、基站版块评论人数偏少。

表 4-13　全体科普信息员评论量的主题版块排行榜（截至 2018 年年底）

版块	评论量 / 条
头条	1 293 062
视频	538 189
健康	499 605
科技	368 432
科学	332 294
科普圈	123 863
军事	99 110
百科	73 672
校园	68 431
母婴	62 456
线上活动	46 549
社区	31 729
图片	25 856
专题	19 296
艺术人文	17 457
辟谣	15 613
科幻	9 619
乡村	7 166
音频	3 502
基站	46

第五节　社会热点话题科普解读的阅览数据

社会热点话题是公众关注的焦点。"科普中国"内容密切联系社会生活，这类热点话题的科普解读作品的浏览量较大在意料之中。

表4-14是2018年“科普中国”用户关注的热门科普话题数据。从关键词类型来看，健康类有流感病毒、世界睡眠日、考前焦虑、耳蜗植入等；天文或航空航天类有“蓝血月全食”、“天宫一号”、中继星、太阳探测器、火星大冲、“嫦娥四号”等；应急避险类有地震防灾、超强台风“山竹”、减灾等。这些科普内容的发布很好地契合了当时发生的社会事件，因此产生了较大的浏览量。值得注意的是，同一主题的视频作品的浏览量明显超过了图文作品的浏览量。

表4-14　2018年用户关注的热门科普话题及其浏览量

月份	标题	浏览量/万人次	关键词
1	2017年五个令人尴尬的科学事件	1245	科学事件
1	小儿氨酚黄那敏到底能不能吃？专家：儿童慎用处方药	579	流感病毒
2	视频直播：直击超级蓝月月全食	4217	蓝血月全食
	1月31日的“超级蓝血月全食”你看了吗？27秒带你震撼回顾	1897	
3	中国同行评述霍金生平：打开物理时空的门窗	325	霍金逝世
3	是谁悄悄“偷”走我们的睡眠	166	世界睡眠日
4	“天宫一号”谢幕，来数数它的功绩	2042	天宫一号
4	世界首例舞蹈症猪在中国诞生	3521	基因编辑
5	中国鹊桥：人类首次与月球背面通信	1437	中继星
	“鹊桥”中继星成功发射，它如何实现对月球背面的实时联系	734	
5	地震预报有可能实现吗？“地下云图”迈出重要一步	5664	地震防灾
6	粽子不好消化？专家：糯米淀粉消化较快，但糖尿病患者应控制食用	630	端午安康
	端午节喝雄黄酒能排毒？小心中毒！	254	
6	看球必备！速转2018俄罗斯世界杯“真球迷”养成手册	58	世界杯
	看球和啤酒小龙虾更配？专家说的这些才是正解！	168	
6	研究表明：考前焦虑是正常现象　午睡可减少负面影响	306	考前焦虑
6	考清华和中500万哪个更难？	1000	高考
7	为啥蚊子就爱给你“发红包”？	1062	夏季防护
	首次大规模灭蚊实验大获成功：利用神奇细菌将伊蚊数量削减80%	587	
8	人类首次近距离接触太阳：帕克身负防热“盾牌”首次直接飞入日冕	530	太阳探测器
	离太阳最近的一次！帕克升空倒计时	510	
8	15年一见的火星大冲，到底能看到啥？	1017	火星大冲
	看月全食？赶紧补课！	121	

续表

月份	标题	浏览量 / 万人次	关键词
9	“山竹”过境后，如何警惕登革热？预防的重点在于防蚊和灭蚊	756	超强台风“山竹”
	“山竹”逼近　台风路径如此“鬼畜”？	596	
	准风王“山竹”逼近华南，台风路径为啥如此“鬼畜”	509	
9	2018 中秋赏月大直播	336	赏月
10	获 2018 诺奖的免疫治疗能攻克癌症？（视频）	2026	诺贝尔奖
	2018 诺贝尔奖的九大预测：谁会摘得最后奖章？（图文）	378	
10	这些自救知识快收好！	59	减灾
11	一次疯狂的冒进——世界首例基因编辑婴儿的诞生	100	基因编辑婴儿
11	与其烦恼不如购，这些购物黑科技来啦！	64	理性消费
12	“嫦娥四号”将发射：回顾中国探月之路（视频）	1349	嫦娥四号
	“嫦娥四号”将奔向月球背面　带你回顾人类探月征程（图文）	751	
12	人工耳蜗植入无需开颅且手术风险极低，手术简单为何如此昂贵？	396	耳蜗植入
	人工耳蜗植入需要开颅吗？	81	

第六节 “科普中国”公众满意度测评

“科普中国”公众满意度测评旨在调查和了解科普需求侧的公众评价意见，据此来检视和调整科普供给侧的资源投放重心，以持续提升“科普中国”品牌价值和服务质量。2018 年公众满意度测评延续了 2017 年的测评指标和方案[①]，根据收回的问卷数据对“科普中国”的公众总体满意度及分项满意度进行分析和评估。

一、公众满意度测评指标

根据“科普中国”的内容组织结构和互联网传播特点，“科普中国”公众满意度调查定位于面向广大用户群体的科普公共品及相关服务的满意度测评，

① 钟琦，王黎明，武丹，等. 中国科普互联网科普数据报告 2017[M]. 北京：科学出版社，2018: 125-130.

测评采用网络问卷方式。完整的公众满意度测评体系参见表 4-15。

表 4-15 “科普中国”公众满意度测评指标

<table>
<tr><th colspan="2">模块</th><th>指标</th><th>权重/%</th><th>说明</th></tr>
<tr><td rowspan="9">满意度测评指标</td><td rowspan="5">内容（58%）</td><td>科学性</td><td>18</td><td>对科普内容的科学性的满意度</td></tr>
<tr><td>趣味性</td><td>11</td><td>对科普内容的趣味性的满意度</td></tr>
<tr><td>丰富性</td><td>11</td><td>对科普内容的丰富性的满意度</td></tr>
<tr><td>有用性</td><td>12</td><td>对科普内容的有用性的满意度</td></tr>
<tr><td>时效性</td><td>6</td><td>对科普内容跟随热点的满意度</td></tr>
<tr><td rowspan="4">媒介（42%）</td><td>便捷性</td><td>8</td><td>对访问科普内容的便捷程度的满意度</td></tr>
<tr><td>可读性</td><td>10</td><td>对科普图文 / 视频设计制作水平的满意度</td></tr>
<tr><td>易用性</td><td>12</td><td>对界面交互的易用性的满意度</td></tr>
<tr><td>准确性</td><td>12</td><td>对搜索、分类、推送准确性的满意度</td></tr>
<tr><td rowspan="7">满意度关联指标</td><td rowspan="5">效果</td><td>关注</td><td>20</td><td>增强对于科学的关注</td></tr>
<tr><td>乐趣</td><td>20</td><td>提升参与科学的乐趣</td></tr>
<tr><td>兴趣</td><td>20</td><td>提升参与科学的兴趣</td></tr>
<tr><td>理解</td><td>20</td><td>加深对于科学的理解</td></tr>
<tr><td>观点</td><td>20</td><td>形成对于科学的观点</td></tr>
<tr><td rowspan="2">信任</td><td>认知信任</td><td>50</td><td>在认知中表现出信任</td></tr>
<tr><td>情感信任</td><td>50</td><td>在社交型传播中表现出信任</td></tr>
</table>

测评体系包括内容、媒介、信任和效果四类满意度指标，从内容服务、信息媒介、品牌形象、科普效果四个方面反映公众对科普公共品及相关服务的满意度评价。其中，内容和媒介为满意度测评指标，用以加权计算满意度评分；信任和效果为满意度关联指标，从侧面反映影响满意度评分的潜在因素。

二、公众满意度测评结果

2018 年“科普中国”公众满意度测评结果表明，公众对“科普中国”提供的科普公共品及相关服务总体上感到满意；公众对“科普中国”内容的满意度高于对媒介的满意度；在效果方面，公众在“获取信息”“体会乐趣”方面的获得感高于“产生兴趣”“加深理解”“形成观点”；在信任方面，公众自己对“科普中国”的信任（认知信任）高于他们把“科普中国”的内容分享给家人的信任行为意愿（情感信任）。

不同的公众群体对“科普中国”的满意度有所差异。分性别来看，女性公众的满意度更高；分年龄段来看，36～50岁公众的满意度更高；分学历来看，本科以上学历公众的满意度更高；分职业来看，教育/研究类职业公众的满意度更高。

（一）总体满意度评分

2018年“科普中国”公众满意度评分如下：根据内容和媒介两项评分加权得到的满意度测评分是83.88分，由受访者直接给出的总体满意度评分是85.78分。按照满意度评分的五档分级[①]，总体和加权满意度落在70～90分，即“满意”（表4-16）。

表4-16 2018年“科普中国”公众满意度评分 （90% CI）

指标	内容	媒介	效果	信任	加权满意度[②]	总体满意度[③]
评分	84.18±0.22	83.45±0.23	83.91±0.22	84.03±0.24	83.88±0.21	85.78±0.24

（二）满意度分项评分

从分项评分来看，公众对于“科普中国”内容的满意度高于对媒介的满意度；具体到内容层面，公众对内容“丰富性”的满意度更高；具体到媒介层面，公众对界面交互“易用性”的满意度更高；具体到效果层面，公众在“获取信息”方面的满意度更高；具体到信任层面，公众对“科普中国”的信任（自己相信）高于在传播方面的信任行为意愿（愿意推荐）。

2018年“科普中国”公众满意度分项评分结果见表4-17和图4-12。

表4-17 2018年“科普中国”公众满意度分项评分 （90% CI）

<table>
<tr><td rowspan="2">内容</td><td>科学</td><td>有趣</td><td>丰富</td><td>有用</td><td>热点</td></tr>
<tr><td>84.33±0.25</td><td>84.36±0.25</td><td>84.71±0.25</td><td>83.53±0.26</td><td>83.77±0.25</td></tr>
<tr><td rowspan="2">媒介</td><td>便捷</td><td>精制</td><td>易用</td><td colspan="2">易找</td></tr>
<tr><td>83.48±0.26</td><td>83.40±0.25</td><td>83.55±0.26</td><td colspan="2">83.40±0.26</td></tr>
</table>

① 评价标准：满分为100分，90～100分为非常满意，70～90分为满意，50～70分为一般，30～50分为不满意，30分以下为非常不满意，下同。

② 加权满意度=内容得分×0.58+媒介得分×0.42。

③ 总体满意度反映的是受访者的心理满意度评分。

续表

效果	关注	乐趣	兴趣	理解	观点
	84.42 ± 0.25	84.23 ± 0.25	84.04 ± 0.26	83.86 ± 0.25	82.98 ± 0.26
信任	自己相信		愿意推荐		
	84.26 ± 0.25		83.80 ± 0.26		

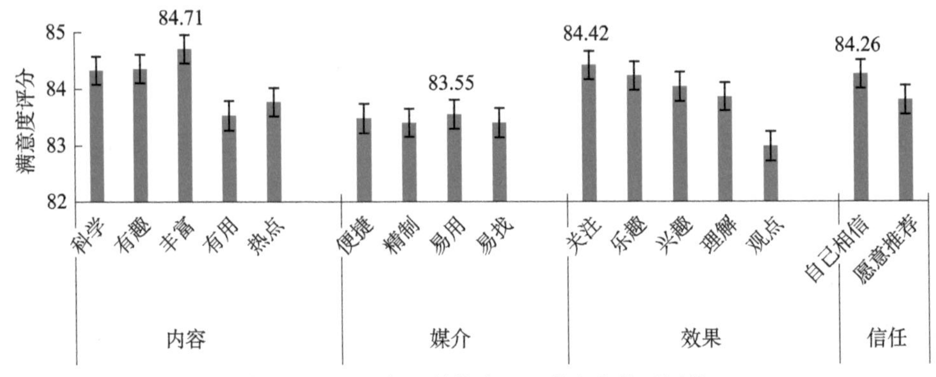

图 4-12　2018 年“科普中国”满意度分项评分

（三）分群体满意度评分

针对不同性别、年龄、学历和职业的受访者的问卷统计结果显示，全部群体的满意度均达到了“满意”标准。女性群体的满意度略高于男性群体，26～35 岁群体的满意度更高，本科以上学历群体的满意度更高，教育 / 研究职业群体的满意度更高。19 岁以下群体、高中以下学历群体和学生群体的满意度相对较低（图 4-13）。

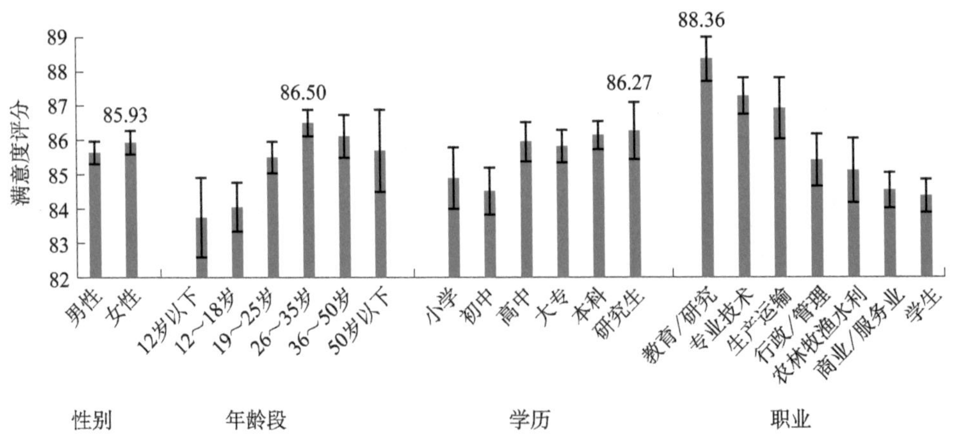

图 4-13　2018 年“科普中国”分群体总体满意度评分

1. 分性别评分

女性群体对"科普中国"的总体满意度评分为85.92，男性群体的总体满意度评分为85.65，女性群体的总体满意度评分高于男性群体（表4-18）。

表4-18 2018年"科普中国"分性别满意度评分 （90% CI）

性别	总体满意度	加权满意度	内容	媒介	效果	信任
男性	85.65 ± 0.33	83.68 ± 0.30	83.99 ± 0.30	83.26 ± 0.32	83.65 ± 0.31	83.78 ± 0.33
女性	85.92 ± 0.34	84.08 ± 0.31	84.39 ± 0.31	83.65 ± 0.32	84.17 ± 0.32	84.29 ± 0.34

2. 分年龄评分

26～35岁群体对"科普中国"的总体满意度评分为86.50，高于其他年龄段群体；36～50岁群体的总体满意度评分为86.11；50岁以上群体的总体满意度评分为85.80；19～25岁群体的总体满意度评分为85.50；12～18岁群体的总体满意度评分为84.05；12岁以下群体的总体满意度评分为83.75（表4-19）。

表4-19 2018年"科普中国"分年龄满意度评分 （90% CI）

年龄段	总体满意度	加权满意度	内容	媒介	效果	信任
<12岁	83.75 ± 1.16	80.72 ± 0.98	81.07 ± 1.00	80.24 ± 1.05	80.36 ± 1.05	81.04 ± 1.09
12～18岁	84.05 ± 0.72	81.69 ± 0.62	82.20 ± 0.63	81.00 ± 0.67	81.45 ± 0.66	81.78 ± 0.71
19～25岁	85.50 ± 0.46	83.56 ± 0.41	83.91 ± 0.42	83.09 ± 0.44	83.53 ± 0.43	83.72 ± 0.45
26～35岁	86.50 ± 0.38	84.67 ± 0.34	84.93 ± 0.35	84.31 ± 0.36	84.91 ± 0.35	84.87 ± 0.38
36～50岁	86.11 ± 0.63	84.56 ± 0.56	84.80 ± 0.57	84.22 ± 0.59	84.48 ± 0.58	84.70 ± 0.61
＞50岁	85.80 ± 1.21	84.24 ± 1.09	84.48 ± 1.10	83.90 ± 1.16	84.17 ± 1.15	84.03 ± 1.23

3. 分学历评分

研究生以上学历群体对"科普中国"的总体满意度评分为86.27，高于其他学历群体；本科学历群体的总体满意度评分为86.14；大专学历群体的总体满意度评分为85.85；高中学历群体的总体满意度评分为85.95；初中学历群体的总体满意度评分为84.48；小学学历群体的总体满意度评分为84.88（表4-20）。

表 4-20　2018 年“科普中国”分学历满意度评分　（90% CI）

学历	总体满意度	加权满意度	内容	媒介	效果	信任
研究生	86.27 ± 0.83	84.82 ± 0.75	85.05 ± 0.76	84.49 ± 0.79	84.87 ± 0.77	84.94 ± 0.80
本科	86.14 ± 0.41	84.37 ± 0.37	84.67 ± 0.37	83.97 ± 0.39	84.66 ± 0.38	84.78 ± 0.40
大专	85.85 ± 0.51	83.87 ± 0.46	84.20 ± 0.47	83.41 ± 0.49	83.83 ± 0.49	83.98 ± 0.52
高中	85.95 ± 0.57	83.90 ± 0.52	84.18 ± 0.52	83.50 ± 0.54	83.58 ± 0.54	83.53 ± 0.57
初中	84.48 ± 0.70	82.73 ± 0.60	83.15 ± 0.61	82.15 ± 0.65	82.64 ± 0.64	82.97 ± 0.68
小学	84.88 ± 0.91	81.98 ± 0.79	82.21 ± 0.81	81.66 ± 0.84	81.93 ± 0.83	82.18 ± 0.88

4. 分职业评分

教育 / 研究职业群体对“科普中国”的总体满意度评分为 88.36，高于其他职业群体；专业技术职业群体的总体满意度评分为 87.28；生产运输职业群体的总体满意度评分为 86.92；行政 / 管理职业群体的总体满意度评分为 85.41；广义农业（农林牧副渔水利）职业群体的总体满意度评分为 85.11；商业 / 服务业职业群体的总体满意度评分为 84.53；学生群体的总体满意度评分为 84.36（表 4-21）。

表 4-21　2018 年“科普中国”分职业满意度评分　（90% CI）

职业	总体满意度	加权满意度	内容	媒介	效果	信任
教育 / 研究	88.36 ± 0.66	87.11 ± 0.60	87.20 ± 0.61	86.98 ± 0.62	87.40 ± 0.60	87.83 ± 0.62
专业技术	87.28 ± 0.53	84.92 ± 0.50	85.36 ± 0.50	84.30 ± 0.53	84.45 ± 0.53	83.71 ± 0.57
生产运输	86.92 ± 0.89	86.09 ± 0.78	86.03 ± 0.80	86. ± 0.82	85. ± 0.81	85.68 ± 0.88
行政 / 管理	85.41 ± 0.76	83.77 ± 0.69	84.06 ± 0.70	83.38 ± 0.72	84.36 ± 0.70	84.81 ± 0.72
广义农业	85.11 ± 0.94	84.00 ± 0.80	84.26 ± 0.81	83.65 ± 0.85	84.48 ± 0.83	84.73 ± 0.88
商业 / 服务	84.53 ± 0.52	83.00 ± 0.46	83.22 ± 0.47	82.69 ± 0.49	83.27 ± 0.47	83.42 ± 0.51
学生	84.36 ± 0.48	81.46 ± 0.42	81.96 ± 0.43	80.77 ± 0.45	81.26 ± 0.45	81.71 ± 0.47

三、问卷数据说明

2018 年 1～12 月，本次“科普中国”公众满意度问卷测评共收回有效问卷 29 149 份。经过问卷数据筛查，滤掉答题时间过长和过短的问卷，并删除基础问题（问题 1 至问题 4）回答矛盾的问卷，共保留 18 196 份有效问卷，问卷有效比例为 62.42%。问卷筛查条件是：① 答题时长介于 30～300 秒；② 年龄、学历、职业无明显互斥性。

（一）受访者构成

在 18 196 位有效受访者中，有男性 9281 人，女性 8915 人；按年龄，26～35 岁的受访者最多，有 7054 人；按学历，本科学历的受访者最多，有 6391 人；按职业，学生身份的受访者最多，有 3987 人（图 4-14）。

（二）有效问卷评分描述统计（90% CI）

本次有效问卷评分描述见表 4-22。

（三）分群体总体满意度评分描述统计（90% CI）

本次有效问卷分群体总体满意度评分描述见表 4-23。

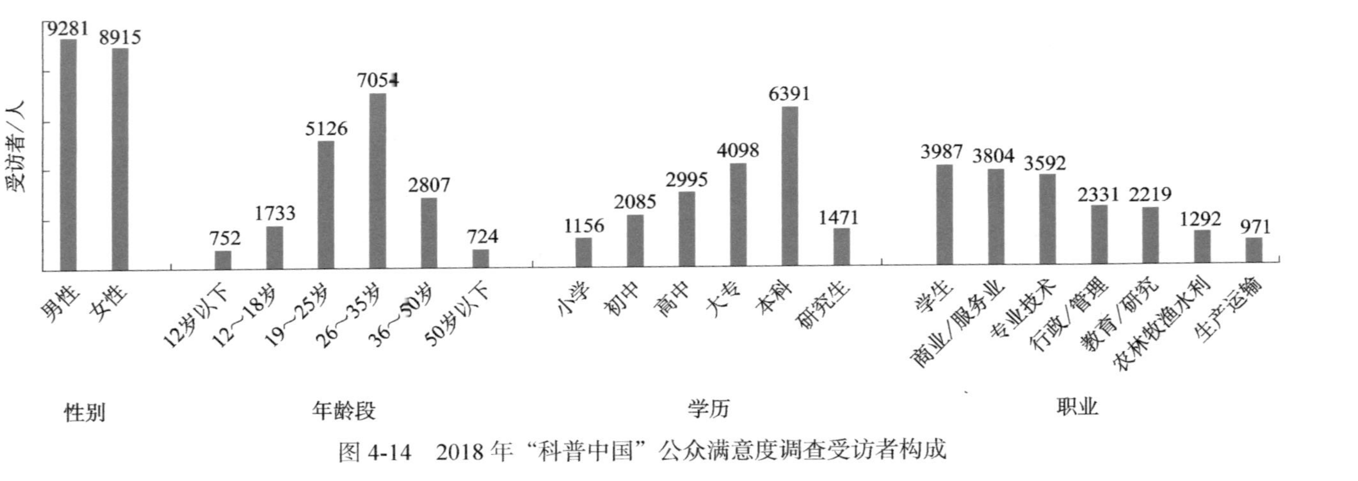

图 4-14　2018 年“科普中国”公众满意度调查受访者构成

表 4-22　2018 年“科普中国”公众满意度有效问卷评分描述

	总体满意度	加权满意度	内容	媒介	效果	信任
平均值	85.78	83.88	84.18	83.45	83.91	84.33
标准误差	0.14	0.13	0.13	0.14	0.14	0.14
标准差	19.55	17.57	17.79	18.60	18.25	19.30
样本方差	19.10	15.43	15.83	17.30	16.65	18.63
均值置信区间	0.24	0.21	0.22	0.23	0.22	0.24

	科学	有趣	丰富	有用	热点	便捷	可读	易用	易找	关注	乐趣	兴趣	理解	观点	自己相信	愿意推荐
平均值	84.33	84.36	84.71	83.53	83.77	83.48	83.40	83.55	83.40	84.42	84.23	84.04	83.86	82.98	84.26	83.80
标准误差	0.15	0.15	0.15	0.16	0.15	0.16	0.15	0.16	0.16	0.15	0.15	0.16	0.15	0.16	0.15	0.16
标准差	20.42	20.42	20.20	21.06	20.72	21.16	20.75	21.03	21.02	20.32	20.60	21.05	20.72	21.36	20.35	21.50
样本方差	20.85	20.84	20.41	22.18	21.46	22.39	21.53	22.11	22.09	20.65	21.21	22.16	21.47	22.81	20.70	23.12
均值置信区间	0.25	0.25	0.25	0.26	0.25	0.26	0.25	0.26	0.26	0.25	0.25	0.26	0.25	0.26	0.25	0.26

表 4-23 2018 年“科普中国”公众满意度分群体总体满意度评分描述

	性别		年龄段						学历						职业						
	男性	女性	<12	12 ~ 18 岁	19 ~ 25 岁	26 ~ 35 岁	36 ~ 50 岁	>50 岁	小学	初中	高中	大专	本科	研究生	教育 / 研究	专业技术	生产运输	行政 / 管理	广义农业	商业 / 服务	学生
平均值	85.64	85.93	83.75	84.05	85.50	86.50	86.11	85.69	84.89	84.51	85.95	85.82	86.14	86.27	88.36	87.28	86.92	85.41	85.11	84.53	84.36
标准误差	0.20	0.21	0.71	0.44	0.28	0.23	0.38	0.73	0.55	0.42	0.35	0.31	0.25	0.50	0.40	0.32	0.54	0.46	0.57	0.32	0.29
标准差	19.47	19.62	19.34	18.30	19.92	19.24	20.27	19.70	18.73	19.30	18.90	19.93	19.85	19.35	18.75	19.42	16.89	22.30	20.54	19.50	18.43
样本方差	18.96	19.25	18.71	16.74	19.83	18.51	20.54	19.41	17.55	18.63	17.86	19.86	19.70	18.73	17.58	18.86	14.26	24.87	21.10	19.01	16.99
均值置信区间	0.33	0.34	1.16	0.72	0.46	0.38	0.63	1.20	0.90	0.69	0.57	0.51	0.41	0.83	0.66	0.53	0.89	0.76	0.94	0.52	0.48

附录一

科普舆情研究 2018 年月报

科普舆情研究2018年1月月报
典型舆情
（监测时段：2018年1月1～31日）

国家科学技术奖励大会隆重举办　多项科学成就获网民点赞

一、事件概述

中共中央、国务院1月8日上午在北京市隆重举行2017年国家科学技术奖励大会，党和国家领导人习近平、李克强、张高丽、王沪宁出席大会并为获奖代表颁奖。李克强代表党中央、国务院在大会上讲话，张高丽主持大会。会上共评选出271个项目和9名科技专家并授予其2017年度国家科学技术奖殊荣。人民网、新华网、中国新闻网、环球网等多家主流媒体刊文报道大会精彩盛况，引发关注。

二、传播走势

2018年1月1～31日监测期间，清博大数据舆情系统共抓取相关信息2639条，其中包含网站新闻1336条，占比为50.63%；客户端新闻559条，占比为21.18%；微信文章452条，占比为17.13%；电子报刊新闻117条，占比为4.43%；论坛贴士114条，占比为4.32%；微博61条，占比为2.31%。网站为信息传播主场地，客户端、微信传播力度也相对较高（图1）。传播高峰出现在1月8日，即大会举办当日，后续传播量直线下降，但仍有零星媒体及个人探讨此事，舆论影响延续至1月29日（图2）。

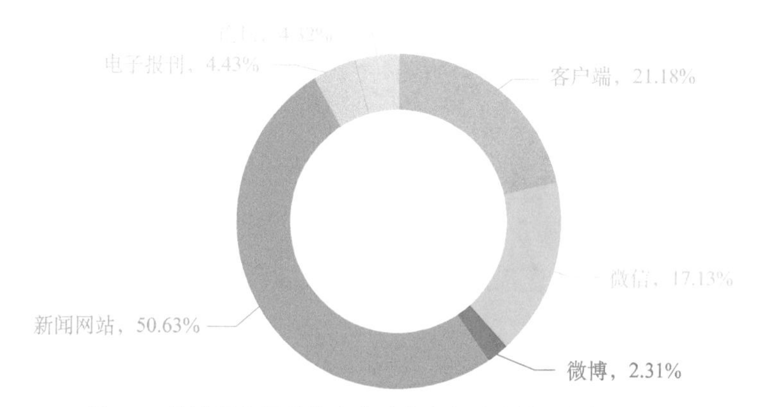

图1 1月涉国家科学技术奖励大会相关舆情平台信息分布

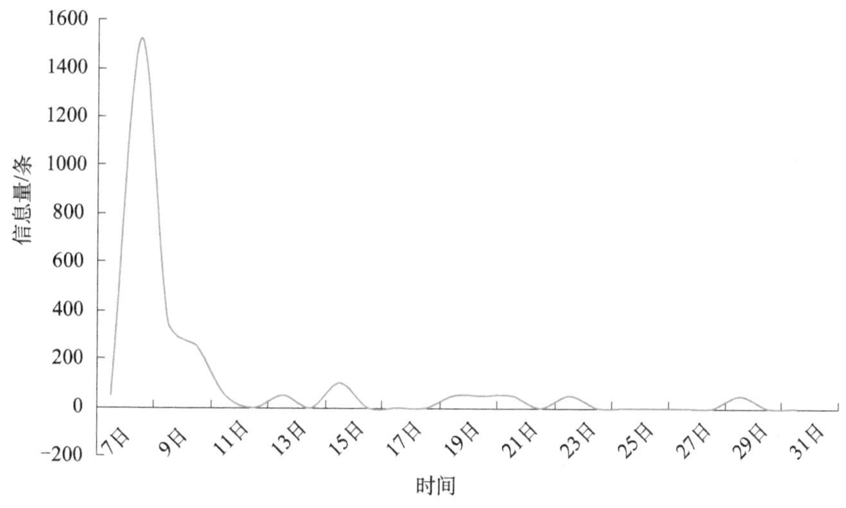

图2 1月涉国家科学技术奖励大会相关舆情网络热度走势

三、舆论观点

监测显示，涉国家科学技术奖励大会隆重举办相关舆论情绪以正面情绪为主，占比达91.55%，中性情绪占比6.10%，负面情绪占比仅有2.35%（图3）。

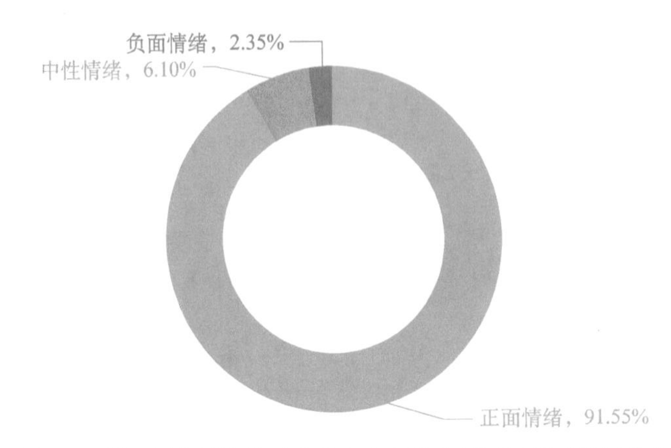

图3　1月涉国家科学技术奖励大会相关舆情网民情感属性分布

（一）主流媒体描述大会盛况，重在传达领导人讲话精神

国家科学技术奖励大会举办的当日，央视网、新华网、人民网、中国新闻网等主流媒体相继刊文公布大会举办喜讯，传达中共中央政治局常委、国务院总理李克强会上讲话精神，将“当前，我国发展站在新的历史起点上，推动经济高质量发展，满足人民日益增长的美好生活需要，必须按照党的十九大部署，以习近平新时代中国特色社会主义思想为指导，深入实施创新驱动发展战略，凝聚起更为强大、更为持久的科技创新力量”等顶层建设思想传播于民。

（二）搭车奖项热点，借势提升品牌影响与城市形象

例如，中国科学院电子杂志《中科院之声》刊文《2017年度国家科学技术奖励大会召开　中科院32项（人）获奖》称：中国科学院共获2017年度国家科学技术奖励32项（人）。新浪河南刊文《2017年度国家科学技术奖励大会　河南27个项目获奖》称：我省再创佳绩，共荣获27项国家科技奖励。按奖项类别分，有国家自然科学奖1项，国家技术发明奖4项，国家科技进步奖22项；按牵头情况分，我省推荐和主持项目有7项，参与项目有20项。

（三）网民“点赞”获奖项目及人员，为国家未来发展送去美好祝愿

大量网民聚集于微博平台为获奖项目及科学技术人员“点赞”，“为你打call”“厉害了”“向伟大的科学家致敬！”等言论刷屏出现。另有部分网民立

足当前国家科学技术发展现状，向国家未来发展送去诚挚祝福，如新浪网民“@对方向你扔了一只 Pug”发微博称，“知识就是力量，知识就是财富，对知识越尊重，国家就越进步，祝福中国”。

四、网民画像

本次事件关注人群以男性偏多，占比达到 73.77%，女性受众人群仅占 26.23%（图 4）。分析关注此事的网民兴趣标签分布可知，关注此事的网民还热衷于政治、经济金融与教育三大领域（图 5）。

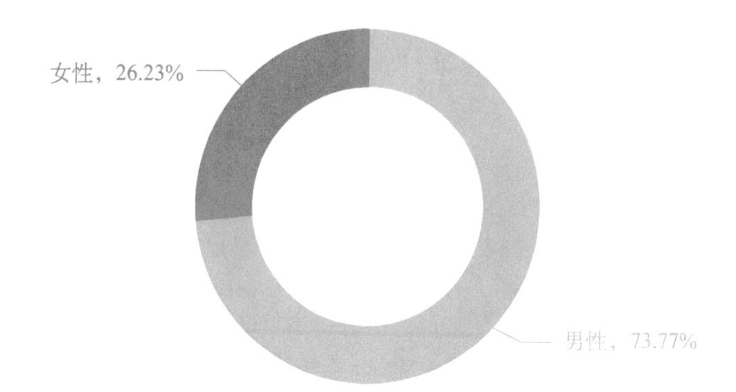

图 4　1 月关注国家科学技术奖励大会隆重举办舆情网民性别比例

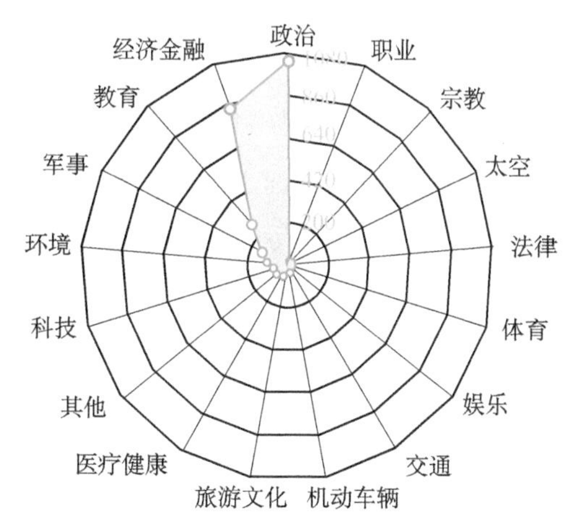

图 5　1 月关注国家科学技术奖励大会隆重举办舆情网民兴趣分布

从关注此事的网民地域分布来看，北京市作为会议举办地，在事件传播上也是主力。其次为广东省、安徽省及上海市，上述三地媒体及网民集中宣传本地科学家及院校获奖情况，借势宣传本地教育、科技发展现状，助力打造城市名片，同时利用圈层效应吸引本地市民关注，更好地达成科学普及、提升全民科学素养的目的（图6）。

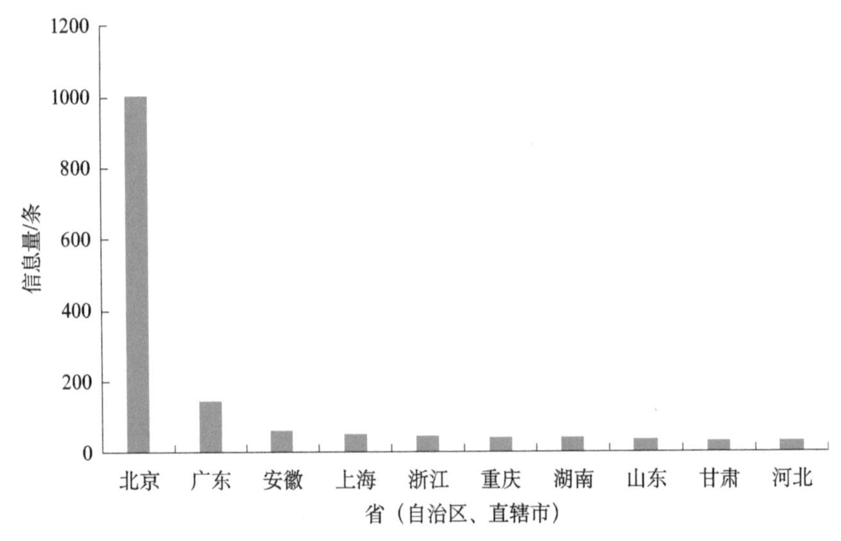

图6　1月关注国家科学技术奖励大会隆重举办舆情网民地域分布

五、舆情研判及建议

一是中央级主流媒体积极造势，提供优质信源，相关报道既完成基本的获奖名单公布，同时将顶层设计思想传递于民，加强思想道德建设，弘扬主旋律。与此同时，腾讯网、网易、凤凰网等主流媒体进行二次转发，相关舆论快速扩散，加速发酵，影响力持续增强。

二是媒体集中火力宣传国家科学技术奖励大会，网民目光瞬间聚集于此，少量网民借此时机宣传科学及科学家对国家发展的重要性，同时痛斥当下明星热度过高的现象，整体舆论导向向好，符合主流思想，但也需引导用户理智看待明星热度较高的现象，避免言语极端引发次生舆情灾害。

科普舆情研究2018年2月月报
典型舆情
（监测时段：2018年2月1～28日）

我国成功发射首颗电磁监测试验卫星“张衡一号”引舆论盛赞

一、事件概述

2018 年 2 月 2 日，我国在酒泉卫星发射中心用“长征二号”丁运载火箭成功将电磁监测试验卫星“张衡一号”发射升空，进入预定轨道，标志着我国成为世界上少数拥有在轨运行高精度地球物理场探测卫星的国家之一。国家主席习近平 2 月 2 日同意大利总统马塔雷拉互致贺电，祝贺中意合作的电磁监测试验卫星“张衡一号”在酒泉发射成功。人民网、新华网、央视网等主流媒体对此事件进行了积极报道。

二、传播走势

监测时段 2018 年 2 月 1～28 日期间，清博大数据舆情监测系统共抓取相关信息 2887 条，其中包含网站新闻 1402 条，占比为 48.56%；微信文章 618 条，占比为 21.41%；微博文章 542 条，占比为 18.77%；客户端文章 261 条，占比为 9.04%；论坛 64 条，占比为 2.22%（图 1）。由 2 月涉“张衡一号”成功发射热度走势图可见，由于“张衡一号”于 2 月 2 日发射成功，2～3 日事件传播呈高热态势，于 3 日达到高峰。5 日，“张衡一号”为地震观测卫星被自媒体平台争相报道，促成监测时间段内达到传播次高峰，随后舆论热度逐渐平息（图 2）。

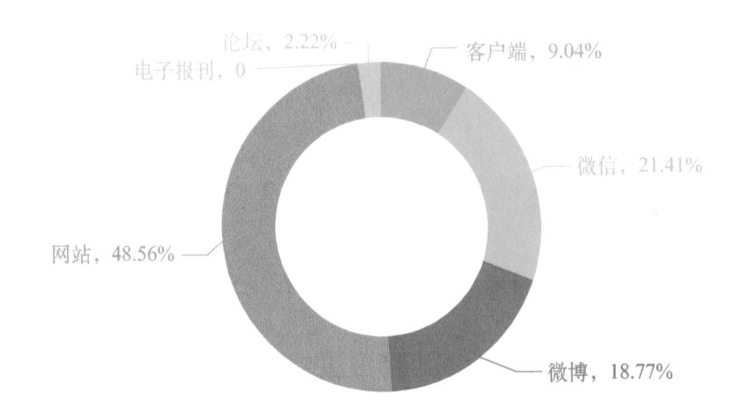

图1　2月涉“张衡一号”成功发射相关舆情平台信息分布

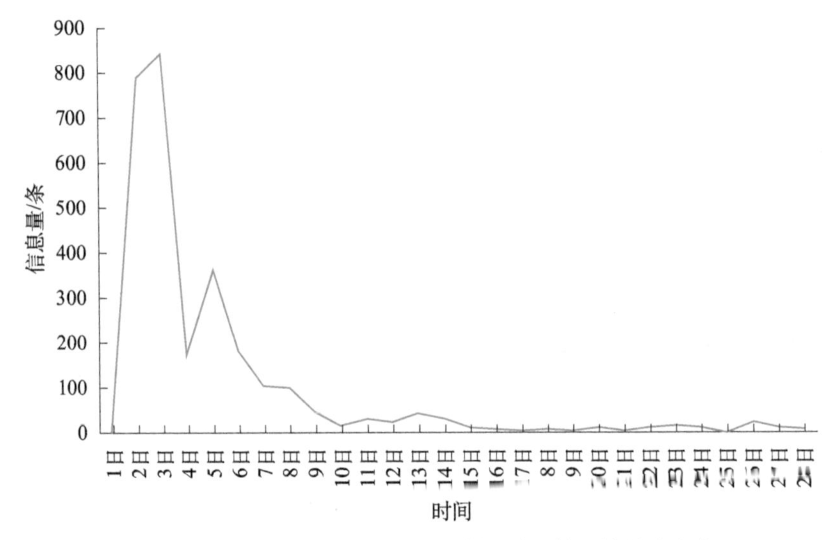

图2　2月涉“张衡一号”成功发射相关舆情网络热度走势

三、舆论观点

监测显示，“张衡一号”成功发射相关舆论情绪以正面情绪占据主导地位，占比达67.82%，舆论盛赞“张衡一号”成功发射，中性情绪占比17.37%，负面情绪仅占比14.80%（图3）。

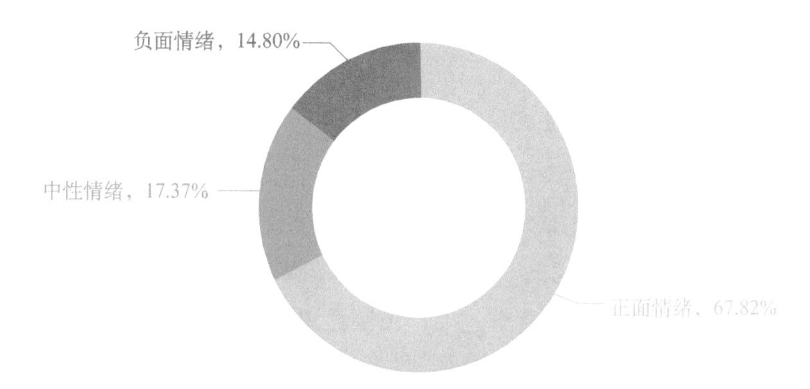

图 3 2 月涉“张衡一号”成功发射相关舆情网民情感属性分布

（一）主流媒体刊文“张衡一号”成功发射消息，积极为事件发声

2 日，“张衡一号”成功发射后受到人民网、新华网、央视网、中国政府网等多家主流媒体刊文报道，文章集中报道“我国首颗电磁监测试验卫星发射成功”“我国成功发射‘张衡一号’卫星 可在太空监测地震”等主题，主流媒体通过对卫星发射的过程、技术、意义等多方解读，积极为“张衡一号”发声。

（二）媒体聚焦领导人动向，习近平主席贺电庆祝卫星发射成功备受关注

“张衡一号”成功发射之后，国家主席习近平 2 月 2 日同意大利总统马塔雷拉互致贺电，祝贺中意合作的电磁监测试验卫星“张衡一号”在酒泉发射成功。领导人发声引爆舆论场，《人民日报》、新华网等媒体对贺电信息积极报道转载，刊文强调，中意两国在电磁监测试验卫星项目合作中取得的重大成果，是中意全面战略伙伴关系的重要体现，将进一步推动中意全面战略伙伴关系深入发展，更好地造福两国和两国人民。

（三）网民聚焦“太空看地震”的现实意义，“张衡一号”探索地震预测新方法引多方讨论

在自媒体平台中，舆论主要聚焦卫星发射的现实意义，对于“预测地震”等切实关乎生活的话题关注度较高，“新型张衡地动仪”“太空看地震”“预测地震”等词汇成为网民议论的高频词汇，网民在称赞卫星发射为地震预测探索增添新手段的同时，对地震预测效果、预测技术未来发展等多方面进行探讨，成为中性情绪的主要来源。

（四）部分网民质疑卫星发射耗费巨额经费，情绪反馈较为消极

部分网民针对卫星发射的经费问题提出质疑，认为当下我国民生基础设施建设尚待完善，而花费巨额资金在卫星等科研项目上，不如加大对民生建设的资金投入，为改善百姓生活做实事。此外，部分舆论提及“地震局存在意义”“科研项目资金监管”等敏感话题，这部分偏激言论成为负面情绪的主要来源。

四、网民画像

依据关注此事的网民性别比例图可知，男性所占比例较高，达 79.01%（图 4）。由关注此事用户的兴趣标签显示，热衷军事、科技两大领域的网民，是关注此事的主流人群（图 5）。

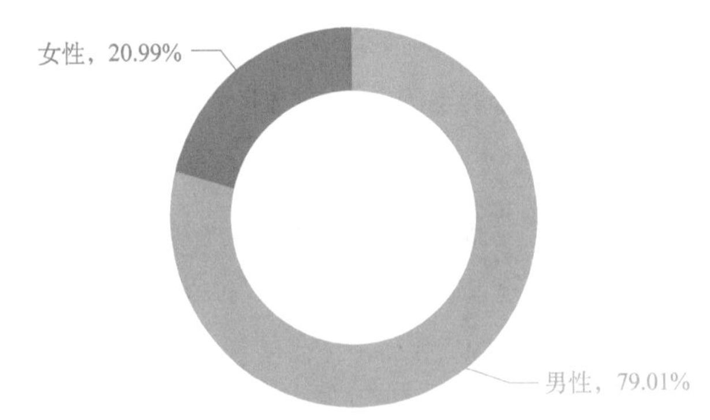

图 4　2 月关注“张衡一号”成功发射舆情网民性别比例

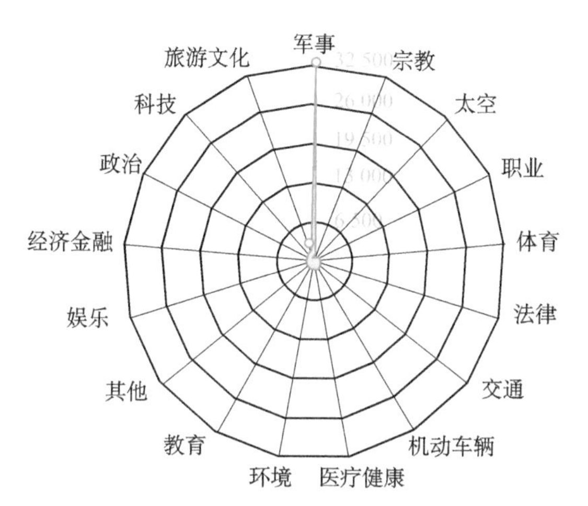

图 5　2 月关注“张衡一号”成功发射网民兴趣分布

从关注此事的网民地域分布图来看，该事件的信息发布声量主要集中于北京、广东等发达省市，由此可见，处于经济繁荣、互联网发达、信息通畅的城市中，人们更加关注信息科技等高科技领域。其次，由于卫星发射地区位于甘肃酒泉，由此甘肃地区网民对此事的关注度也较高（图 6）。

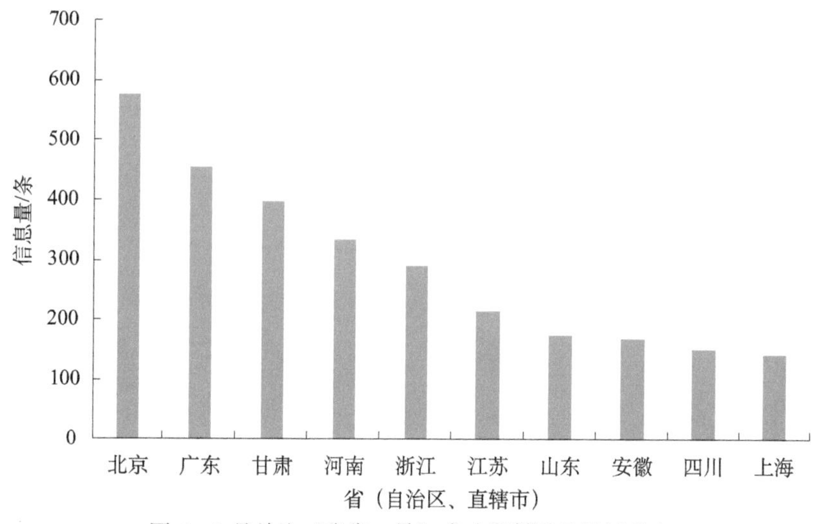

图 6　2 月关注“张衡一号”成功发射网民地域分布

五、舆情研判及建议

一是针对该事件主流媒体主动设置传播议程，积极报道事件内容，在增加事件曝光度的同时，提升我国科研事业的正面宣传效应。主流媒体通过官方微信、微博等自媒体平台的多元化报道，促使了“卫星发射”话题更接地气，正向引导舆论话题。在此事件中，“科普中国”应积极参与发声，联合主流媒体进行舆论引导，利用主场地位积极为舆论造势，把控舆论走向，推升传播热潮。

二是网民舆论场中掺杂少数“经费高企”“科研无用”等负面杂音，对此“科普中国”平台应加强对相关舆论的监测，组织权威专家对“经费问题”“卫星发射的切实意义”等舆论争议点进行解读，引导舆论走向，营造良好的传播氛围。

科普舆情研究2018年3月月报
典型舆情

（监测时段：2018年3月1～31日）

上海无人驾驶APM试运营

一、事件概述

2018年3月31日，上海首条无人驾驶乘客自动运输系统（APM）浦江线试运行。APM浦江线全长约6.7千米，全线共设6座车站，均为高架站，主要服务于上海浦江镇居民，缓解“最后一公里”出行难问题。当日，中国日报网、澎湃新闻、环球网、腾讯网等多家媒体参与报道此事件，吸引众多网民聚焦。

二、传播走势

监测时段2018年3月1～31日期间，清博大数据舆情监测系统共抓取相关信息1813条，其中包含网站新闻1107条，占比为61.06%；微信文章324条，占比为17.87%；客户端文章322条，占比为17.76%。此外，微博、电子报刊、论坛相关信息传播量较少，分别占比1.17%、1.14%和1.00%（图1）。由3月涉上海无人驾驶APM试运营的热度走势图可见，3月23日出现传播小高峰，主因当日东方网发文《沪首条全自动无人驾驶线路有望月底试运营》，为事件进行预热；31日，上海首条无人驾驶APM浦江线试运行，吸引众多媒体目光，助推当日相关舆情热度达到高峰（图2）。

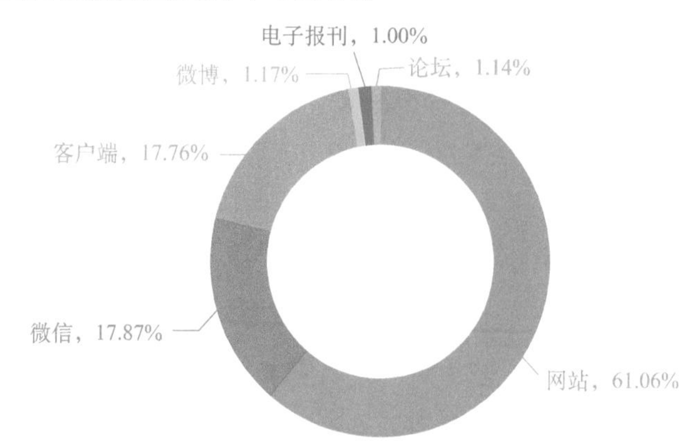

图1 3月涉上海无人驾驶APM试运营相关舆情平台信息分布

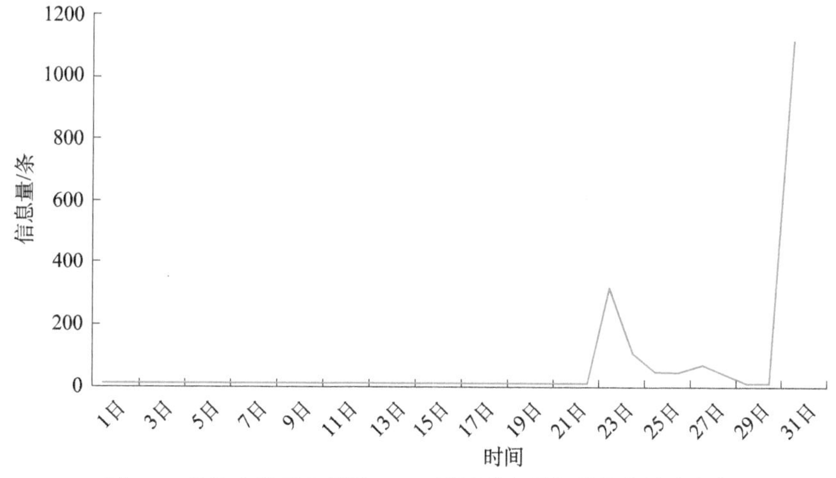

图2 3月涉上海无人驾驶APM试运营事件相关信息热度走势

三、舆论观点

监测显示，“上海无人驾驶 APM 试运营”相关舆情情绪以正面情绪为主，占比达 89.65%，中性情绪占比 8.24%，负面情绪占比仅有 2.11%（图 3）。

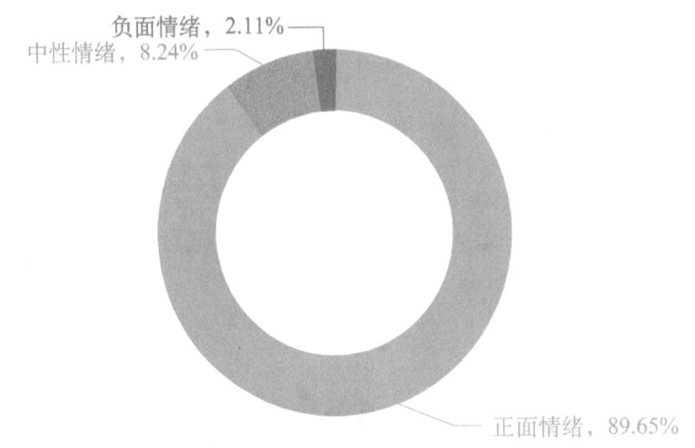

图 3　3 月涉上海无人驾驶 APM 试运营相关舆情网民情感属性分布

（一）媒体报道上海无人驾驶 APM 试运营进程，盛赞其开启我国轨道交通新篇章

2018 年 3 月，人民网、新华网、光明网等央级媒体，凤凰网、搜狐新闻、网易新闻等商业媒体分别以“上海首条全自动无人驾驶轨交浦江线过试运营评审”“上海首条无人驾驶 APM 轨交线 31 日将试运营”“上海首条无人驾驶 APM 线通车试运营”为题，追踪报道上海无人驾驶 APM 试运营进程。文章指出，上海首条无人驾驶 APM 浦江线采用目前国际领先的全自动无人驾驶系统运行，由列车自动控制系统和监视系统运行车辆并保证安全，全车不配备司机和跟车人员，称其开启了我国轨道交通新篇章。

（二）解读无人驾驶技术，展望其未来应用前景

部分媒体指出，无人驾驶 APM 浦江线与常规意义上的地铁不同，浦江线的乘车体验类似于巨龙公交车。列车轨道围绕居民区而建，在转弯半径较小的地方，列车晃动会比较大，转弯时，车厢连接处也会出现明显的移位，因此，运营方禁止连接处站人，但在运营过程中难确保乘客遵守要求。此外，媒体认

为，无人驾驶技术在解放人力和精准控制方面具有优势，看好其应用前景，同时强调相关实战经验还不够丰富，运营中存在未知挑战。

（三）网民期待乘坐无人驾驶APM浦江线

上海网民祝贺上海首条胶轮路轨全自动无人驾驶APM浦江线正式开通试运营，纷纷在微博、论坛等网络社交平台上表达对浦江线开通的期待。首日运营的客流中，大部分都是冲着新线开通前来体验的。31日一早，就有众多乘客在浦江线的终点站等候上车，民众表现出较高的参与热情。与以往坐公交换乘8号线的行程相比，浦江线的开通节省了周边居民一半的时间成本，获得民众一致认可。

（四）部分网民认为普及无人驾驶技术将剥夺就业机会

部分网民认为，普及无人驾驶技术将剥夺相关从业人员的就业机会，相关专业的在读学生职业规划也将受到干扰。同时，这部分网友认为，人工智能技术的推广应用将剥夺许多基层劳动者和一线工作者的价值，加重就业难的问题，甚至导致社会矛盾激化。

四、网民画像

从关注此事的网民性别比例图来看，男性所占比例较高，达到71.66%（图4）。分析关注此事的网民的兴趣标签分布可知，关注此事的网民还热衷于科技、机动车辆等领域（图5）。

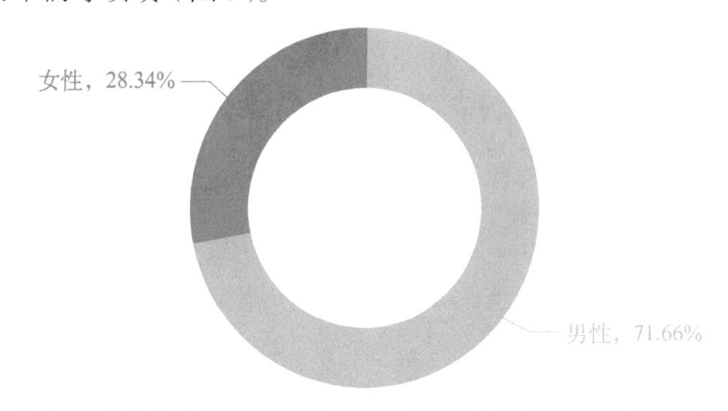

图4　3月关注上海无人驾驶APM试运营事件舆情网民性别比例

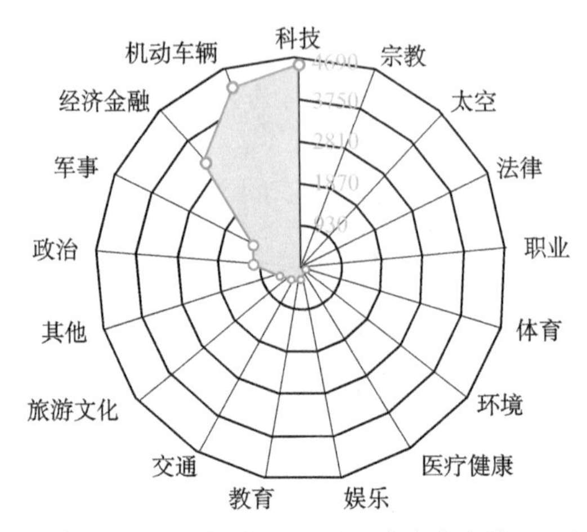

图 5　3 月关注上海无人驾驶 APM 试运营事件舆情网民兴趣分布

从关注此事的网民地域分布来看，该事件的信息发布声量主要集中于上海市，源于上海为事件发生地，当地媒体、网民对相关信息高度关注。此外，北京市、广东省和浙江省等一线经济发达省市的信息发布声量较高，此类地区城市轨道交通发展水平高，且居民日常出行需求大，故对上海无人驾驶 APM 试运营相关信息较为关注（图 6）。

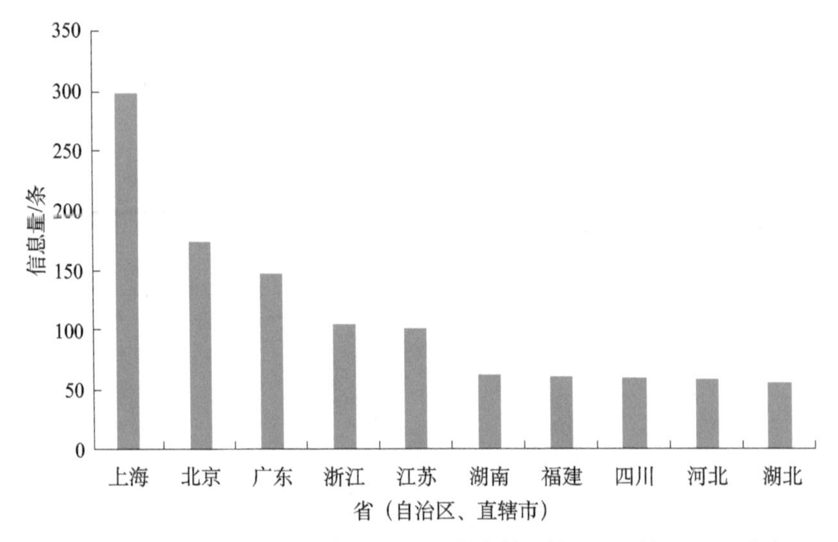

图 6　3 月关注上海无人驾驶 APM 试运营事件舆情网民地域 TOP10 分布

五、舆情研判及建议

一是人民网、新华网、光明网等央级媒体，凤凰网、搜狐新闻、网易新闻等主流媒体对“上海无人驾驶 APM 试运营”事件高度关注并进行追踪报道，认为浦江线采用全自动胶轮路轨 APM 无人驾驶系统，首次将这一制式的城市轨交系统纳入上海地铁网络，将助力上海轨道交通发展，提高人民生活质量。

二是需注意到部分网民认为科技发展将导致部分民众失业等发散性言论。对此，“科普中国”应多宣传科技进步为民众生活带来的好处，帮助网民意识到科技进步是国家实力增强、人民生活质量进一步提升的一大标志。

科普舆情研究2018年4月月报
典型舆情

（监测时段：2018年4月1～30日）

“天眼”首次发现毫秒脉冲星并获国际认证

一、事件概述

2018 年 4 月 28 日，中国科学院国家天文台发布消息，世界最大单口径球面射电望远镜（FAST）取得了观测研究的新突破——FAST 于 2018 年 2 月 27 日首次发现了一颗毫秒脉冲星，并得到国际认证。当日，新华网、央视网、中国青年网、光明网等主流媒体对相关信息进行集中报道和转载，引发社会热烈反响。

二、传播走势

2018 年 4 月 1～30 日，清博大数据舆情监测系统共抓取相关信息 316 条，其中网站新闻96条，占比为30.38%；微博88条，占比为27.85%；论坛信息79条，占比为25.00%；其他平台信息量占比较小，均不超过9%。综合来看，网站、微博和论坛为相关信息传播的主要阵地（图1）。由4月涉“天眼”首次发现毫秒脉冲星热度走势图可见，该事件于2018年4月28日对外公开，当日热度值随即达到传播巅峰，随后逐渐下滑并归于平静，显示出明显的媒体主导传播特征（图2）。

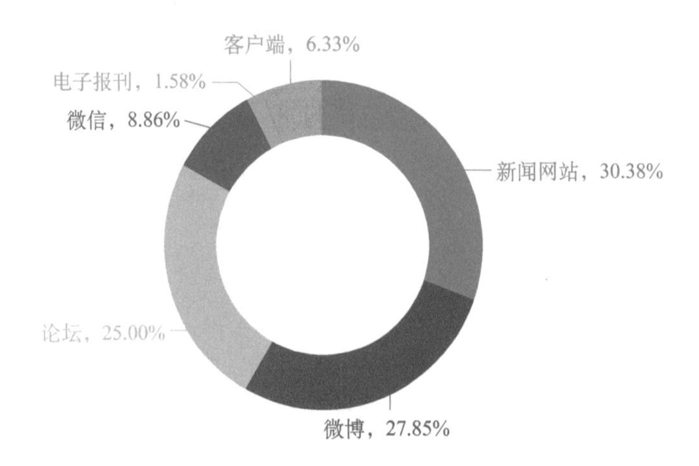

图1　4月涉“天眼”首次发现毫秒脉冲星相关舆情平台信息分布

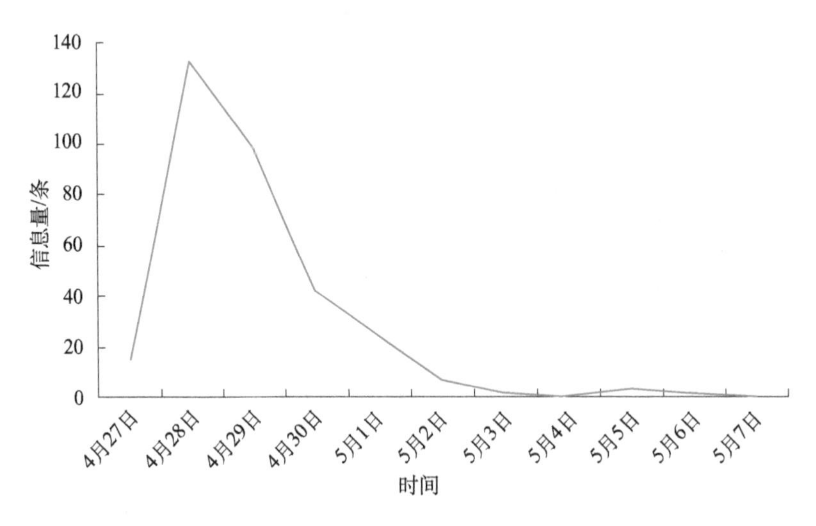

图2　4月涉“天眼”首次发现毫秒脉冲星相关舆情网络热度走势

三、舆论观点

监测显示，“天眼”首次发现毫秒脉冲星相关舆情情绪以正面情绪为主，占比达 87.39%，中性情绪和负面情绪占比均为 6.31%（图 3）。

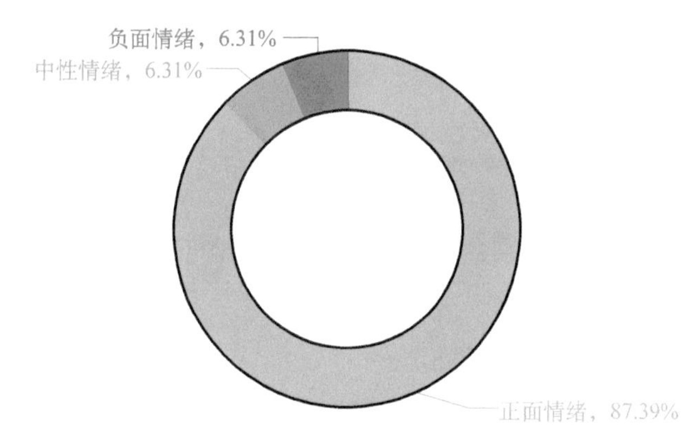

图 3　4 月涉“天眼”首次发现毫秒脉冲星相关舆情网民情感属性分布

（一）网民盛赞中国科研团队和 FAST 装置，增长科技自信

如微博网民“@gjgmdpwgmbw”表示，“现在中国比老美厉害”；微博网民“@一肚子话 _：”评论“厉害”；微博网民“@落詭听雨”发表评论，“虽然看不懂，但还是觉得很厉害，谢谢科学家们的努力”。

（二）媒体肯定 FAST 做出的实质性贡献，期待其发挥重要作用

如央视网、中国青年网等刊文称，“此次 FAST 首次发现毫秒脉冲星，展示了 FAST 对国际低频引力波探测做出实质性贡献的潜力，有望对理解中子星演化、奇异物质状态起到重要作用”。

（三）业内人士高度认可 FAST 的科学意义，寄厚望于其潜在应用价值

北京大学科维理天文与天体物理研究所李柯伽研究员表示，“此次发现展示了 FAST 在脉冲星搜寻方面的重大潜力，凸显了大口径射电望远镜在新时代的生命力”。北京大学天文系徐仁新教授认为，“除了科学意义外，毫秒脉冲星

还有潜在的应用价值。FAST 参与毫秒脉冲星的发现将为全球科学家和工程师提供更好的机遇”。澳大利亚科工组织研究员、国际引力波联合探测委员会成员霍布斯（G. Hobbs）表示，“国际射电天文界为 FAST 已经取得大量脉冲星发现感到兴奋，看好 FAST 的国际合作前景，并期待 FAST 为引力波探测做出贡献”。

四、网民画像

从关注此事的网民性别比例图来看，男性所占比例较高，达到 71.23%（图 4）。分析关注此事的网民兴趣标签分布可知，关注此事的网民还热衷于军事、娱乐、旅游文化等方面（图 5）。

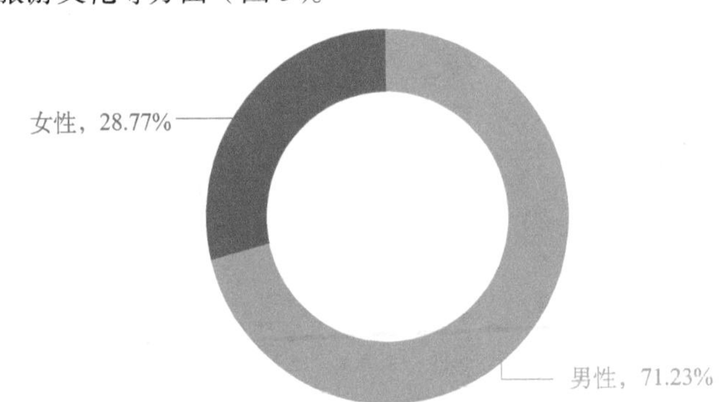

图 4　4 月关注“天眼”首次发现毫秒脉冲星舆情网民性别比例

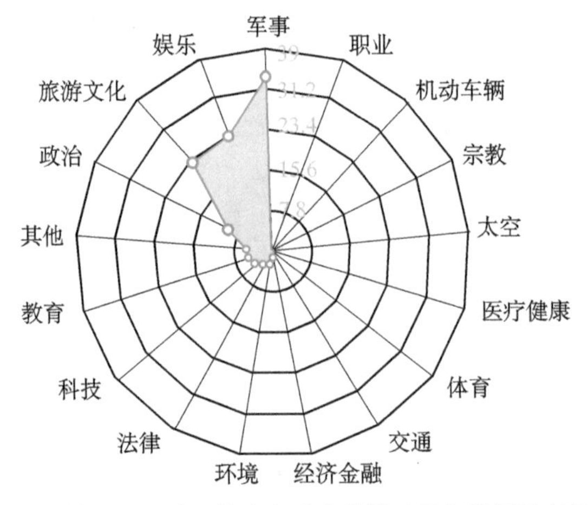

图 5　4 月关注“天眼”首次发现毫秒脉冲星舆情网民兴趣分布

从关注此事的网民地域分布可见，该事件的信息发布声量主要集中于北京市、贵州省、江苏省和上海市等地。由此可见，北京市、上海市、江苏省等经济发达、网络交互技术领先、媒体品牌驻扎较多的城市在发布和传播科研事件中具有更大的优势。此外，贵州作为“天眼”所在地，一方面，连带受到多次报道和反复提及；另一方面，因获地方媒体高度传播，易引起当地网民关注，触发荣誉共鸣（图6）。

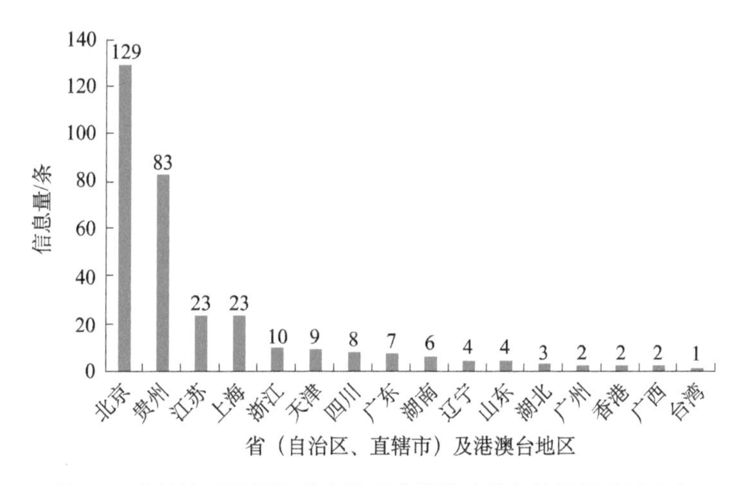

图6 4月关注“天眼”首次发现毫秒脉冲星舆情网民地域分布

五、舆情研判及建议

一是新华网、央视网、中国青年网等主流媒体关注报道此事，反复强调和提及“FAST对国际低频引力波探测做出实质贡献的潜力”这一话术，带动整体舆论向好。另外，国内外专家和业内人士一致高度肯定“天眼”首次发现毫秒脉冲星的正面意义，与媒体声音形成同一阵营，扩大了该事件带来的正面舆情效应。鉴于此，在报道中需要强调事件对人类的积极作用，淡化国别意识，警惕“中国威胁论”的复发和扩大。

二是网民普遍“点赞”中国科研发展、科学家等，助推国民科技自信暴涨。此外，还有部分杂音关联科幻小说中提及的“黑暗森林法则”，担忧太空探索计划将会给人类带来安全威胁。

科普舆情研究2018年5月月报
典型舆情
（监测时段：2018年5月1～31日）

中国壹零空间自主研发首枚民营商业火箭

一、事件概述

2018 年 5 月 17 日，重庆零壹空间航天科技有限公司宣称，该公司研发的中国首枚民营自研商业火箭“重庆两江之星”OS-X 火箭在西北某基地成功点火升空，这标志着中国首枚民营自研商业亚轨道火箭首飞成功，为接下来的民营自研商业火箭发射卫星奠定了坚实基础。2018 年 5 月 18 日，新华网、环球网、凤凰网等媒体转载相关报道文章《创造历史！零壹空间发射中国首枚民营商业火箭》，吸引众多网民聚焦。

二、传播走势

监测时段 2018 年 5 月 1～31 日期间，清博大数据舆情监测系统共抓取相关信息 1090 条，其中包含微信文章 534 条，占总信息量的 49%，为信息主要传播渠道；网站新闻以 208 条的信息量紧随其后，占比为 19%；论坛发帖 192 条，占比 18%；微博相关信息 156 条，占比为 14%。客户端平台暂未发布事件相关动态（图 1）。由 5 月涉首枚民营商业火箭热度走势图可见，该事件于 2018 年 5 月 17 日对外公开，事件舆论热度在次日达到高峰，此后热度小有波动并逐渐消减（图 2）。

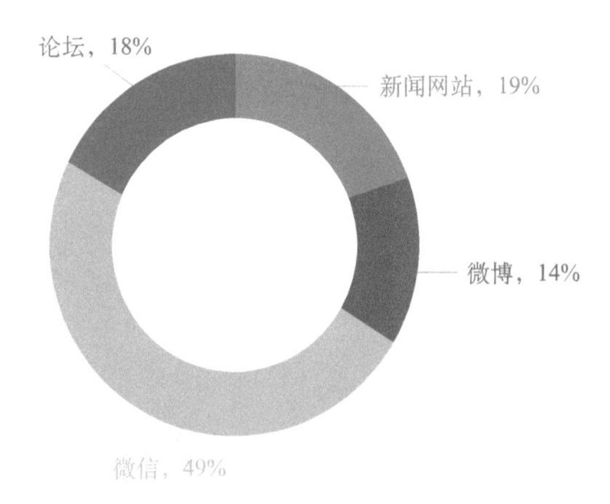

图1 5月涉中国民营商业火箭相关舆情平台信息分布

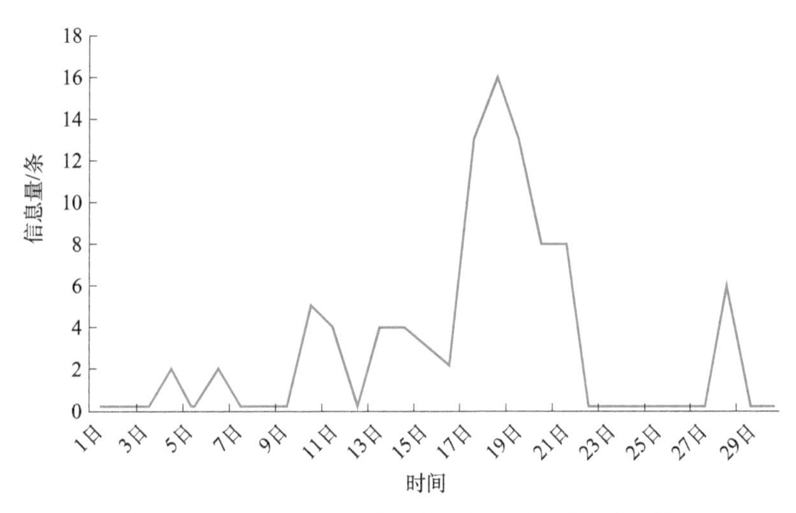

图2 5月涉中国民营商业火箭相关舆情网络热度走势

三、舆论观点

监测显示，中国首枚民营商业火箭相关舆情情绪以正面情绪为主，占比达58.70%，中性情绪占比为35.63%，负面情绪占比仅有5.67%（图3）。

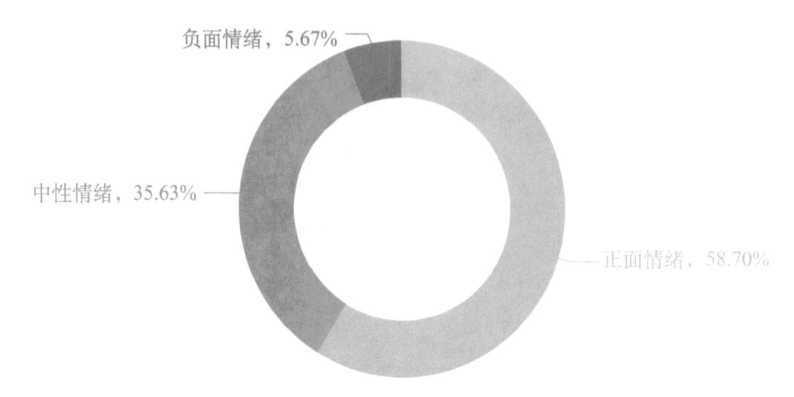

图3　5月涉中国民营商业火箭相关舆情网民情感属性分布

（一）网友“点赞”民营航天事业发展实力，看好其未来发展

网友“@魏亚琼”表示，“为壹零空间点赞，中国民营航天企业进一步加快商业航天布局，意味着中国在商业运载火箭、小卫星等领域不断寻求突破，逐渐成长为中国航天强国建设的一支重要力量”。网友“@奇伦的使者”认为，“亚轨道，慢慢来，民营资本介入是好事，等前期亚轨道走得顺利了，国家政策应该会松动开放太空领域，到时候就可以研发卫星运载火箭了”。网友“@god4956”评论，“希望零壹发展得越来越好，早日实现轨道发射”。

（二）媒体祝贺民营火箭发射成功，盛赞其重大里程碑意义

环球网发文报道，“这次发射的OS-X火箭并非通常意义上的运载火箭，而是为航空航天技术验证打造的专用飞行试验平台，主要用于高超声速验证试飞任务，相比昂贵的高超声速风洞测试，OS-X火箭试飞价格低廉，国内许多科研机构可以用它进行高超声速飞行试验，将大大降低航天产业成本，缩短研发周期，促进我国航天产业蓬勃发展”。凤凰网发文称，“首飞实现了长时间的临近空间有控飞行，获取了大量真实飞行环境数据，试验取得圆满成功，全面达成客户要求”。

（三）外媒聚焦中国民营航天领域发展，肯定商业火箭发射意义

英国路透社报道，“中国首枚自主研发的民营商业火箭在 17 日发射成功，这是中国太空探索计划最新的里程碑”。《耶路撒冷邮报》报道称，“此次发射的‘重庆两江之星’号商业火箭是中国首枚民营公司发射成功的火箭，它促进了中国航空航天产业的发展”。芬兰“太空新闻”网站刊文称，“随着越来越多的民营公司参与到火箭发射行业，2018 年中国将迎来商业火箭的元年”。

（四）部分网友否定火箭发射作用，认为其只是商业噱头

如有网友表示，“发射成功固然可喜，但看这数据还不至于这么兴师动众吧。”“说实话，没啥技术含量，搞这玩意就是噱头。”“意义大于实际情况，可能象征着战略性部门也开始走向市场开始资本化以获取更多的活力来加速发展。”“对于民营商业航天的发展，国家寄予厚望。虽然本次发射增强了自主研发技术团队的信心，但目前呈现出来的技术水准并不具有很大意义。”

四、网民画像

从关注此事的网民性别比例图来看，男性所占比例较高，达到 63%（图 4）。分析关注此事的网民兴趣标签分布可知，关注此事的网民还热衷军事等领域（图 5）。

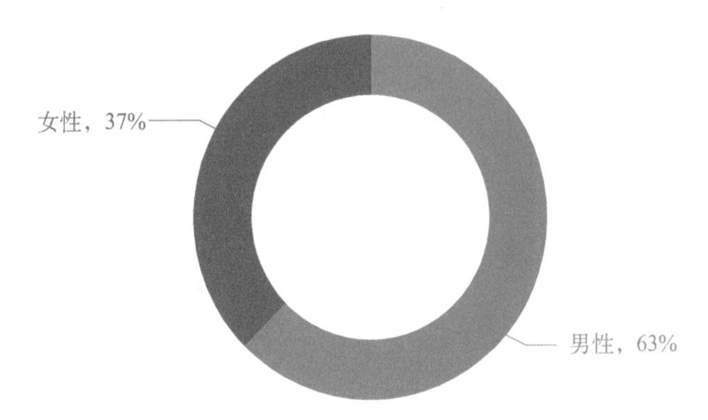

图 4　5 月关注中国民营商业火箭舆情网民性别比例

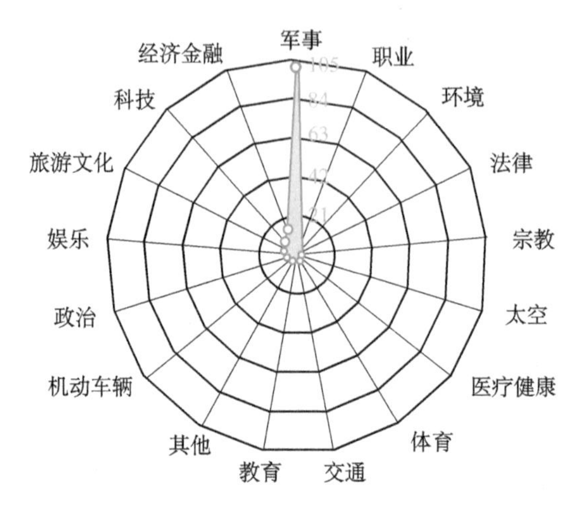

图5　5月关注中国民营商业火箭舆情网民兴趣分布

从关注此事的网民地域分布来看，该事件的信息发布声量主要集中于重庆市，源于该事件主体为重庆壹零空间公司，故当地媒体、网民对此着重关注。此外，北京市、广东省等一线经济发达省市的信息声量较高，则与此类地区经济发达、网络技术完善、网民获取信息便捷有关（图6）。

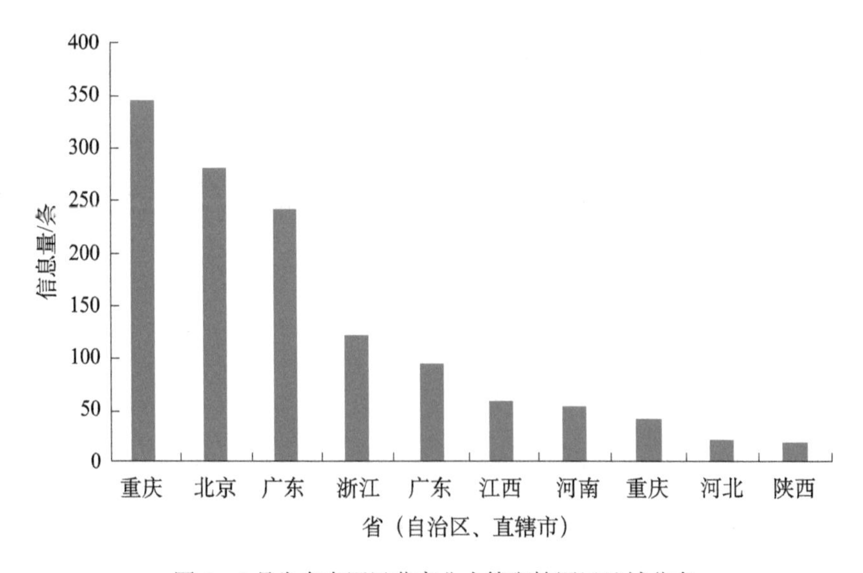

图6　5月发布中国民营商业火箭舆情网民地域分布

五、舆情研判及建议

一是新华网、澎湃新闻、腾讯网、网易等媒体和网站对于此事件的报道均以正面为主，且报道体量较大，带动事件影响范围进一步扩大。在舆论场中，网民正面情绪高涨，一致高度认可商业火箭发射的意义，肯定中国科技进步，事件总体传播趋势向好。

二是需要警惕少数网民质疑火箭发射作用，否认火箭技术含量，称其为商业噱头之说。对于此类言论，相关涉事主体应保持信息监测，提前做好风险预警，预防潜在舆论威胁。

科普舆情研究2018年6月月报
典型舆情

（监测时段：2018年6月1～30日）

“风云二号”H星成功发射　“一带一路”气象服务将升级

一、事件概述

2018 年 6 月 5 日 21 时 07 分，由中国航天科技集团有限公司八院抓总研制的“风云二号”H 星，在西昌卫星发射中心由“长征三号”甲运载火箭发射升空。这是我国第一代静止轨道气象卫星“风云二号”的最后一颗卫星，也是我国成功发射的第 17 颗“风云”系列气象卫星。“风云二号”H 星完成在轨测试后，将专注为中国西部地区、“一带一路”沿线国家和地区的天气预报、防灾减灾等提供信息支撑。当日，人民网、新华网、央广网等媒体转载相关报道文章《“风云二号”H 星成功发射　“一带一路”气象服务将升级》，引发社会广泛关注。

二、传播走势

监测时段2018年6月1～30日期间，清博大数据舆情监测系统共抓取相关信息2076条，其中包含网站新闻1230条，占比为59%；微博发文461条，占比为22%；微信发文206条，占比为10%；论坛发帖为179条，占比为9%（图1）。由6月涉“风云二号”H星的热度走势图可见，虽然该事件于2018年6月5日对外公开，但是其相关热度在2018年6月6日达到高峰，热度走势随媒体报道关注波动明显（图2）。

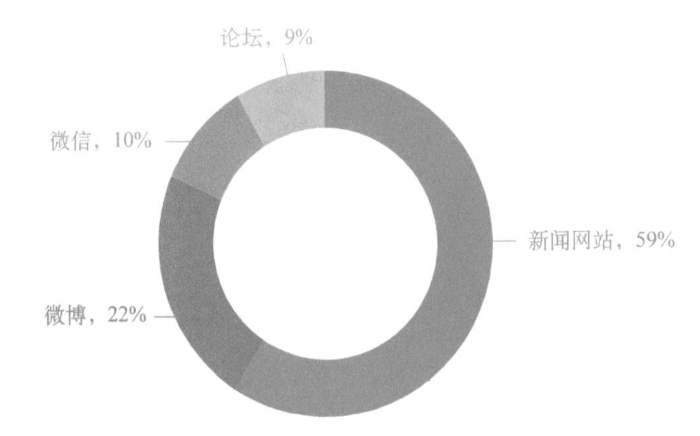

图1　6月涉“风云二号”H星成功发射相关舆情平台信息分布

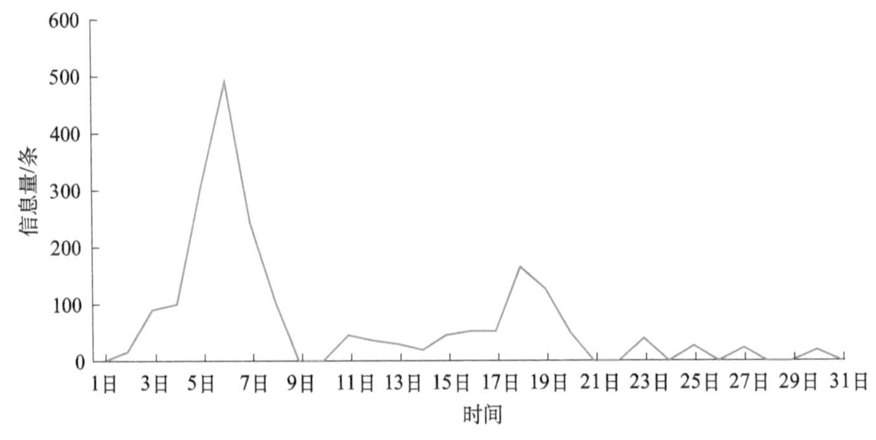

图2　6月涉“风云二号”H星成功发射相关舆情网络热度走势

三、舆论观点

监测显示，“风云二号”H星相关舆情情绪以正面情绪为主，占比达68.82%，中性情绪占比23.92%，负面情绪占比7.25%（图3）。

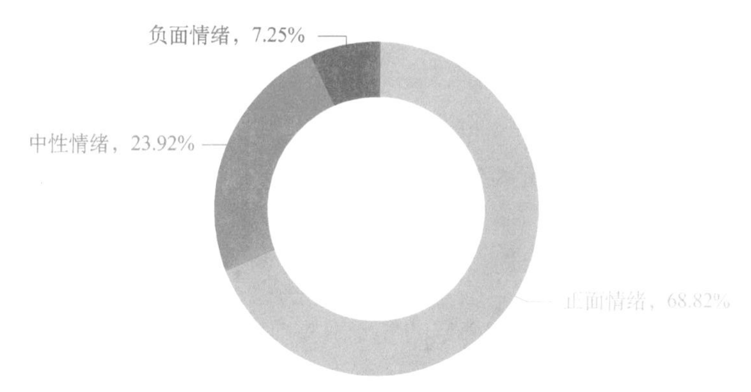

图3 6月涉“风云二号”H星成功发射相关舆情网民情感属性分布

（一）网民盛赞中国航天科技成果，引发集体荣誉感

如网友“@陈潇洒”评论，“伟大的航天科技万岁！向奋战在航天事业的战士们致敬，你们是全国人民的骄傲”。网友“@镜哥哥”表示，“昨晚看到天空一道弧线划破夜空，原来是卫星！感叹祖国强大，科技发达，厉害了我的西昌！”网友“@向唯”赞扬道，“厉害了我的国！作为气象人，倍感骄傲！”

（二）媒体肯定“风云二号”H星发射意义，认为其将持续服务“一带一路”

如新华网发文指出，“H星是‘风云二号’所有卫星中可靠性最高、性能最稳定的卫星。目前，‘风云二号’在轨卫星（E星、F星、G星）形成了‘多星在轨、互为备份、统筹运行、适时加密’的业务运行模式，在台风、暴雨等灾害性天气及沙尘暴、森林草原火灾的监测中发挥着重要作用”。央广网发文表示，“H星成功发射后，我国将对‘一带一路’沿线国家和亚太空间合作组织成员国免费分发风云气象卫星数据和产品，将我国赠予亚太空间合作组织成员国的卫星云图接收站进行免费升级，并提供风云卫星气象应用技术培训，满足本地区对静止轨道气象卫星数据获取及应用的急需。”

（三）网友致敬航天工作者为航天事业所做的贡献

如网友“@世事如棋”表示，“无尽的天空你们是探索的使者，在天与地之间你们架设了桥梁”。网友“@吴建华”评论，“你们是装点天空那一颗颗美丽星星的人，向你们这些无私奉献可敬可爱的人致敬”。

（四）存在少数恶意歪曲解读事实的言论

如有网民表示，“这种自旋稳定的气象卫星应该进博物馆”。还有网友认为，“就发射质量来看，依旧美国是远超别人，中美航天技术的差距是在拉大不是在缩小”。

四、网民画像

从关注此事的网民性别比例图来看，男性所占比例较高，达73.81%（图4）。分析关注此事的网民兴趣标签分布可知，关注此事的网民还热衷于军事、环境等领域（图5）。

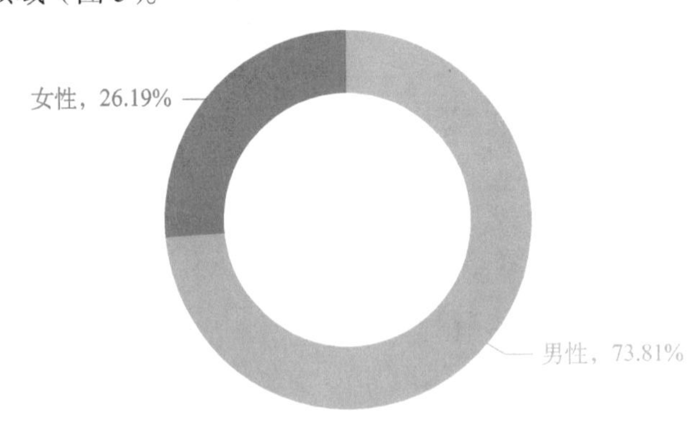

图4　6月关注“风云二号”H星成功发射舆情网民性别比例

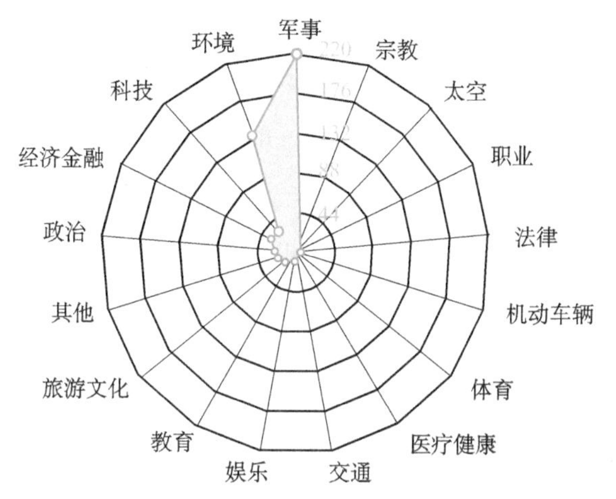

图 5　6 月关注“风云二号”H 星成功发射舆情网民兴趣分布

从关注此事的网民地域分布来看，该事件的信息发布声量主要集中于北京市。主因首都北京是全国政治、文化中心，主流媒体、网络媒体对网络舆论事件反应迅速，并能及时进行孵化辐射。此外，由于卫星发射地位于四川西昌，故当地媒体和网民对此事件更为关注（图 6）。

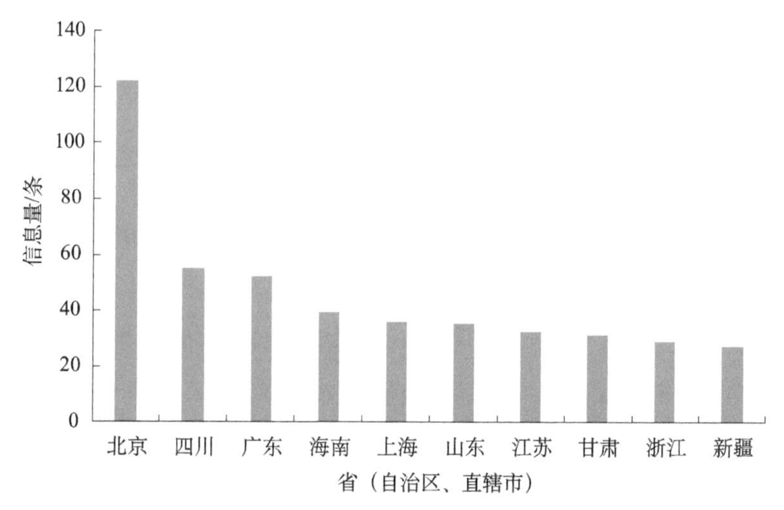

图 6　6 月发布“风云二号”H 星成功发射舆情相关信息网民地域分布

五、舆情研判及建议

一是在监测时间内，人民网、新华网、央广网等多家央媒集体聚焦“风云二号”H星成功发射，充分肯定卫星发射意义，吸引多家主流媒体及门户网站参与事件报道。其他媒体涉“风云二号”H星成功发射的报道也以正面为主，助推事件正面传播声量进一步扩大。在公共舆论场上，网民正面情绪充沛，纷纷“点赞”中国航天科技成果，事件整体舆论反响良好。

二是需警惕少数网民将中国与美国进行对比，发布“中国科技实力不如美国”等偏激言论。对此，“科普中国”平台可适当加强信息监管，并积极宣传我国科技进步成果，以此引导网络舆论走向正面。

科普舆情研究2018年7月月报 典型舆情

（监测时段：2018年7月1～31日）

国航飞机急降事件

一、事件概述

2018年7月10日，国航CA106香港至大连的航班在广州空域发生氧气面罩脱落事件。2018年7月13日，中国民用航空局初步调查结果公开，称副驾驶在驾驶舱内吸电子烟，错误地关闭了相邻空调组件，导致事件发生。当天，凤凰网等媒体转载相关报道文章《国航航班急降事件初步调查结果公布：因副驾驶吸电子烟》，受到网民广泛关注，舆情热度不断蔓延。2018年7月17日，中国民用航空局召开了安全电视电话会议，中国民用航空局安委会通报了包含“国航CA106副驾驶吸电子烟致航班紧急下降”在内的3起严重不安全事件的处理决定，决定削减国航总部737总飞行量的10%航班量，吊销飞行员执照。7月18日，央视网、凤凰网、新浪网等媒体转载相关文章《副驾驶吸电子烟致飞机急降 国航被民航局“开罚单”》，引起社会激烈讨论。

二、传播走势

监测时段2018年7月1～31日期间，清博大数据舆情监测系统共抓取相关信息1247条，其中包含网站新闻697条，占比为55.89%；论坛发帖为174条，占比为13.95%；微信发文239条，占比为19.17%；微博相关信息94条，占比为7.54%；客户端发文43条，占比为3.45%（图1）。由7月涉国航飞机急降热度走势图可见，事件相关热度在2018年7月13日初步调查公布时达到第一个高峰，至7月18日处罚结果公布时达到第二个高峰，热度随官方处置结果而波动（图2）。

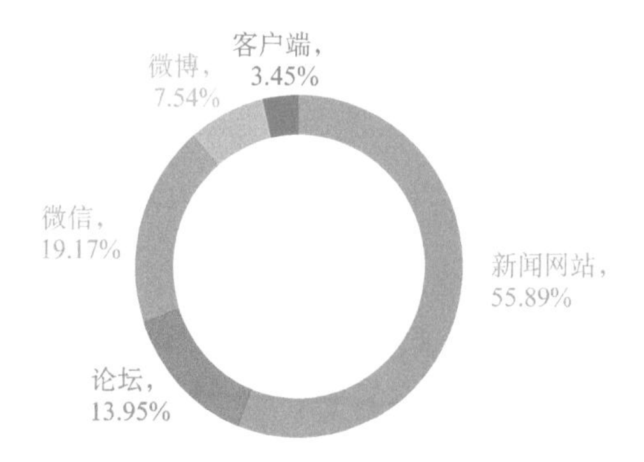

图1　7月涉国航飞机急降事件相关舆情平台信息分布

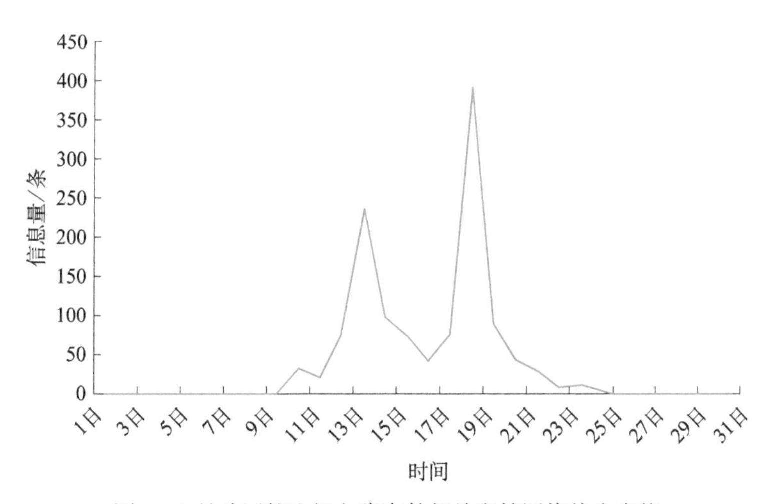

图2　7月涉国航飞机急降事件相关舆情网络热度走势

三、舆论观点

监测显示，国航飞机急降事件相关舆情情绪以正面情绪为主，占比达41.77%，中性情绪占比24.37%，负面情绪占比33.86%（图3）。

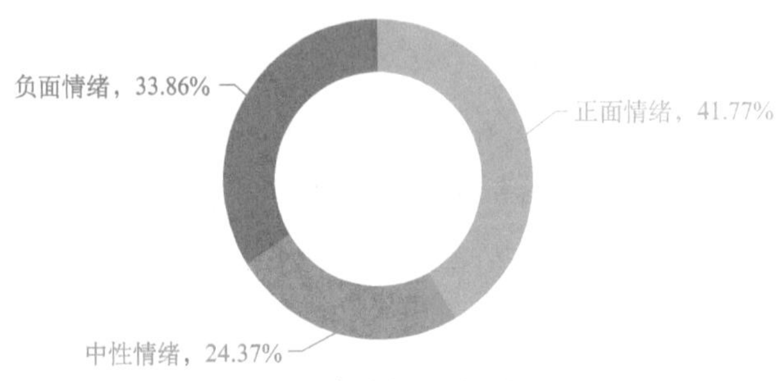

图3　7月涉国航飞机急降事件相关舆情网民情感属性分布

（一）部分网民支持对机组人员的处理结果，认为应当规范安全措施

如网民“任国学”发表言论称，“决不能拿乘客的生命开玩笑！为处理结果点赞！”网民“秋”表示赞同，“安全无小事，这种不守规矩的人就应该清除出队伍”。网友“十八公”表示，“既要严肃问责，更要举一反三，整改措施到位”。

（二）部分网友认为国航公司监管失职，希望严管机舱、机组安全问题

如网友“可可西”表示，“这是监管盲区，在飞机驾驶舱抽烟没人监管，地面和乘客也不会知道驾驶员抽烟”。网友“小丸子”表示，“安全问题岂能儿戏？万一造成严重事故请问谁又背负得起，请对每一位乘客负责，也是对自己负责！”网友“Dongwa”发表言论称，“太不负责了！一机人的生命差点毁在一根烟上面！”

（三）媒体认为机组和驾驶舱存在监管漏洞，要求即刻整顿完善相关制度

如《新京报》发文称，“乘客不能做的，机组更不能做。这次飞机急降突

然失压危及机上人员的生命，后果严重。此次事件凸显出对于机组人员和驾驶舱的监管存在漏洞，相应的整顿迫在眉睫”。中华网发文表示，“要认真吸取此事件的深刻教训，始终秉持安全第一的发展理念，坚持对安全违章行为持零容忍态度，不断完善安全管理体系，坚决杜绝此类事件发生，确保持续安全，以良好的业绩回报社会关切”。

四、网民画像

从关注此事的网民性别比例图来看，男性所占比例较高，达到 55.56%（图 4）。分析关注此事的网民兴趣标签分布可知，关注此事的网民还热衷军事、旅游文化、交通等领域（图 5）。

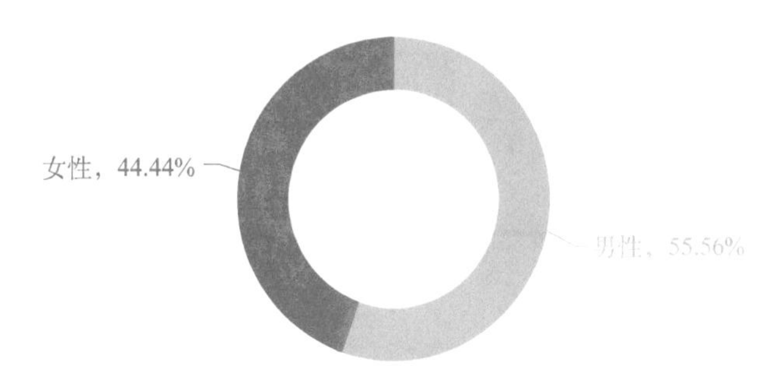

图 4　7 月关注国航飞机急降事件舆情网民性别比例

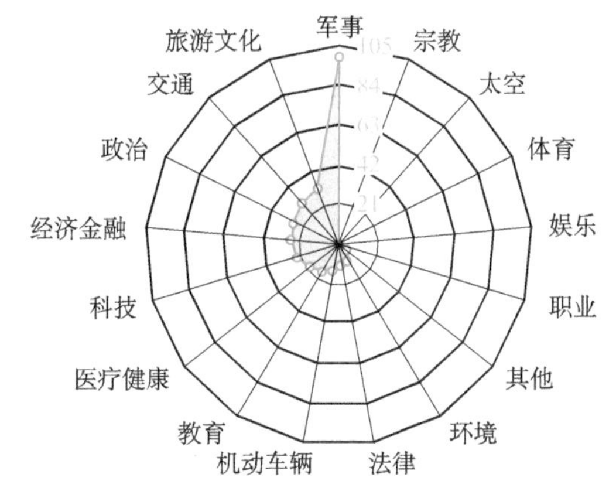

图 5　7 月关注国航飞机急降事件舆情网民兴趣分布

从关注此事的网民地域分布来看，国航飞机急降舆论事件涉及地域较为广泛，其中北京市因媒体、大“V”汇聚，人口众多，舆论场传播影响力一直居高不下，故该地传播信息量最多。上海市、浙江省等地经济发展强劲，网络化程度高，加之人口分布较为密集，故相关舆论信息量也非常可观，处在第二梯队（图 6）。

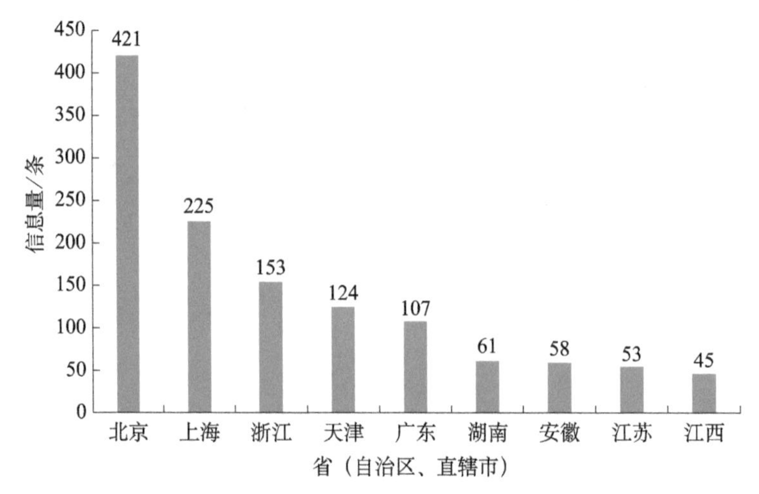

图 6　7 月关注国航飞机急降事件舆情相关信息网民地域分布

五、舆情研判及建议

一是此次事件发生后，新华网、澎湃新闻、腾讯网、新浪网、网易等媒体报道事故发生原因，引导公众关注国航公司安全监管措施，带动事件热度不断蔓延。个别媒体出现“仅仅吊销执照怎么够，应该给他们判刑”等偏激言论，在网民群体中影响极大，易造成观点站队，从而削弱处置舆情的效果。因此，涉事主体应对此类言论密切关注并及时回应，表明强化监管和追责到位的决心，安抚网民情绪，避免产生次生舆情。

二是网民观点中出现各种杂音，甚至有网友发表“国航公司店大欺客”等煽动性言论。对此，相关涉事主体应增强信息敏感度，及时化解矛盾，积极引导正面舆论，避免由于应对不力而导致负面舆情扩大化。

科普舆情研究2018年8月月报
典型舆情
（监测时段：2018年8月1～31日）

北京联通启动“5G NEXT”计划

一、事件概述

2018 年 8 月 13 日，北京联通正式发布了“5G NEXT”计划，北京市首批 5G 站点也同步启动，按照中国联通在 2018 年 6 月公布的 5G 部署计划，将引入最新国际标准高起点建设 5G 精品网络。2019 年将进行 5G 业务规模示范应用及试商用，计划在 2020 年正式商用。这标志着 5G 网络开始在北京市搭建，首都正在向 5G 时代迈进。2018 年 8 月 14 日，人民网、新华网、环球网等媒体转载报道相关文章《北京联通启动“5G NEXT”计划　2020 年 5G 正式商用》，引发社会高度关注。

二、传播走势

监测时段 2018 年 8 月 1～31 日期间，清博大数据舆情监测系统共抓取相关信息 1860 条，其中包含网站新闻 862 条，占比为 46.34%；论坛发帖 492 条，占比为 26.45%；微信发文 187 条，占比为 10.05%；微博相关信息 203 条，占比为 10.91%；客户端发文 116 条，占比为 6.24%（图 1）。由 8 月涉北京联通启动“5G NEXT”计划事件热度走势图可见，2018 年 8 月 13 日发布会召开当天，事件热度开始走高。次日，随着新华网、光明网等主流媒体发布有关报道后，相关报道热度迅速攀升到达顶峰（图2）。

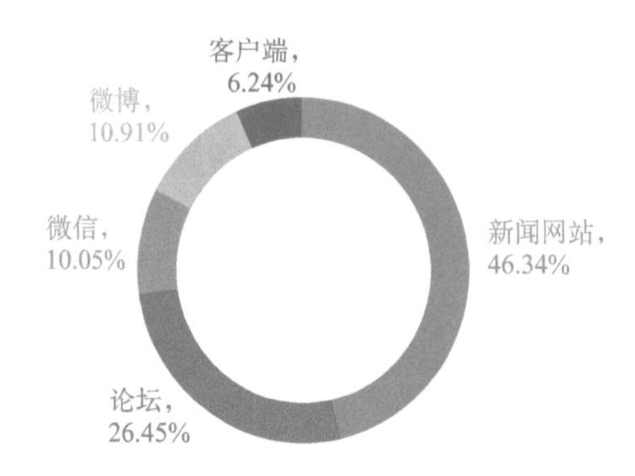

图1　8月涉北京联通启动“5G NEXT”计划事件相关舆情平台信息分布

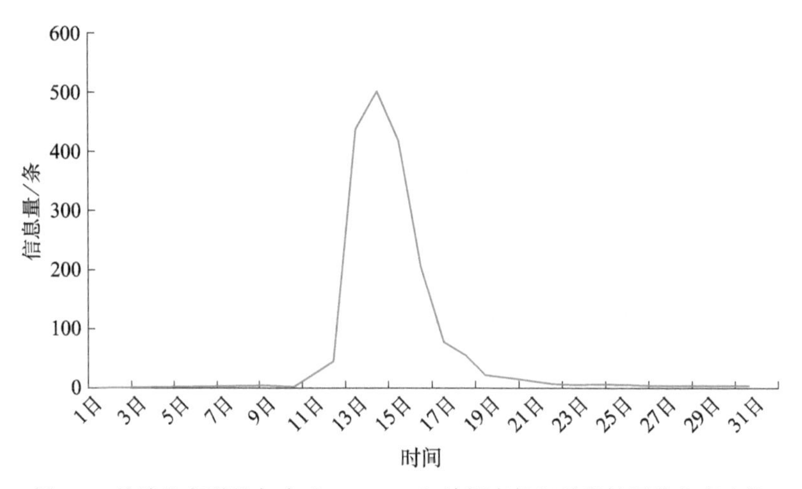

图2　8月涉北京联通启动“5G NEXT”计划事件相关舆情网络热度走势

三、舆论观点

监测显示，北京联通启动“5G NEXT”计划事件相关舆情情绪以正面情绪为主，占比达75.79%，中性情绪占比13.07%，负面情绪占比11.13%（图3）。

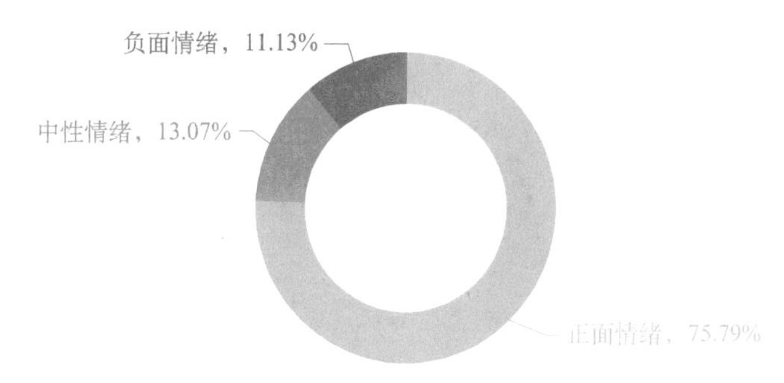

图3 8月涉北京联通启动“5G NEXT”计划事件相关舆情网民情感属性分布

（一）部分网民“点赞”联通发展速度，肯定“5G NEXT”计划

如网友“@国民小逗比”发表言论称，“联通，最近有很多大动作啊”。网友“@小布丁”也表示，“看来三大运营商是联通走在了最前面！”网友“@☆Tomo”认为，“给联通点赞，还是联通的步子迈得比较大”。

（二）部分网友期待5G尽快到来，认为其将改变生活

如网友“@乐眉翠清谷”表示，“展望未来，科技改变生活”。网友“@叶珊冬辞”表示，“4G还在推广，5G已经来了，科技发展速度越来越快，我都快跟不上时代的脚步了！”网友“@旺记机械加工”发表言论称，“5G到来时看一篇文章只需要一秒，期待5G的尽快到来！”

（三）媒体聚焦5G建设意义，一致看好5G发展前景

如光明网发文表示，“‘5G NEXT’计划旨在探索加快构建开放、共享、共荣、共赢5G生态系统，以领先完善的网络（new network）、极致的用户体验（experience）、创新的技术应用（technology），满足未来业务无限可能，助推千行百业创新发展（X），加快孵化并助力5G高质量创新发展的新动能”。中国日报网发文报道，“坚持‘世界眼光、国际标准、首都特色、高点定位’是北京联通对未来5G网络的期待。未来，北京联通将继续瞄准世界科技前沿，强化基础研究应用，领跑全新一代网络技术，切实将多项原创成果落地，为建设网络强国、数字中国、智慧社会贡献力量”。

（四）有小部分网民质疑联通技术实力，担忧 5G 实质作用

如有网民表示，“3G、4G 都没有弄好还推什么 5G，搞好了再说，不然客户都会吓跑！”还有网民表示，“3G、4G 网络都还不稳定，5G 是来搞笑的吗？”

四、网民画像

从关注此事的网民性别比例图来看，男性所占比例较高，达 71.83%，女性仅占 28.17%（图 4）。分析关注此事的网民兴趣标签分布可知，关注此事的网民还热衷于科技、经济金融等领域（图 5）。

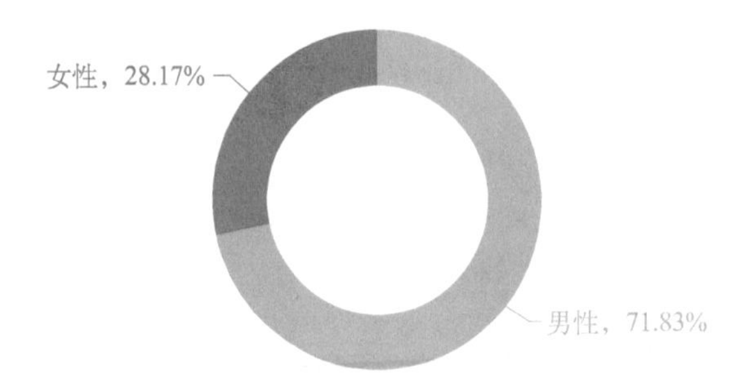

图 4　8 月关注北京联通启动“5G NEXT”计划事件舆情网民性别比例

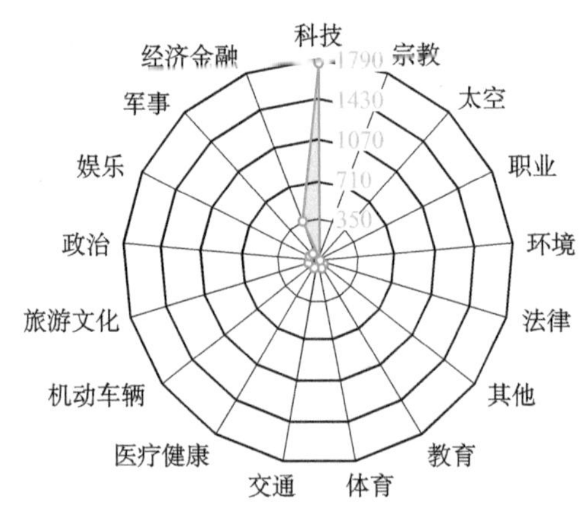

图 5　8 月关注北京联通启动“5G NEXT”计划事件舆情网民兴趣分布

从关注此事的网民地域分布图来看，该事件的信息发布声量主要集中于北京市，源于事件主体为北京联通公司，加上北京市的经济和媒体传播产业较为发达，故事件在当地的相关舆论声量最大。此外，广东省、浙江省、上海市等地经济发展强劲，网络交互技术设备完善，网民对科技类信息接收意愿更大，带动相关信息传播影响力居高（图6）。

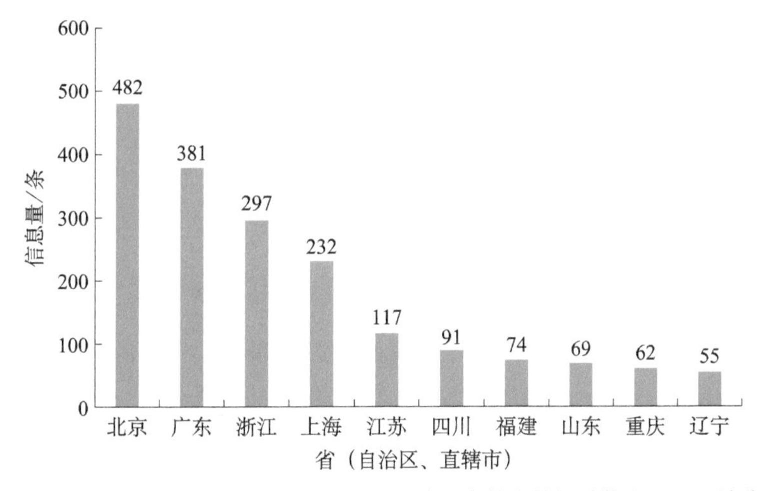

图6 8月关注北京联通启动“5G NEXT”计划事件舆情相关信息网民地域分布

五、舆情研判及建议

一是新华网、澎湃新闻、腾讯、新浪、网易等媒体持续报道此事，科普5G技术优势及发展前景，在带动话题曝光度提升的同时，也增强民众的科技自信，事件正面宣导作用突出，助推正面情绪高涨。值得注意的是，仍有个别网友对5G技术存在误解，认为5G技术会给人们带来更重的经济负担。对此，“科普中国”平台要加强相关信息发布力度，及时回应民众疑惑，消除民众误解，营造良好的网络氛围。

二是网民的反馈中掺杂少量杂音，主要表现在网民对涉事品牌存在不满，如有网友发表“联通迟早要完蛋”的负面言论。对此，相关涉事主体要密切关注品牌舆情，了解事件缘由，从而进行正确舆论引导，避免负面舆情蔓延。

科普舆情研究2018年10月月报
典型舆情

（监测时段：2018年10月1～31日）

17种抗癌药纳入医保　舆论盛赞提升中国国际影响力

一、事件概述

2018 年 10 月 10 日上午，国家医疗保障局文件《关于将 17 种抗癌药纳入国家基本医疗保险、工伤保险和生育保险药品目录乙类范围的通知》在中国政府网正式挂网。经过 3 个多月的谈判，17 种抗癌药纳入医保报销目录，大部分进口药品谈判后的支付标准低于周边国家或地区市场价格，将极大减轻我国肿瘤患者的用药负担。山东、广东、天津、厦门、海南、四川、新疆、湖南等多地陆续下发通知表示 11 月 1 日开始正式施行政策。自 2018 年 10 月 10 日起，央视新闻、人民网、新华网、中国新闻网、《北京晚报》、财经网、《文汇报》《每日经济新闻》等媒体对相关信息进行报道和转载，引发社会热烈反响。

二、传播走势

监测时段 2018 年 10 月 1～31 日期间，清博大数据舆情监测系统共抓取相关信息 560 条，其中微信文章 252 条，占比为 44.97%；网站新闻 183 条，占比为 32.30%；论坛信息 78 条，占比为 14.16%；其他微博、客户端、电子报刊等平台的相关信息较少，占比均低于 5%，微信和网站为相关信息传播的主要阵地（图 1）。由 10 月涉 17 种抗癌药纳入北京医保热度走势图可见，10 月 10 日，国家医疗保障局印发了《关于将 17 种药品纳入国家基本医疗保险、工伤保险和生育保险药品目录乙类范围的通知》，媒体介入报道助推事件热度达到顶峰，随后热度直降，10 月 15 日医疗自媒体账号发文跟进药品介绍，带动热度小幅度回升，月度波动平缓（图 2）。

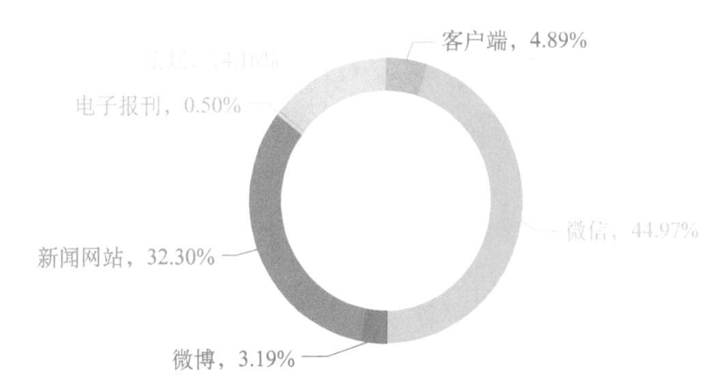

图 1　10 月涉 17 种抗癌药纳入医保相关舆情平台信息分布

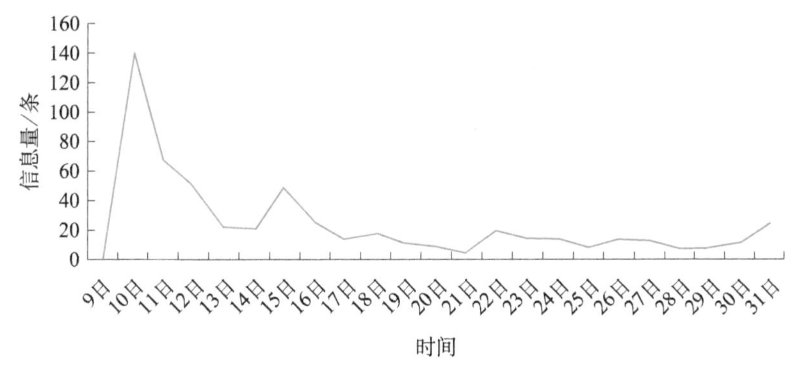

图 2　10 月涉 17 种抗癌药纳入医保相关舆情网络热度走势

三、舆论观点

监测显示，17 种抗癌药纳入北京医保相关舆情情绪以正面情绪为主，占比达 63.05%，中性情绪占比 22.81%，负面情绪占比为 14.14%（图 3）。

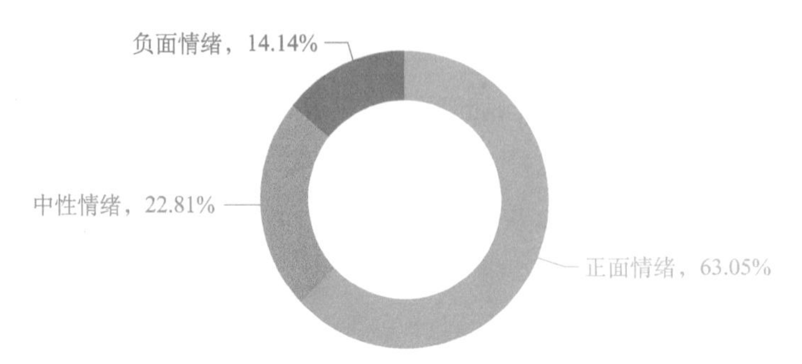

图 3　10 月涉 17 种抗癌药纳入医保相关舆情网民情感属性分布

（一）网民“点赞”政策，期待进行全国推广

如微博网民“@L 千禧千雪 L”表示“可以全国推广码吗”。微博网民“@ 万事如意 27383”评论“全国推广”。微博网民“@ 壹零壹捌 _ 露茜”发表评论，“依然进程很慢，但至少进步了！好事情！”微博网民“@JA 王硕”指出，“中国加油，相信会变得更好的”。微博网民“@ 名真难了”表示“好样的中国”。

（二）部分网民担忧医院降低进药占比逃避执行，政策难以起到实效

如微博网民“@ 青春不保请勿剃须”表示，“当你拿药的时候，医院会告诉你没有了 / 断货了”。微博网民“@ 糖十岁”评论，“有什么用，一边进医保，一边控制药占比”。微博网民“@ 米卤茶”发表评论，“纳入医保前，可能有钱还能救命；纳入医保后，很可能有钱也买不到了。真正为人民服务，不仅是简简单单谈判后纳入医保，后面需要努力的地方还有很多，诸如医院药占比等硬性指标”。微博网民“@ 简单的点点滴滴滴”指出，“省医院不执行！不进药！”

（三）部分网民表示纳入医保后费用还是太高，普通老百姓难以负担

如微博网民“@ 活成大人喜欢的模样”表示，“降价后还是很贵很贵啊，

尤其是有些药要一直吃，普通老百姓还是很难负担得起”。微博网民“@ 爱在西元前 IVY”评论，“价格是一片的价格，医保报销后还需要近一万一瓶药，有的甚至更多，一瓶药用一月或半月，普通老百姓还是承受不起”。微博网民“@ 半米扬光”发表评论，“价格是降了赠药，全部取消，相比以前负担反而更大，请问你们的政策对我们来说到底是好还是坏，另外各种限定支付范围更是霸王条款”。微博网民“@ 开心超人 Z”指出，“这些药报销还是太贵了”。

（四）媒体解读降价细节，引导关注政策利好

新华网发文《福建省将 17 种抗癌药纳入医保报销目录》《好消息！ 17 种抗癌药纳入医保目录》，《西安日报》发文《国家医保局：17 种抗癌药纳入医保报销目录》，华夏经纬网发文《17 种抗癌药纳入医保支付范围》，人民网发文《国家医保局：17 种抗癌药纳入医保报销目录》，中国新闻网发文《17 种抗癌药纳入医保 国家医保局：确保患者买得到》，光明网发文《17 种抗癌药能用医保了》等公示所涉药品价格调整目录，强调降价力度。

（五）媒体表示政策推行后抗癌药的价格有望跌落“神坛”

财经网发文《17 种抗癌药纳入医保 抗癌药价即将坠落“神坛”》指出，此轮实施以抗癌药为重点的重大疾病药品专项集中采购，是通过集中带量采购，优化临床用药结构，降低用药成本，在降税基础上进一步实现降价效应，进而满足群众用药需求，后续降低抗癌药的价格“门槛”。《每日经济新闻》发文《17 种抗癌药纳入医保！比平均零售价几乎打“四折”》指出，我国不少省（自治区、直辖市）也出台了抗癌药专项集中采购方案，对药企报价提出严格要求。其中，部分省（自治区、直辖市）明确限制“生产企业须承诺其申报降价药品价格为全国最低价，即不得高于其他省（自治区、直辖市）”。其他省（自治区、直辖市）也在加快进一步落实药品降价工作，而在这一系列举措的背后，抗癌药的价格有望持续走低。

（六）业内专家表示政策出台将导致抗癌药价持续走低，可借机提高国产抗癌药品研发能力和动力

北陆药业（7.120，0.11，1.57%）相关工作人员王胜阳表示，抗癌药原料来那度胺的税率从 9% 直降为 0 后，可能出现三种影响：首先是生产相关仿制药的国内厂家因为进口原料关税降低，带动成本下降，产品有望降价；其次是国外原厂家可能受到零关税影响，决定在华投资设立分厂直接生产，或者国外原厂家也可能在华寻找代工厂委托生产，最终由于原料的进口成本降低，其在华生产销售的相关药品价格也有望得以降低。中山大学肿瘤防治中心副院长曾木圣也曾表示，降低抗癌药品费用、减轻对进口抗癌药品依赖的根本之策，是提高我国抗癌药品的自主研发能力。要让患者真正用上“物美价廉”的抗癌药，必须加快国产抗癌药的创新研发。

四、网民画像

从关注此事的网民性别比例图来看，女性所占比例略高，达到 56%，男性占比为 44%（图 4）。分析关注此事的网民兴趣标签分布可知，关注此事的网民还热衷于医疗健康、经济金融、旅游文化、政治等方面（图 5）。

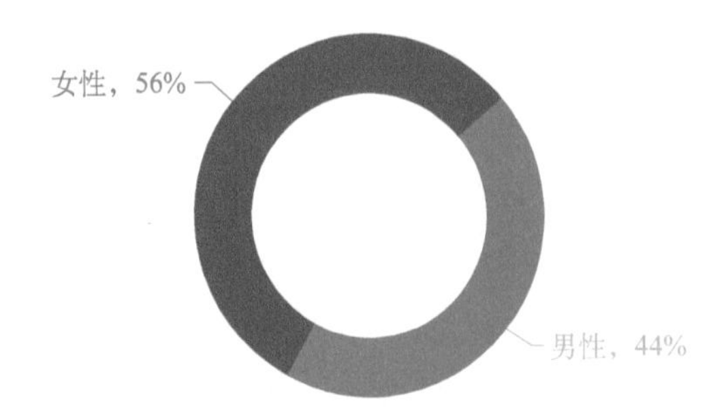

图 4　10 月关注 17 种抗癌药纳入医保舆情网民性别比例

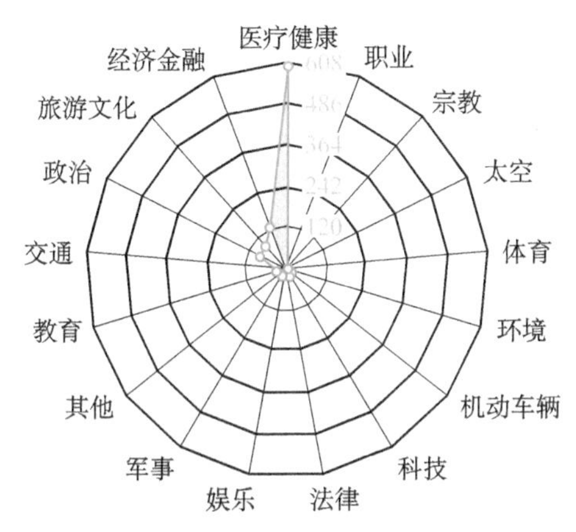

图 5　10 月关注 17 种抗癌药纳入医保舆情网民兴趣分布

从关注此事的网民地域分布可知，该事件的信息发布声量主要集中于北京、广东、山东、上海、江苏、新疆、天津等已经宣布将执行 17 种抗癌药纳入医保的地区，地方媒体的重点关注和报道影响了信息分布特征。此外，北京市媒体资源发达，互联网产业成熟，地方对事件的报道力度更大，影响范围更广（图 6）。

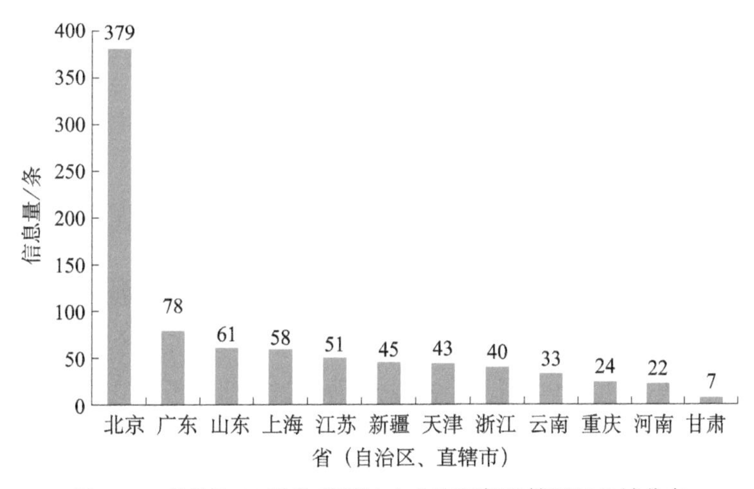

图 6　10 月关注 17 种抗癌药纳入北京医保舆情网民地域分布

五、舆情研判及建议

一是在对该事件的态度上，媒体态度和业内人士的态度高度统一，普遍认为政策出台利好癌症群体和家庭，并将有利于抗癌药市场价格的持续走低，提高国内自主研发抗癌药的动力和能力。而网民态度则多对政策的实效表示担忧，主要认为医院将会为了利润逃避执行政策。网民和媒体、业内人士的观点割裂对立反映的是民众对医疗行业的不信任和对医疗市场规范度欠缺的愤怒。因此，媒体在报道过程中，一方面，要事实内容详细，强调利好作用；另一方面，要关注为保证政策实效政府推出的配套措施和反馈机制。

二是有较大声量的民众反映降价后的抗癌药费用仍然过高，表示纳入医保只是杯水车薪。鉴于此，需要引导关注抗癌药全球市场情况和研发投入情况，让普通民众对抗癌药市场有初步的了解，避免因信息不对称产生误解。

科普舆情研究2018年11月月报
典型舆情

（监测时段：2018年11月1～30日）

首届中国国际进口博览会在上海国际会展中心召开

一、事件概述

2018年11月5～10日，首届中国国际进口博览会在上海举行，多个国家和地区领导人、国际组织负责人、各国政府代表，以及中外企业家代表等1500余人出席开幕式。11月5日上午，国家主席习近平出席开幕式并发表题为“共建创新包容的开放型世界经济”的主旨演讲，强调回顾历史、开放合作是增强国际经贸活力的重要动力。本届国际进口博览会以“新时代，共享未来”为主题，共吸引了172个国家、地区和国际组织参会，3600多家企业参展，超过40万名境内外采购商到会洽谈采购，展览总面积达30万平方米。此次国际进口博览会历时5天，交易采购成果丰硕，按一年计，累计意向成交578.3亿美元。相关新闻受到新华网、央视网、环球网、国际在线等媒体的关注和报道。

二、传播走势

监测时段 2018 年 11 月 1～30 日期间，清博大数据舆情监测系统共抓取相关信息 613 条。其中，论坛成为舆论信息的主要传播阵地，信息量为 268 条，占比为 43.72%；微信、网站平台紧随其后，信息量分别为 174 条、111 条，分别占比为 28.38%、18.11%；其他平台信息传播较少，共 60 条，占比均不超过 10%（图 1）。

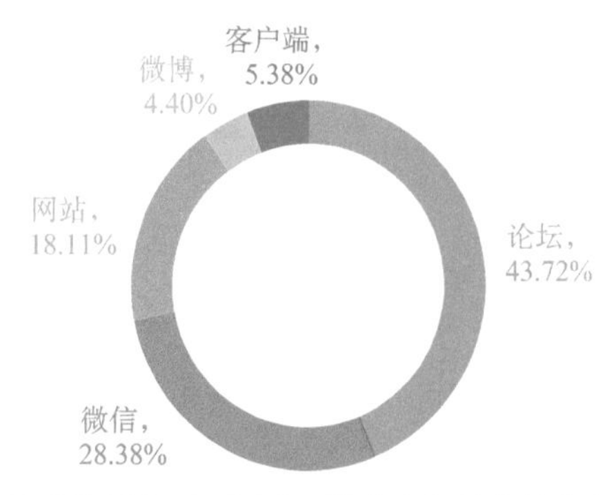

图 1　11 月涉首届中国国际进口博览会相关舆情信息平台分布

从热度走势图来看，首届中国国际进口博览会于 2018 年 11 月 5 日正式举办，其热度在当日即达到传播巅峰，随后逐渐下滑并归于平静，显示出明显的媒体主导传播的特征（图 2）。

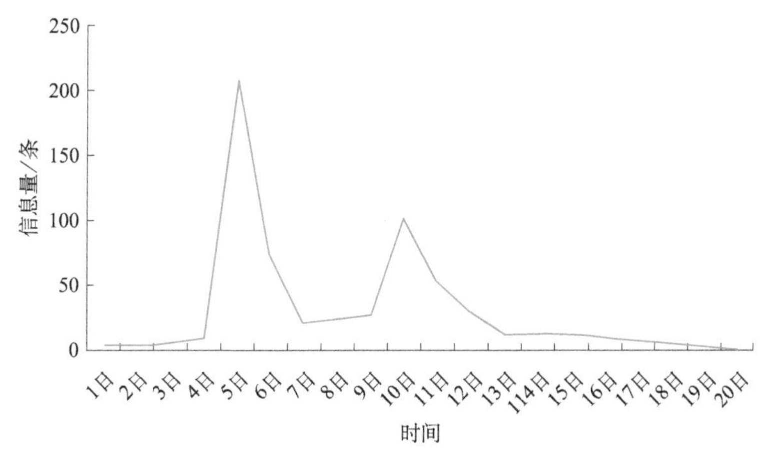

图 2　11 月涉首届中国国际进口博览会相关舆情网络热度走势

三、舆论观点

监测显示，首届中国国际进口博览会召开相关舆情情绪以正面情绪为主，占比达 95.72%，中性情绪占比为 3.14%，负面情绪占比仅为 1.14%（图 3）。

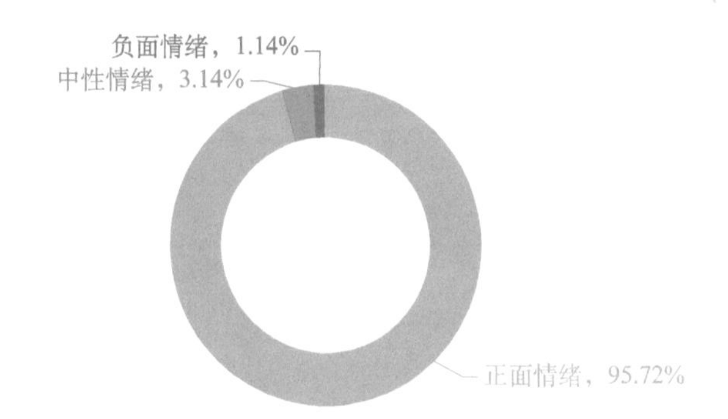

图 3　11 月涉首届中国国际进口博览会召开相关舆情网民情感属性分布

（一）网民纷纷祝贺中国首届进口博览会成功举办

如微博网民“@ 九吨葵花籽油”表示，“进博会是改革开放过程中的重要转型升级点，具有重要战略意义。不断提高开放水平的中国，正是全球年轻人实现梦想的最佳舞台。挑战自我、锐意进取，世界的未来需要青年一代共同奋斗”。微博网民“@ 爱上草原的空间”评论，“祝贺”。微博网民“@ 人民教师仇丰”发表评论“共创美好未来”。

（二）媒体认为中国国际进口博览会是让中国改革开放成果更好惠及世界的举措

如《人民日报》刊文称，“举办中国国际进口博览会意味着中国对外开放打开新局面，不仅将为中国经济高质量发展释放巨大红利，更让世界搭上了中国经济发展的快车”“依托进口博览会，中国正努力让开放成果及早惠及中国企业和人民，及早惠及世界各国企业和人民；中国举办中国国际进口博览会，不仅是主动推动对外贸易平衡发展的务实举措，也为广大发展中国家融入经济全球化进程提供了难得机遇”。

（三）业内人士发言“点赞”中国国际进口博览会为国际贸易发展史上一大壮举

上海大学经济学院教授何树全表示：“中国国际进口博览会是开放型的合作平台，是国际公共产品，充分反映出世界贸易各参与方的利益诉求，将助推经济全球化朝着更加开放、包容、普惠、平衡、共赢的方向发展。”商务部部长钟山表示：“这是党中央推进新一轮高水平对外开放的一项重大决策，是我国主动向世界开放市场的一个重大举措。”中国现代国际关系研究院、世界经济研究所原所长陈凤英表示：“进博会是今年国别最广、规模最大的主场外交活动，为我国今年四大主场外交画下了圆满句号，为中国特色大国外交增添了精彩一页，绽放了中国的魅力。”

四、网民画像

从关注此事的网民性别比例图来看，女性所占比例较高，达到 56%（图 4）。分析关注此事的网民兴趣标签分布可知，关注此事的网民还热衷于经济金融、政治、旅游文化等方面（图 5）。

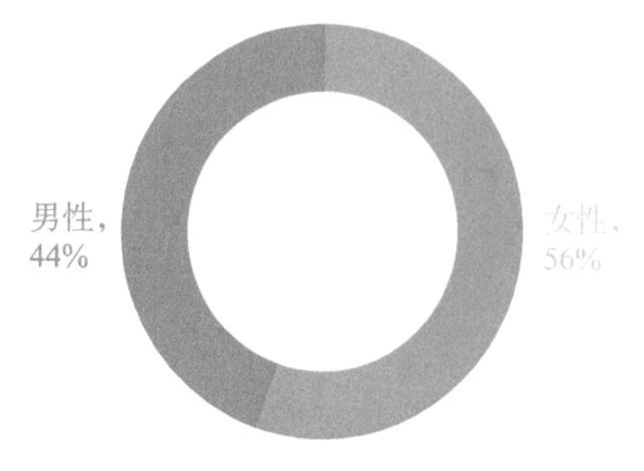

图 4　11 月关注中国首届进口博览会舆情网民性别比例

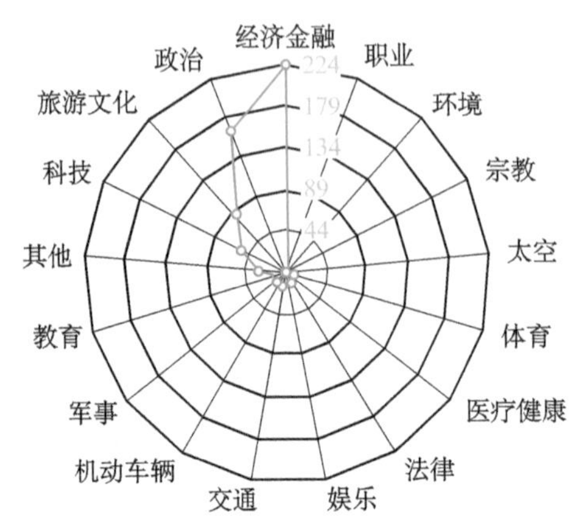

图5　11月关注中国首届进口博览会舆情网民兴趣分布

从关注此事的网民地域分布来看，该事件的信息发布声量主要集中于上海市、北京市、四川省和山东省等地。由此可见，北京市、上海市、四川省和山东省等区域经济相对发达、网络交互技术领先、媒体品牌驻扎较多的地区在发布和传播国际新闻事件中具有更大的优势。此外，上海市作为国际进口博览会举办地，一方面连带受到多次报道和反复提及，另一方面获地方媒体和网民荣誉共鸣传播；而北京市作为全国的政治和文化中心，当地媒体和网民对大国外交此类盛事的关注度也非常之高（图6）。

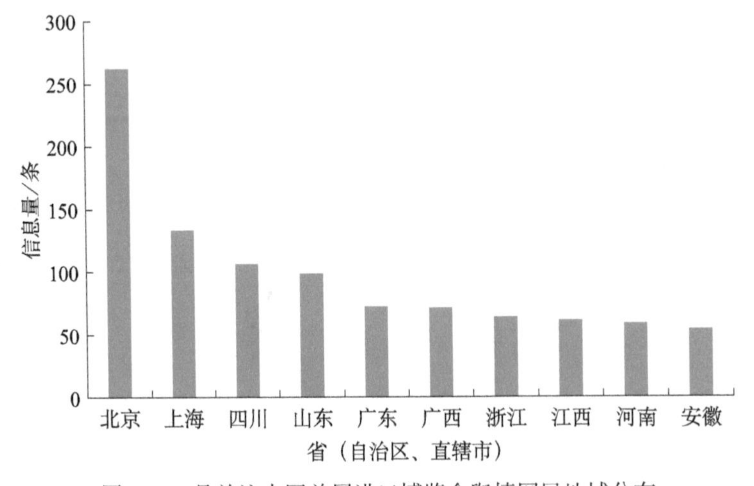

图6　11月关注中国首届进口博览会舆情网民地域分布

五、舆情研判及建议

针对该事件，《人民日报》、新华网、央视网、环球网等重量级媒体争相报道，在增大话题曝光度的同时，有效完成了中国成功举办首届进口博览会的正面宣传。媒体积极报道，视角多元，纷纷赞誉此是习近平同志新时代中国特色社会主义思想的成功实践，是落实党的十九大精神的具体行动，是庆祝改革开放 40 周年的重大活动，是我国主动向市场开放的重大举措。另外，网民和业内人士高度肯定中国举办进口博览会的实际正面意义，与媒体声音形成同一阵营，扩大了事件带来的正面舆情效应。舆论一致认为，中国国际进口博览会的举办是我国主动向世界开放市场的重大举措，有利于扩大进口、促进对外贸易平衡发展，有利于改善供给结构、引导国内企业走创新驱动发展之路，有利于帮助发展中国家参与经济全球化、推动开放型世界经济发展，事件整体舆论积极而昂扬。

科普舆情研究2018年12月月报
典型舆情

（监测时段：2018年12月1～31日）

基因编辑婴儿事件

一、事件概述

2018 年 11 月 26 日，来自南方科技大学的科学家贺建奎在第二届国际人类基因组编辑峰会召开前一天宣布，一对名为露露和娜娜的基因编辑婴儿于 11 月在中国诞生。这对双胞胎的一个基因经过修改，用于抵抗艾滋病感染。这一消息引发各界广泛质疑。11 月 27 日，科技部、中国科协、中国科学院先后回应了基因编辑婴儿事件：明令禁止、坚决反对。事件影响持续发酵。

二、传播走势

监测时段 2018 年 12 月 1～31 日期间，清博大数据舆情监测系统共抓取相关信息 6193 条，其中包含网站新闻 3304 条，占比为 53.35%；微信文章 1203 条，占比为 19.43%；客户端文章 839 条，占比为 13.54%；微博 516 条，占比为 8.34%。此外，论坛、电子报刊相关信息传播量较少，占比分别为 4.13% 和 1.21%（图 1）。由 12 月涉基因编辑婴儿的热度走势图可见，事件热议度高，且热度持续性强，其中 19～21 日传播声量最高，源于多家媒体转载《自然》《科学》对 2018 年年度科技人物、事件的盘点，贺建奎及基因编辑婴儿在榜（图 2）。

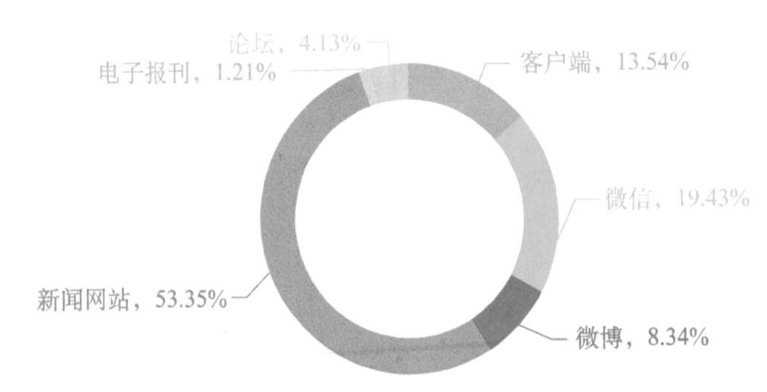

图 1　12 月涉基因编辑婴儿相关舆情平台信息分布

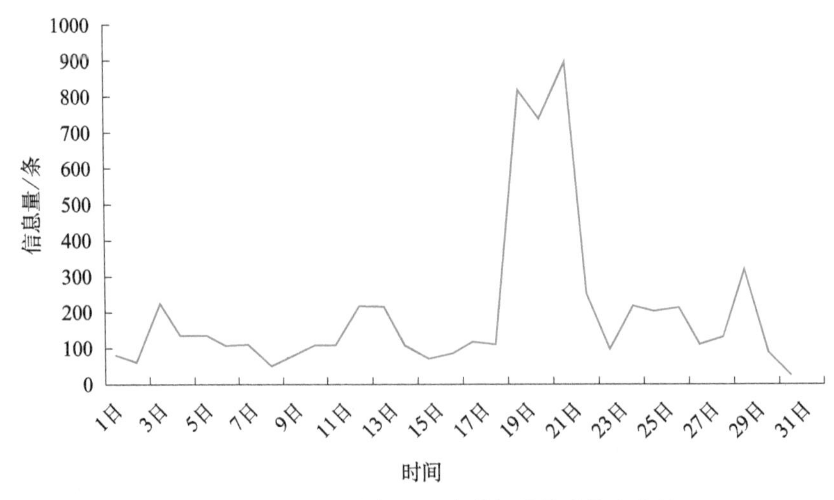

图 2　12 月涉基因编辑婴儿事件相关信息热度走势

三、舆论观点

监测显示，基因编辑婴儿相关舆情情绪以负面情绪为主，占比为 66.67%，中性情绪占比 20.00%，正面情绪占比 13.33%（图 3）。

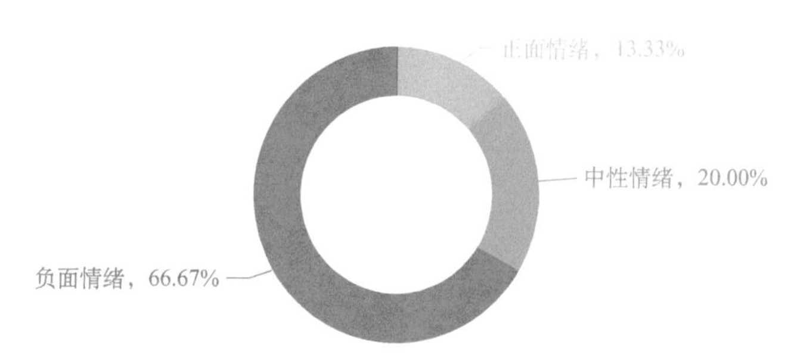

图 3　12 月涉基因编辑婴儿相关舆情网民情感属性分布

（一）权威国际学术期刊盘点 2018 年全球科技人物、事件，贺建奎因基因编辑婴儿事件震惊全球

2018 年 12 月，英国《自然》发布 2018 年度科学人物，贺建奎因宣布自己编辑了一对双胞胎女婴的基因组而入榜。基因编辑婴儿事件引发全球关注，贺建奎的做法受到普遍批评，《自然》以《CRISPR 流氓》一文对他做了特写，称"他在世界舞台上登场得匆匆，消失得也匆匆"。此外，美国《科学》选出 2018 年三大科学"憾事"，点名基因编辑婴儿挑战伦理标准，指出即使修改了胎儿的 CCR5 基因，也不意味着可以免疫艾滋病，而在现阶段对生殖细胞进行基因编辑，完全违背了科学研究的伦理准则，可能给人类带来一系列无法预料的后果。贺建奎及基因编辑婴儿事件成为典型反例，警示人们 2018 年的科学界在取得成就的同时，也出现了一些值得深思的问题。

（二）主流媒体持续关注贺建奎基因编辑婴儿事件，呼吁加强科学伦理相关法律法规，严惩违规行为

12 月，多家主流媒体对基因编辑婴儿事件持续关注。《光明日报》发文《科学伦理永远是科学研究不容触碰和挑战的底线》，聚焦国家自然科学基金委员会发表的公开信，认为基因编辑婴儿挑战科学共识，应进一步完善伦理审查

和法律监督；呼吁广大科研人员提高在科学伦理、科技安全等方面的责任感和法律意识，严格遵守科学伦理相关法律法规。此外，人民网、光明网、环球网等央级媒体转载《自然》《科学》盘点，批评贺建奎违背学术道德、伦理道德，对中国基因治疗研究的国际声誉造成极为恶劣的影响，强调中国科研工作者应弘扬科学精神，规范科研行为，提高中国科学国际声誉。

（三）业内学者批判贺建奎编辑婴儿基因，认为这是一项不理智、不伦理的冒进人体实验

中国疾病预防控制中心流行病学首席专家吴尊友认为，“基因编辑技术风险太大，可能的连锁反应尚不清楚，类似的操作需要进行长期的动物实验，直接应用于人身上是不合适的”。北京大学免疫学教授王月丹透露，“基因编辑有未知风险，可能影响神经系统、内分泌，甚至智商，也有专家说会增加癌症发病率”。北京大学分子医学研究所研究员刘颖称，“如果基因编辑后是嵌合子的话，没有编辑到的细胞还是会有感染风险。但更为关键的是基因编辑技术的脱靶效应会带来何种后果是完全未知的”。北京佑安医院艾滋病防治专家张可说，“通过基因编辑让婴儿免疫艾滋病的做法只是理论上的一种推测，单纯修改一个基因来防治艾滋病，但是如果修改基因后，未来会不会因此得肿瘤或者其他问题？这个风险是很大的，在没有充分论证的情况下，不能采取这个做法”。

（四）网友热议基因编辑婴儿，少数网民支持贺建奎相关言论引发大量争议

12 月，基因编辑婴儿相关舆情网络热度不减，舆论发酵地主要为微博和论坛平台。少量网友认为不该一味抨击贺建奎的行为，如微博网民“@ 木村打野菊次郎”称，“现在人们的眼光是有局限性的，试管婴儿、人工授精放在几个世纪前又合乎伦理吗？”此类观点引发激烈争议，大部分网民对此持反对态度，如网民“@ 安迪雪枫 333”反驳道，“技术不是他发明的，早就有。其次，实验本身也失败了。今后就算基因编辑技术成熟了，功劳也和他一点关系没有。这实验的存在本身就是不讲科学的，又哪里说得上是对的？”网民“@本仙女的命是空调给的”则强调，“令人害怕的是，基因编辑小鼠、家兔都是

无数失败之后难得一次成功，基因编辑婴儿究竟做了多少次实验，细思极恐。”天涯论坛网民“为君之故沉吟至今”也认为，“这个本来就是人体实验，要知道是否真能免疫艾滋，必须故意感染艾滋”。

四、网民画像

从关注此事的网民性别比例图来看，男性所占比例较高，达到62.26%（图4）。分析关注此事的网民兴趣标签分布可知，关注此事的网民还热衷政治、医疗健康等领域（图5）。

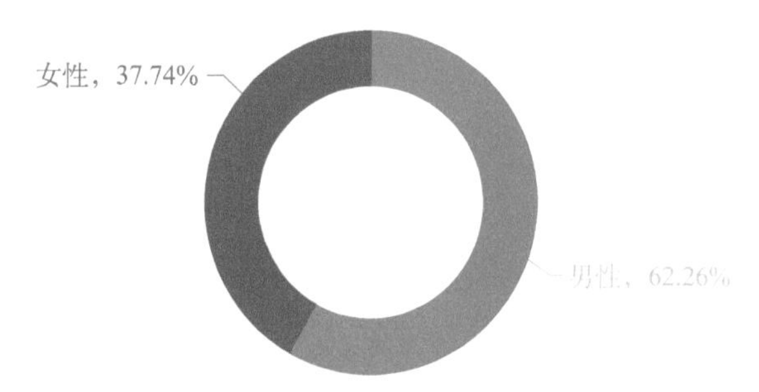

图4 12月关注基因编辑婴儿事件舆情网民性别比例

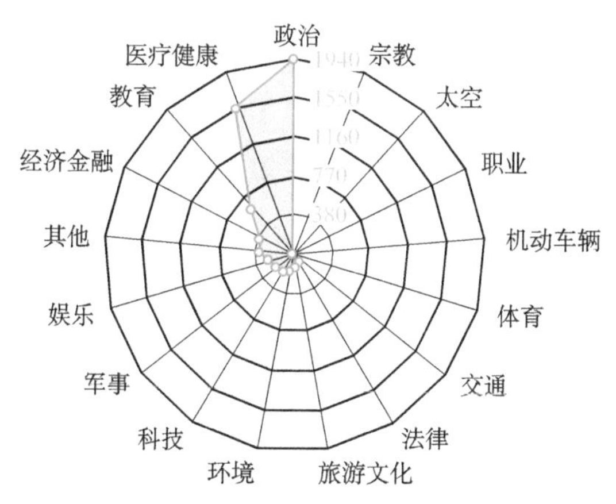

图5 12月关注基因编辑婴儿事件舆情网民兴趣分布

从关注此事的网民地域分布来看，该事件的信息发布声量主要集中于北京市，源于北京市作为我国政治、文化中心，科技发展水平高，居民素质高，高水平人才相对集中，网民对相关信息高度关注。此外，广东省和上海市等一线经济发达省市对此也较为关注，因此类地区网络文化深度覆盖，生物科技产业密布，且贺建奎所在学校位于广东省，舆论圈层效应显著，基因编辑婴儿事件通过互联网载体迅速传播，引起网民关注、热议（图 6）。

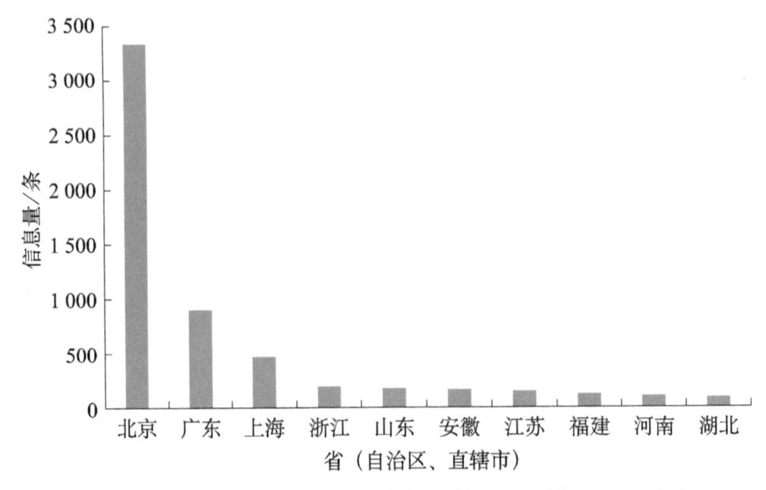

图 6　12 月关注基因编辑婴儿事件舆情网民地域 TOP10 分布

五、舆情研判及建议

一是人民网、光明网、环球网等主流媒体高度关注基因编辑婴儿事件后续发展，谴责贺建奎违背学术道德、伦理道德，督促相关部门加强监管，呼吁科研工作者严格遵守科学伦理和相关法律法规，体现媒体对科研事业发展的监督作用和对社会主流价值观的导向作用。

二是基因编辑婴儿事件中负面网络舆情占比较大，“科普中国”等科普类机构和媒体应积极关注、跟进报道贺建奎事件在广东当地的调查结果，强调贺建奎基因编辑婴儿是个人行为，不代表中国科学界主流思想，普及正确的科研价值取向，疏导网民负面情绪。

科普舆情研究 2018 年季报

科普舆情研究2018年第一季度报告
十大科普主题热度指数排行
（监测时段：2018年1月1日～3月31日）

2018 年第一季度，在十大科普主题热度指数综合排行榜中，健康与医疗主题受关注度最高，热度值达 108 044 800；信息科技以 76 039 143 的热度值位居第二，表明网民对此类信息的需求较大；伪科学这一科普主题的相关题材传播力度较低，热度值仅为 523 629。从信息的传播渠道来看，网站、微博重在传播信息科技相关内容，其热度值分别为 38 874 565、27 207 649。微信上的健康与医疗、气候与环境相关资讯热度值较高，达到 81 843 570、26 725 525。总体而言，用户主要通过网站、微博和微信平台获取科普相关资讯（图 1）。

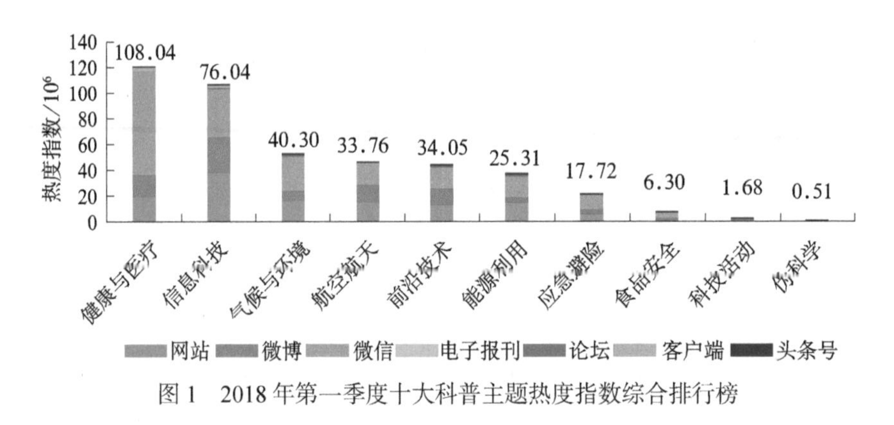

图 1　2018 年第一季度十大科普主题热度指数综合排行榜

一、科普主题热度关键词

从十大科普主题关键词热度排行可知，2018 年第一季度，健康与医疗主题中的关键词“健康”热度最高，热度值达 17 161 003，源于春季为流感高发期，疾病预防和科学用药等主题文章频繁发布，助力相关主题词热度高涨。此外，信息科技主题下的“数据”“智能”“互联网”等词汇较热，则源于大数据时代下，各地立足国家全面实施战略性新兴产业发展规划，加快培育壮大新兴产业，在新型材料、人工智能、集成电路、生物制药、5G等技术的研发和转化方面取得重大成就，受到用户广泛关注。

二、十大科普主题地域发布热区

根据2018年第一季度十大科普主题地域发布热区数据表最终计算可知，2018年1月1日～3月31日，发布热区大多集中于沿海地区，这类地区经济普遍较发达，网民对科普信息更为关注。其中，北京市、广东省、浙江省分别以198 190 983条、42 747 285条、26 605 822条的信息发布总量位列全国31个省（自治区、直辖市）前三名。

北京市发布的科普主题内容集中在信息科技、健康与医疗、气候与环境、能源利用四方面，相关内容在北京市信息发布总量中占比70%。北京市作为首都，经济建设发达，网络交互技术设备完善，网民相较于其他省（自治区、直辖市）更关注品质的提升，普遍关注科技信息、医疗信息、生态环境、能源利用等相关资讯。广东省和浙江省则较为关注健康与医疗这一科普主题的相关资讯，内容发布量分别为8 263 721条和5 632 648条，由于其地处沿海，人口密集，网民更关注与自身生活密切相关的健康信息。而在所有省（自治区、直辖市）中，科普活动、伪科学两大主题相关信息的发布量普遍较少（图2）。

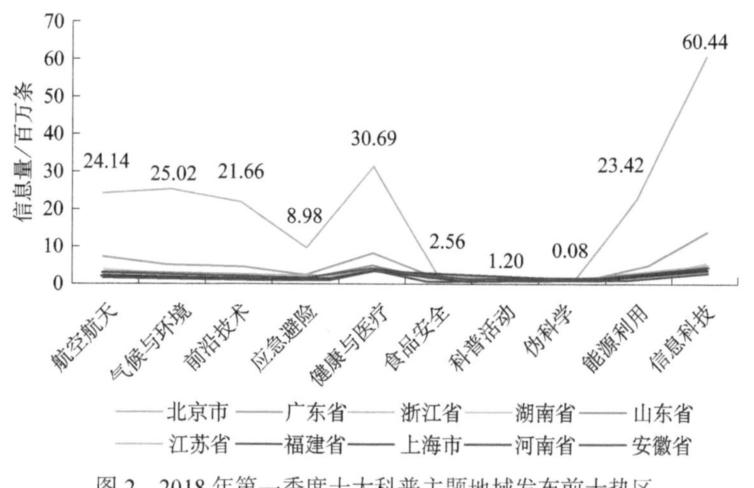

图2　2018年第一季度十大科普主题地域发布前十热区

三、科普主题典型文章及分平台热文排行榜

2018 年第一季度十大科普主题发文数排行榜及典型文章如表 1 所示。

表 1　十大科普主题发文数排行榜及典型文章

排名	类别	发文数 / 条	典型文章
1	健康与医疗	108 044 800	美味的腊八粥你吃明白了吗?
2	信息科技	76 039 143	4G 网络也不安全了？！黑客居然能利用漏洞监视用户
3	生态环境	40 304 714	由于气候变暖，欧洲遇到水灾的风险增加
4	前沿技术	34 054 768	2018 年将突破的五个技术趋势：区块链在列
5	航空航天	33 764 889	中国云影无人机首次走出国门
6	能源利用	25 311 358	我国新能源汽车产销连续三年居世界首位
7	应急避险	17 719 019	江南西南等地将有大到暴雨：遇到暴雨怎么办?
8	食品与安全	6 299 159	隔夜茶真的会致癌?
9	科普活动	1 678 550	吃蘑菇真的有益健康吗?
10	伪科学	513 629	“洗茶不洗杯，阎王把命催”这一说法是真的吗?

综合观察各大传播平台的十佳科普热文得出以下特点。

一是在主题类别上，榜内热文以健康与医疗主题为主，占热文总数的 48%；其次是信息科技，占比为 18%。综合来看，除科普活动、伪科学两类主题外，其他主题均有所涉及，表明民众对科普信息需求的多元化。

二是在内容发布模式上，上榜热文发布多以图片、音频、视频等多种形式呈现，文章表现力较强，富有趣味性、开放性。

三是在标题拟定上，各平台标题多采用具有情感偏向的词句吸引读者，同时各具特色，如微信平台标题使用猎奇式语言，契合特定用户群的需求，促进内容传播；百度百家平台则多以负面结果导向式标题引发用户阅读兴趣。

四是在传播表现上，第一季度网站、微信等平台为用户获取科普类信息的主渠道，其中热度最高的为微信文章《与你密切相关！明起，这些新规开始实施》一文，以图文形式罗列即将实施的法律法规，内容关联网民衣食住行，备受用户认可，助推文章获得 10 万 + 阅读量，成为本月微信平台最热优文。

综合而言，网民对科普类信息关注范围较广，各类主题均有涉猎。其中，健康与医疗资讯热度较高，尤其是养生与育儿类资讯颇受用户热捧。建议后期在保持健康与医疗信息推送数量的基础上，适当增加其他主题的信息数量，以满足用户多样化的信息需求。

科普舆情研究2018年第二季度报告
十大科普主题热度指数排行
（监测时段：2018年4月1日～6月30日）

2018 年第二季度，在十大科普主题热度指数综合排行榜中，健康与医疗主题以 146 695 241 的热度值排于榜单首位；信息科技主题以 137 259 995 的热度值紧随其后，居于榜单第二位。而伪科学这一科普主题的相关题材热度仍居榜单末位，热度值仅有 803 544。从信息的传播渠道来看，健康与医疗相关内容在微信平台传播广泛，其热度值为 77 739 854；信息科技主题则在新闻网站和微博平台传播力度较强，两大平台热度值分别为 50 992 554 和 32 165 036。总体而言，微博、微信和新闻网站三大平台为用户接收科普资讯的主要渠道（图 1）。

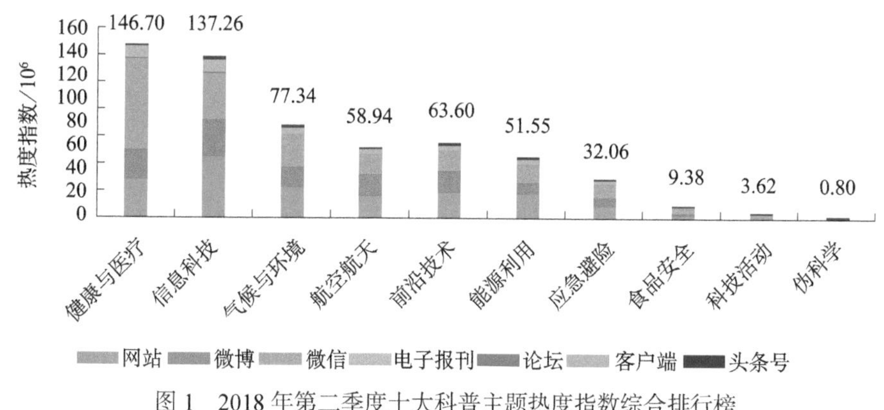

图 1　2018 年第二季度十大科普主题热度指数综合排行榜

一、科普主题热度关键词

从十大科普主题关键词热度排行可知，2018 年第二季度，信息科技主题下的关键词“数据”“信息”热度最高，热度值分别为 28 705 718 和 27 784 708。源于特朗普公布将对价值 500 亿美元的中国高科技及工业产品加征 25% 的关税清单、中国科学院发布了国内首款云端人工智能芯片等事件，引发国内外舆论场高度聚焦。此外，气候与环境主题下的“环境”一词热度较高，则与无限循环使用塑料诞生、深海蓝藻细菌有望制造可呼吸氧气、中国科学院大连化学物理研究所合成新型材料拒绝“铅污染”等事件有关。

二、十大科普主题地域发布热区

根据第二季度十大科普主题地域发布热区数据表最终计算可知，监测期间，北京市以 12 147 017 条的信息发布总量居于全国 31 个省（自治区、直辖市）首位，广东省、江苏省分别以 11 043 329 条、8 762 350 条的信息发布总量紧随其后，排于数据表第二、第三位。

其中，北京市发布的科普主题内容集中在信息科技、健康与医疗、前沿技术三方面，相关发布的内容数量均达到了 1 660 000 条以上。另外，该地区着重关注信息科技这一主题，其相关信息发布量达到 3 010 511 条。广东省和江苏省也较为关注信息科技这一科普主题的相关资讯，其发布的内容数量分别为 2 712 181 条和 2 153 896 条，各自占比其相应省份全月科普信息发布的 24.56% 与 24.58%。除此之外，在伪科学、科普活动等主题上，全国各个省（自治区、直辖市）的相关信息发布量均较少，网民对其关注度也相对较低（图 2）。

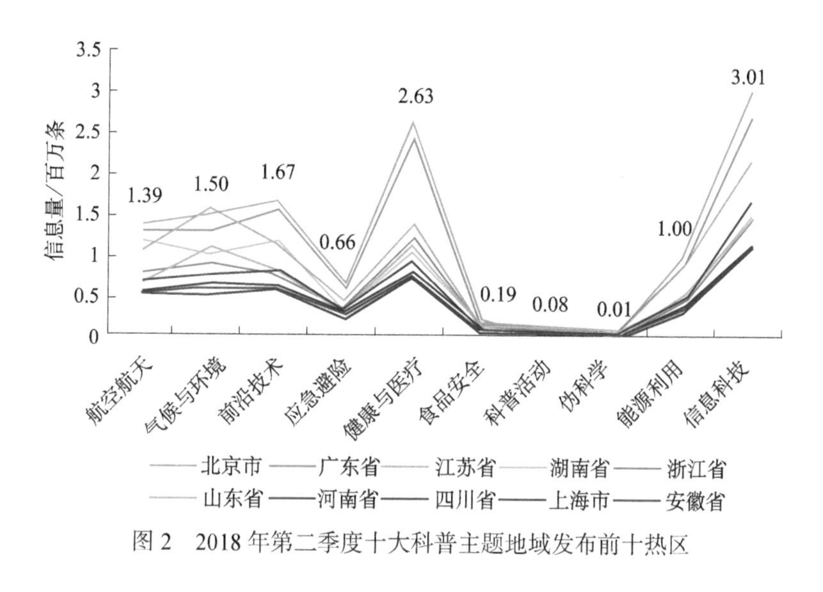

图2 2018年第二季度十大科普主题地域发布前十热区

三、科普主题典型文章及分平台热文排行榜

2018年第二季度十大科普主题发文数排行榜及典型文章如表1所示。

表1 十大科普主题发文数排行榜及典型文章

排名	类别	发文数/条	典型文章
1	健康与医疗	146 695 241	物联网医疗关键技术应瞄准“痛点”
2	信息科技	137 259 995	基于云技术！我国地质调查实现全流程信息化
3	气候与环境	77 343 696	蔬菜气候性病害的诊断与防治
4	前沿技术	63 601 290	盘点近期公众关注的十项科技前沿成果
5	能源利用	51 550 670	甲醇可能是未来能源载体
6	航空航天	41 047 329	韩杰才院士：脚踏实地解决航空航天关键需求
7	应急避险	32 055 989	猪饲料中毒的症状及应急处理措施
8	食品安全	9 376 740	非油炸食品可以放心吃？其油脂含量、热量都未必低
9	科普活动	3 621 386	面向青少年的日本科普活动
10	伪科学	803 544	AI复兴相面术？人脸识别同性恋、罪犯是伪科学

综合观察各大传播平台的十佳科普热文得出以下特点。

一是在内容选材上，微博、微信、头条、网站、百家号五大平台内容题材呈现多样化趋势，各类主题均有涉猎，丰富用户阅读选择。其中，健康与医疗主题相关资讯为传播重点，相关文章占五大平台热文21席；此外，信息科技主题相关资讯也受到较多关注，相关文章占热文榜14席。

二是在情感表现上，上榜热文以情感语义判定的正面信息为主，相关信息量占比52%；负面信息和中性信息加和占比48%。其中，负面信息主要来源于与家长教育孩子的错误示范主题相关科普文。

三是在互动形式上，各平台科普资讯与用户互动频次较少。在微博热文中，仅有一篇博文开展测试与用户进行互动，其他平台暂未出现互动性文章。但各平台善于从内容上高度联结用户日常，触发用户共鸣，相关文章均收获较为可观的传播成绩。

综合而言，网民较为关注信息科技、健康与医疗相关资讯。在信息科技主题中，科技发展动态备受关注。因此，建议后期适当调整发布重点，在保持健康与医疗信息高输出的同时，增加信息科技资讯的传播体量。

科普舆情研究2018年第四季度报告
十大科普主题热度指数排行

（监测时段：2018年10月1日~12月31日）

2018年第四季度，在十大科普主题热度指数综合排行榜中，健康与医疗主题相关信息传播最为广泛，其热度指数高达387 139 064，位居榜单第一；紧随其后的是信息科技，该主题热度指数为296 180 471；而伪科学主题相关文章发布量较少，热度值仅为1 947 210。从信息的传播渠道来看，微博、微信平台侧重传播健康与医疗类信息，其热度值为50 513 387；网站平台成为信息科技类相关信息传播的主要渠道，热度值为125 491 583。整体来看，网站和微信平台为网民获取科普舆论信息的主要来源（图1）。

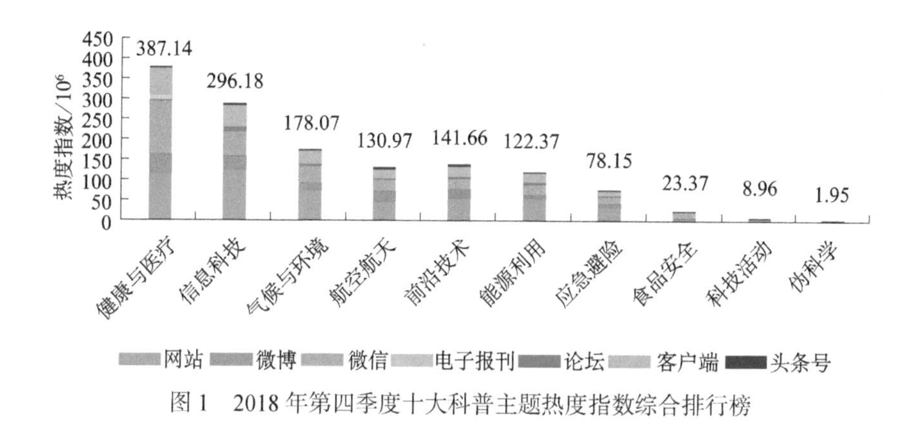

图1　2018年第四季度十大科普主题热度指数综合排行榜

一、科普主题热度关键词

从十大科普主题关键词热度排行可知，第四季度信息科技主题下的关键词“信息”的热度最高，热度值达61 159 620，这与10月19～21日在江西南昌举办的2018世界VR产业大会、11月7～9日在浙江乌镇举办的世界互联网大会，以及12月10日工业和信息化部正式发放5G系统频率使用许可有关。而气候与环境主题下的“环境”词汇热度较高，则源于吉林省、重庆市、浙江省等全国30多个省（自治区、直辖市）生态环境厅（局）挂牌成立，吸引各大媒体争相报道，助推其热度值达48 299 448。此外，健康与医疗主题下的关键词“健康”凭借国家新药创制项目“人用皮卡狂犬病疫苗”喜获国家药品监督管理局临床批件这一事件收获较高关注，其热度值为47 246 114。

二、科普主题地域发布热区

根据2018年第四季度十大科普主题地域发布热区数据表最终计算可知，北京市、广东省、上海市分别以45 895 594条、18 167 369条、7 632 179条的信息发布总量包揽全国信息发布量前三甲。其中，北京市发布的内容主要集中于健康与医疗领域，其发布总量为12 189 467条，为全国省（自治区、直辖市）各类科普主题信息发布量第一。综合来看，全国各省（自治区、直辖市）的信息发布量主要集中于健康与医疗、信息科技两个主题，且普遍对伪科学、科普活动等主题的关注度较低（图 2）。

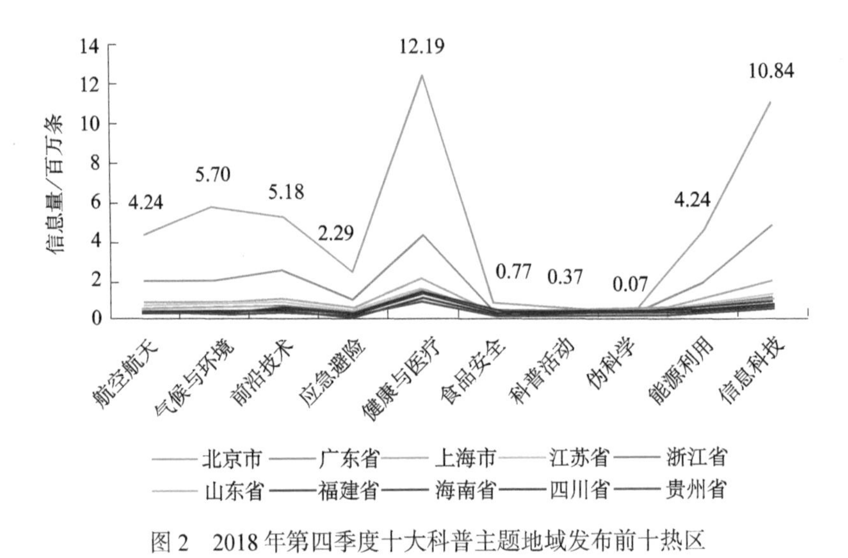

图 2　2018 年第四季度十大科普主题地域发布前十热区

三、科普主题典型文章及分平台热文排行榜

2018 年第四季度十大科普主题发文数排行榜及典型文章如表 1 所示。

表 1　十大科普主题发文数排行榜及典型文章

排名	类别	发文数 / 条	典型文章
1	健康与医疗	387 139 064	国家新药创制项目“人用皮卡狂犬病疫苗”喜获国家药监局临床批件
2	信息科技	296 180 471	我国科学家开发生命科学领域专业数据库
3	气候与环境	178 068 079	英开发微生物燃料电池　可将咖啡废料转化为电能
4	前沿技术	141 659 631	联合国发布 AI 报告：自动化和 AI 对亚洲有巨大影响
5	航空航天	130 972 092	美航天局宣布下一代火星车登陆地点
6	能源利用	122 366 337	我国学者新方法实现“全光输入晶体管”
7	应急避险	78 153 761	综述：防灾减灾救灾是全球永恒主题
8	食品安全	23 371 070	红糖水煮鸡蛋致癌？中老年十月易感谣言盘点
9	科普活动	8 958 098	首届质量链发展大会在京开幕　QBBSS 质量链正式发布
10	伪科学	1 947 210	揭秘视力康复服务：治疗方式五花八门　疗效堪忧

分析各大传播平台的十佳科普热文得出以下特点。

一是在主题类别上，上榜热文以健康与医疗、信息科技两大科普主题为主，其内容选材分别以日常生活健康知识和国内热点大事件为主，反映了用户对与自身联结性较强的内容更为关注。而今日头条平台热文则以航空航天类信息为主，相关文章占热文榜8席。

二是在标题拟定上，各平台均针对其受众特点进行拟题。微信、头条、百家号三个平台倾向于使用夸张性和耸动性的标题，激发受众阅读文章，提升内容点阅；而微博、网页拟题则较中肯，标题多以事实陈述为主，且多从客观角度进行内容传播。

三是在传播表现上，社会热点事件传播效果最好，如百家号平台发文《应美国高通公司请求　中国法院禁止多款iPhone在华销售》称，iPhone多个产品在中国将被禁售，该消息一经发出就引起广泛关注，助推该文收获4 136 194次阅读和3893次“点赞”，成为百家号平台最热优文。此外，刘强东降为第二股东、花总揭露酒店卫生问题等年度热点事件也引发大量关注，相关文章阅读量均超50万，传播表现优异。

综合而言，健康与医疗类信息受众面最广，尤其是养生类资讯颇受热捧。信息科技、航空航天、气候与环境三大主题类别中与网民生活息息相关的信息也吸引公众围观。可见，发布的内容要尽量贴近网民生活，才能收获更好的传播成绩。

附录三

“快手”短视频生产者用户调研

亲爱的用户您好，欢迎您参加本次调研，您在问卷中回答的内容我们会严格保密，请放心！

我们定义科普类视频包含但不限于以下类目，能够普及知识和技能的视频都属于科普视频。

生活技巧：如去除特殊污渍

育儿知识：如婴儿喂养哺育

医疗健康：如疾病认知、疾病预防

食品安全：如食物中毒处理方法

园艺宠物：如家庭宠物养育知识

物种知识：如野生动植物栖息环境

气候环境：如自然地理知识

农业技术：如种植养殖技术

紧急救助：如紧急自救及互救知识等

航空航天：如宇宙探索、飞机卫星知识

生产科技：如车床技术、芯片技术

信息科技：如互联网、人工智能

能源利用：如节能低碳

1. 您是自己创作视频作品还是有团队集体创作？（单选）

个人创作视频作品

团队创作视频作品

第1题选择“团队创作视频作品”则略过第2～9题，跳转至第10题。

2. 在您的作品里，科普是个重要的主题吗？（单选）

是，大部分都是科普视频

有多个主题，科普是其中一部分

没有专门针对科普来创作

没注意到有科普内容

3. 您制作科普类作品的目的是什么？（可多选）

传播知识和技能，希望对“老铁”有帮助

展示个人的兴趣爱好

获得更多“粉丝”，被更多人关注

给自己做宣传 / 给自己的产品做宣传

获得收入

通过发布科普视频来认识志同道合的朋友

其他

4. 您的科普视频是自己拍摄还是使用素材二次创作（重新剪辑 / 配音）？（单选）

全部是自己拍摄的

大部分是自己拍摄，少部分使用素材，并二次创作

自己拍摄和使用素材二次创作各占一半

题材原因，大部分使用素材，并二次创作

出于兴趣，对搜集的素材，全部进行二次创作

第 4 题选择“题材原因，大部分使用素材，并二次创作”“出于兴趣，对搜集的素材，全部进行二次创作”则略过第 4-1、第 4-2 题，跳转至第 5 题。

4-1. 您拍摄的科普知识内容主要来自于哪里？（可多选）

日常生活和工作

个人的兴趣爱好

紧跟时事热点，专门进行创作

其他

4-2. 一般来说，您制作一条科普视频需要多长时间？（单选）

随手拍，随手编辑，不怎么花时间

从拍摄到上传，1 个小时内搞定

从拍摄到上传，1～3 个小时搞定

从拍摄到上传，需要 3～8 个小时

从拍摄到上传，需要 8 个小时以上

5. 您有没有在“快手”平台进行直播？（单选）

有

没有

第 5 题选择“没有”则略过第 5-1、第 5-2 题，跳转至第 6 题。

5-1. 直播打赏是您继续创作的动力吗？（单选）

打赏很多，所以动力很足

打赏一般

虽然打赏很少，但发视频是我的爱好

没什么打赏，也没什么继续创作的动力

5-2. 您在“快手”上的收入占月收入的比例是多少？（单选）

几乎没有收入

低于 10%

10%～30%

31%～50%

51%～80%

81%～100%

6. 您有同时在其他平台发科普视频吗？

有

没有

7. 您觉得在“快手”做科普视频的优点是什么？（可多选）

发出去就会有人看，容易上热门

“快手”APP 拍摄简单、好用

“老铁文化”的氛围很好

容易“涨粉”

其他

8. 在创作科普视频的过程中，您觉得有哪些困难？（可多选）

缺乏资金支持

想不到好的主题

没有充足时间来做更好的视频

“粉丝”涨不上去，没有信心了

做的视频没有人看，播放量太低，没有信心了

不感兴趣了

其他

9. 您的职业是？

高校或科研单位从业者

科技生产及科技服务行业从业者（如航空航天、航海、医疗、能源等）

教育行业从业者

传媒行业从业者

互联网行业从业者

政府 / 机关干部 / 公务员

个体经营者 / 承包商

农林牧渔劳动者

自由职业者

学生

其他

10. 您的团队从事科普视频多久了？（单选）

3 个月以内

3 个月至 1 年

1～2 年

2～3 年

3 年以上

11. 您的团队人员有多少？（单选）

2 人

3～5 人

6～10 人

11～30 人

30 人以上

12. 您的团队是否隶属于或与MCN[①]公司/“网红”经纪公司有合作？（单选）

是，我们是MCN公司成员

我们是独立团队，但与MCN存在合作关系

否，无以上关系

13. 您的团队成员之前的从业经验都是怎样的？（可多选）

高校或科研单位从业者

科技生产及科技服务行业从业者（如航空航天、航海、医疗、能源等）

教育行业从业者

传媒行业从业者

互联网行业从业者

政府/机关干部/公务员

个体经营者/承包商

农林牧渔劳动者

自由职业者

学生

其他

14. 单个的科普视频从筹备到制作完成，你们团队的投入时间大概是多长？（单选）

几个小时

1天以内

2～3天

4～7天

1～2周

超过两周

① MCN（multi-channel network），一种多频道网络的产品形态，将平台下不同类型和内容的优质专业生产内容（professional generated content，PGC）和用户生产内容（user generated content，UGC）联合起来，以平台化的运作模式为内容创作者提供运营、商务、营销等服务，帮助PGC或UGC变现。

15. 您认为在“快手”发视频，以下哪些因素是需要特别注意的？（可多选）

标题和封面图要吸引人

视频主题类型要一致

多参加话题标签活动

视频的介绍和描述要精心编辑

发布时间要合适

前期脚本要精心构思

拍摄设备、技术要过硬

后期剪辑、包装要好

其他

16. 目前你们团队在“快手”上的收入来源有哪些？（可多选）

直播打赏

快接单广告收入

外部广告主付费植入

“快手”课堂卖课收入

“快手”小店卖货收入

先在“快手”上积累“粉丝”群，之后通过其他方法为“粉丝”提供付费产品 / 服务

其他

暂时没有收入

17. 您认为目前创作科普视频有哪些困难？（可多选）

上级领导重视程度不够

没有找到成功的商业模式

入不敷出，成本太高

创作人员非全职，时间精力不够

创作人员能力不足或团队自身组织问题

“涨粉”存在瓶颈

其他

18. 请填写您认为做得比较好的科普类短视频作者（选填）

作者“快手”昵称：________________

认同他 / 她的原因：________________

19. 您的受教育程度是?

初中及以下

高中 / 职高 / 中专

大专 / 高职

大学本科

硕士及以上

20. 您对“快手”还有其他的意见或建议吗？（选填）

____

____

本次调研已结束，非常感谢您的参与！

附录四

“快手”短视频用户内容观看喜好调研

亲爱的用户您好，欢迎您参加本次调研，您在问卷中回答的内容我们会严格保密，请放心！

我们定义科普类视频包含但不限于以下类目，能够普及知识和技能的视频都属于科普视频。

生活技巧：如去除特殊污渍

育儿知识：如婴儿喂养哺育

医疗健康：如疾病认知、疾病预防

食品安全：如食物中毒处理方法

园艺宠物：如家庭宠物养育知识

物种知识：如野生动植物栖息环境

气候环境：如自然地理知识

农业技术：如种植养殖技术

紧急救助：如紧急自救及互救知识等

航空航天：如宇宙探索、飞机卫星知识

生产科技：如车床技术、芯片技术

信息科技：如互联网、人工智能

能源利用：如节能低碳

1. 您是否经常在“快手”发现页看到科普类视频？（单选）

是的，经常看到

偶尔能看到

没看到过

2. 您会比较关注哪种类型的科普知识？（多选）

生活技巧：如去除特殊污渍

育儿知识：如婴儿喂养哺育

医疗健康：如疾病认知、疾病预防

食品安全：如食物中毒处理方法

园艺宠物：如家庭宠物养育知识

物种知识：如野生动植物栖息环境

气候环境：如自然地理知识

农业技术：如种植养殖技术

紧急救助：如紧急自救及互救知识等

航空航天：如宇宙探索、飞机卫星知识

生产科技：如车床技术、芯片技术

信息科技：如互联网、人工智能

能源利用：如节能低碳

其他

第 1 题选择“没看到过”，则略过第 3～11 题，跳转至第 12 题。

3. 您是否经常给看到的科普视频“点赞”/红心/双击？（单选）

总是会给看到的科普类视频“点赞”

经常“点赞”

只有看到喜欢的才会“点赞”

很少“点赞”

只看视频，从不“点赞”

4. 您是否会主动关注科普作者？（单选）

看到科普类视频时总是会关注作者

经常关注这类作者

只有看到喜欢的视频，才会关注

很少关注科普类视频作者

从不关注科普类视频作者

没注意有没有关注过

第 4 题选择“很少关注科普类视频作者”“从不关注科普类视频作者”“没注意有没有关注过”，则略过第 5 题，跳转至第 6 题。

5. 您关注的作者更新了科普视频，您是否会第一时间观看？（单选）

是的，作者发的所有的视频都看

只看感兴趣的视频

刷“快手”时碰上了作者更新的视频就会看，但不会刻意去找作者的视频

不怎么看

没注意

5-1. 请填写一位您最关注的科普类短视频作者（选填）

作者“快手”昵称：________________________________

关注的原因：________________________________

6. 您认为在“快手”上看到的科普知识可靠吗？（单选）

是的，每条科普视频都有可取之处

大部分都比较可靠，小部分存疑

有一半视频是靠谱的

大部分都不靠谱，只有小部分可信

视频普遍都很夸张，不值得相信

7. 您认为在快手学到的知识是否对日常生活有帮助？（单选）

帮助很大，都很实用

有些帮助，有些知识比较有用

虽然没有帮助，但感觉自己学到了很多

没有什么用

8. 您是否会跟别人分享您在“快手”上学到的知识？（单选）

总是会和别人分享

经常会跟别人分享

偶尔会，遇到特别有意思的才分享

基本不会，我知道就好

完全不会

第 8 题选择“总是会和别人分享”“经常会跟别人分享”“偶尔会，遇到特别有意思的才分享”跳转至第 8-1 题。

8-1. 您喜欢什么方式分享知识？（多选）

直接在手机上播放给身旁的人看

转发视频给好友 / 群 / 朋友圈

向别人推荐自己喜欢的“快手”科普账号

给别人讲自己看到的内容

其他 ________________________________

9. 您是否曾主动在“快手”搜索科普知识？（单选）

经常搜索

偶尔，遇到感兴趣的才搜索

不怎么搜索，只看推荐的视频

选择“经常搜索”“偶尔，遇到感兴趣的才搜索”，跳转至第 9-1 题。

9-1. 您是否能从“快手”上找到您所关心的科普知识？（单选）

总能找到

大部分能找到

一半左右能找到

只能找到一小部分

总是找不到

选择后三个选项，跳转至第 9-2 题。

9-2. 哪些因素导致您无法在“快手”上找到需要的科普知识？（多选）

不知道怎么搜

搜出太多无关视频，很难找到我需要的那个

根本没有我想找的视频 / 话题

不同的人有不同的观点，不知道该信谁

其他

10. 您认为“快手”上科普内容的优点是什么？（多选）

简单易懂，生动有趣

丰富多样，开阔眼界

实用性好，适合转发分享给他人

视频质量高，视觉感受好

能找到自己喜欢的作者

能看到别的平台看不到的内容

其他

11. 您认为“快手”上的科普内容还存在哪些问题？（多选）

内容没有讲解，看不懂

时间太短了，知识讲不清楚

很多内容都是转载的，我已经看过了

知识陈旧，没有及时更新

太零散了，想找的时候找不到

内容很无聊，不感兴趣

知识不可靠，不敢相信

其他

12. 您希望在发现页看到更多科普视频吗？（单选）

非常希望，看视频也能学知识

以前没有注意，有了也挺好

没有什么感觉，有没有都行

不希望，很无聊

13. 您的职业？（单选）

政府 / 机关干部 / 公务员

企业管理者（包括基层及中高层管理者）

普通白领职员（如医生 / 律师 / 文体 / 记者 / 老师等）

普通工人（如工厂工人 / 体力劳动者等）

商业服务业职工（如销售人员 / 商店职员 / 服务员等）

个体经营者 / 承包商

农林牧渔劳动者

自由职业者

暂无职业

家庭主妇

学生

其他

14. 您的受教育程度是？（单选）

初中及以下

高中 / 职高 / 中专

大专 / 高职

大学本科

硕士及以上

非常感谢您的参与，我们会珍视您的每一条意见，为您推荐更优质的内容。

附录五

“科普中国”公众满意度调查题目

1. 您对我们的服务总体上满意吗？（满意度参考值）

A. 很满意　B. 满意　C. 一般

D. 不满意　E. 很不满意

2. 您对我们的图文、视频、游戏等内容的科学性满意吗？（科学性）

A. 很满意　B. 满意　C. 一般

D. 不满意　E. 很不满意

3. 您对这些内容的趣味性满意吗？（趣味性）

A. 很满意　B. 满意　C. 一般

D. 不满意　E. 很不满意

4. 您对这些内容的丰富程度满意吗？（丰富性）

A. 很满意　B. 满意　C. 一般

D. 不满意　E. 很不满意

5. 我们希望您感到科学对普通人是有用的，您对这方面内容满意吗？（有用性）

A. 很满意　B. 满意　C. 一般

D. 不满意　E. 很不满意

6. 社会热点话题也能用科学的手法来表现，您对这方面内容满意吗？（时效性）

A. 很满意　B. 满意　C. 一般

D. 不满意　E. 很不满意

7. 您对访问我们的网站、页面或链接的便捷性满意吗？（便捷性）

A. 很满意　B. 满意　C. 一般

D. 不满意　E. 很不满意

8. 您对我们的图文、视频、游戏等的设计制作水平满意吗？（可读性）

A. 很满意　B. 满意　C. 一般

D. 不满意　E. 很不满意

9. 在阅读、浏览、互动、分享等过程中，您对界面和操作的易用性满意吗？（易用性）

A. 很满意　　B. 满意　　C. 一般

D. 不满意　　E. 很不满意

10. 在寻找感兴趣的内容时，您对分类搜索或优先推荐的准确性满意吗？（准确性）

A. 很满意　　B. 满意　　C. 一般

D. 不满意　　E. 很不满意

11. 浏览我们的内容后，您有何收获？

A. 非常同意　　B. 同意　　C. 不确定

D. 不同意　　E. 非常不同意

（1）我获取了优质的科学信息。（关注）

（2）我从中体会到了科学的乐趣。（乐趣）

（3）我对一些科学问题产生了兴趣。（兴趣）

（4）我对一些科学问题有了更深的理解。（理解）

（5）我对一些科学问题形成了自己的看法。（观点）

12. 网络上科学信息的来源有很多，您对我们的态度是？

A. 非常同意　　B. 同意　　C. 不确定

D. 不同意　　E. 非常不同意

（1）我相信这里的科学内容都是真实可靠的。（认知信任）

（2）我会把这里的科学内容推荐给我的家人。（情感信任）